ライブラリ演習新数学大系＝S1

理工基礎 演習 集合と位相

鈴木晋一 著

サイエンス社

サイエンス社のホームページのご案内
http://www.saiensu.co.jp
ご意見・ご要望は　rikei@saiensu.co.jp　まで．

まえがき

「集合」と「位相」の基礎的な部分は現代の数学の空気のような存在で，大学の1・2年生のなるべく早い時期に急いで済ませるのであるが，高等学校までの数学といささか違って，極めて抽象的であるせいか，かなりの学生諸君にとって先へ進むための関門になっているようである．数学の基礎的な部分の学習では，実際に演習問題・応用問題を解いてみることにより，また繰り返し学習することによって，理解が深まり，数学的な力がつくことが多い．

本書は，姉妹シリーズであるライブラリ新数学大系の『集合と位相への入門』を意識して編纂した演習書である．したがって，第1章から第4章まではこれと同じ章立てになっており，要項も重複する部分が多い．これに第5章の「位相空間」を加えた構成になっている．

第1章では，論理と集合を取り扱っている．難しく考えずに必要に応じて反復するとよい．

第2章は，実数の基本的な性質の学習である．位相の基はすべて実数の性質から発生しており，数学の基礎である．演習書の趣旨にそって，理論より問題を通して学習するという点を強調してある．

第3章では，ユークリッド空間をかなり詳しく取り扱う．位相的性質のうち，コンパクト性と連結性について，ここできちんと導入した．大部分の学生諸君にとってはこの章を完全に理解できれば十分であり，さらに先に進む場合でも楽であろう．

第4章は「距離空間」，第5章では「位相空間」を取り扱うが，第3章で導入した概念を，重複を厭わずに丁寧に反復した．これは反復学習の効果を狙ってのことであり，本書の特徴といえる．

要項も省略せずに必要事項をすべて盛り込んだので，本書だけで集合と位相の入門学習ができるようにもなっている．本書を上手に活用して，関門を突破して頂ければ幸いである．

本書の執筆にあたり，サイエンス社の田島伸彦氏，鈴木綾子氏，渡辺はるか氏にお世話になりました．ここに記して御礼申し上げます．

2005 年春

鈴木　晋一

目　　次

1　論 理 と 集 合　　　　　　　　　　　　　　　　1

- 1.1　論　　　理 …………………………………… 1
  - 例題 1.1
- 1.2　集　　　合 …………………………………… 8
  - 例題 1.2〜1.9
- 1.3　写　　　像 …………………………………… 20
  - 例題 1.10〜1.15
- 1.4　2 項 関 係 …………………………………… 26
  - 例題 1.16〜1.18

2　実　　数　　　　　　　　　　　　　　　　　　31

- 2.1　実数の加法・乗法と順序関係 ………………… 31
  - 例題 2.1〜2.2
- 2.2　実数の集合 $\mathbb{R}$ の位相 ……………………… 34
  - 例題 2.3〜2.15
- 2.3　基 数 と 濃 度 ………………………………… 48
  - 例題 2.16〜2.20
- 2.4　実数値連続関数 ………………………………… 55
  - 例題 2.21〜2.28

3 ユークリッド空間 — 63

- 3.1 ユークリッド空間 … 63
  - 例題 3.1
- 3.2 $\mathbb{R}^n$ の開集合・閉集合 … 66
  - 例題 3.2〜3.12
- 3.3 $\mathbb{R}^n$ 上の連続写像 … 76
  - 例題 3.13〜3.16
- 3.4 $\mathbb{R}^n$ の点列 … 80
  - 例題 3.17〜3.19
- 3.5 コンパクト性 … 84
  - 例題 3.20〜3.27
- 3.6 連結性 … 91
  - 例題 3.28〜3.35

4 距離空間 — 98

- 4.1 距離空間の定義と例 … 98
  - 例題 4.1〜4.4
- 4.2 距離空間の開集合・閉集合 … 104
  - 例題 4.5〜4.14
- 4.3 距離空間上の連続写像 … 112
  - 例題 4.15〜4.20
- 4.4 距離空間のコンパクト性 … 119
  - 例題 4.21〜4.27
- 4.5 距離空間の連結性 … 128
  - 例題 4.28〜4.31

5 位相空間 — 134

- 5.1 開集合・位相・位相空間 …… 134
  - 例題 5.1〜5.8
- 5.2 位相空間上の連続写像 …… 142
  - 例題 5.9〜5.12
- 5.3 開基・可算公理 …… 146
  - 例題 5.13〜5.21
- 5.4 分離公理 …… 154
  - 例題 5.22〜5.25
- 5.5 位相空間のコンパクト性 …… 159
  - 例題 5.26〜5.29
- 5.6 位相空間の連結性 …… 163
  - 例題 5.30

問題解答 — 167

- 第 1 章の解答 …… 167
- 第 2 章の解答 …… 173
- 第 3 章の解答 …… 185
- 第 4 章の解答 …… 196
- 第 5 章の解答 …… 207

おわりに — 215

索引 — 216

論理と集合

　この章では，数学の論述において基礎となる論理の構造と，論理記号の用い方について整理し，続いて初等集合論を取り扱う．いずれもかなり抽象的な話題であるが，以後の章の基礎になる．

1.1　論　　理

命題　事物の判断について述べた文や式を**命題** (proposition) という．ただし，数学では普通その判断の陳述に対して，正しいか正しくないかの判定の下せるような命題のみを取り扱う．ある命題 P が正しいとき，P は**真**(true) であるといい，正しくないとき**偽**(false) であるという．

論理演算　いくつかの命題を結合して，新しい命題を作る操作を**論理演算** (logical operation) という．2 つの命題 P, Q の基本的な結合として，次の 4 つが用いられる．

$P \wedge Q$ ： **論理積** (logical product, かつ)，P かつ Q である．
$P \vee Q$ ： **論理和** (logical sum, または)，P または Q である．
$\neg P$ ： **否定** (negation)，P でない．
$P \Rightarrow Q$ ： **含意** (implication)，P ならば Q である．
さらに，上の組合わせで，次も仲間にいれる：
$P \Leftrightarrow Q$ ： **同等** (equivalence)，$(P \Rightarrow Q) \wedge (Q \Rightarrow P)$．

$\wedge, \vee, \neg, \Rightarrow, \Leftrightarrow$ を論理記号ともいう．

論理式と真理値　命題 P を真 (T) か偽 (F) のいずれかの値をとる変数と考え，**命題変数** (proposition variable) という．

　いくつかの命題変数と論理記号を用いて，命題を形式的に構成したものを**論理式** (formula) という．単独の命題変数も，もちろん論理式である．

論理式 P が n 個の命題変数 $P_1, P_2, \cdots, P_n$ で構成されているならば，各命題変数に真 (T) か偽 (F) の値を代入する場合の数は 2^n 通りである．その各々の場合について P の値が真 (T) であるか偽 (F) であるかのいずれかに定まる．この値を P の**真理値** (truth value) という．

次の表は論理式の**真理値表**（真表ともいう）である．以下ではこの表を公理とする．これをもとに任意の論理式の真理値を計算できる．

真理値表

P	Q	$\neg P$	$\neg Q$	$P \wedge Q$	$P \vee Q$	$P \Rightarrow Q$	$Q \Rightarrow P$	$P \Leftrightarrow Q$
T	T	F	F	T	T	T	T	T
T	F	F	T	F	T	F	T	F
F	T	T	F	F	T	T	F	F
F	F	T	T	F	F	T	T	T

★ 命題 $P \Rightarrow Q$ は「P ならば Q」と読むが，日常的な意識と違って数学では P と Q との間に因果関係を考慮していない．数学では，真理値表にあるように，P が偽ならば，Q の真偽にかかわらず命題 $P \Rightarrow Q$ は真となる．

例 1.1 命題 $(P \Rightarrow Q) \Leftrightarrow (\neg P \vee Q)$ の真理値を計算すると，次のようになる：

P	Q	$\neg P$	$P \Rightarrow Q$	$\neg P \vee Q$	$(P \Rightarrow Q) \Leftrightarrow (\neg P \vee Q)$
T	T	F	T	T	T
T	F	F	F	F	T
F	T	T	T	T	T
F	F	T	T	T	T

★ この例題は，命題 $P \Rightarrow Q$ を命題 $\neg P \vee Q$ に置き換えられることを示す．つまり，論理記号 $\wedge, \vee, \neg, \Rightarrow$ を用いた命題は $\wedge, \vee, \neg$ で表すことができる．ただし，数学では「仮定，条件」$\Rightarrow$「結論」という形の命題が多いので，$\Rightarrow$ は便利で有効である．

問題

1.1 次の論理式の真理値を計算しなさい．
(1) $P \vee Q \Leftrightarrow Q \vee P$ (2) $P \wedge Q \Leftrightarrow Q \wedge P$

P	Q	$P \vee Q$	$Q \vee P$	$P \wedge Q$	$Q \wedge P$	$P \vee Q \Leftrightarrow Q \vee P$	$P \wedge Q \Leftrightarrow Q \wedge P$
T	T	T	T	T	T		
T	F	T	T	F	F		
F	T	T	T	F	F		
F	F	F	F	F	F		

問題

1.2 次の論理式の真理値を計算しなさい．

(1) $\neg(\neg P) \Leftrightarrow P$

P	$\neg P$	$\neg(\neg P)$	$\neg(\neg P) \Leftrightarrow P$
T			
F			

(2) $(P \Rightarrow Q) \Leftrightarrow (\neg Q \Rightarrow \neg P)$

P	Q	$\neg P$	$\neg Q$	$P \Rightarrow Q$	$\neg Q \Rightarrow \neg P$	$(P \Rightarrow Q) \Leftrightarrow (\neg Q \Rightarrow \neg P)$
T	T					
T	F					
F	T					
F	F					

例 1.2 命題 $P \wedge (Q \wedge R) \Leftrightarrow (P \wedge Q) \wedge R$ の真理値は，次のようになる：

P	Q	R	$Q \wedge R$	$P \wedge Q$	$P \wedge (Q \wedge R)$	$(P \wedge Q) \wedge R$	$\Leftrightarrow$
T	T	T	T	T	T	T	T
T	T	F	F	T	F	F	T
T	F	T	F	F	F	F	T
F	T	T	T	F	F	F	T
T	F	F	F	F	F	F	T
F	T	F	F	F	F	F	T
F	F	T	F	F	F	F	T
F	F	F	F	F	F	F	T

★ ただし，表が大きいので，最後の結論のところは $\Leftrightarrow$ だけで示してある．以下同様．

問題

1.3 命題 $P \vee (Q \vee R) \Leftrightarrow (P \vee Q) \vee R$ の真理値を計算しなさい．

P	Q	R	$Q \vee R$	$P \vee Q$	$P \vee (Q \vee R)$	$(P \vee Q) \vee R$	$\Leftrightarrow$
T	T	T					
T	T	F					
T	F	T					
F	T	T					
T	F	F					
F	T	F					
F	F	T					
F	F	F					

例 1.3 命題 $\neg(P \lor Q) \Leftrightarrow (\neg P) \land (\neg Q)$ の真理値は，次のようになる：

P	Q	$\neg P$	$\neg Q$	$\neg(P \lor Q)$	$(\neg P) \land (\neg Q)$	$\neg(P \lor Q) \Leftrightarrow (\neg P) \land (\neg Q)$
T	T	F	F	F	F	T
T	F	F	T	F	F	T
F	T	T	F	F	F	T
F	F	T	T	T	T	T

問 題

1.4 命題 $\neg(P \land Q) \Leftrightarrow (\neg P) \lor (\neg Q)$ の真理値を計算しなさい．

P	Q	$\neg P$	$\neg Q$	$\neg(P \land Q)$	$(\neg P) \lor (\neg Q)$	$\neg(P \land Q) \Leftrightarrow (\neg P) \lor (\neg Q)$
T	T					
T	F					
F	T					
F	F					

例 1.4 命題 $P \lor (Q \land R) \Leftrightarrow (P \lor Q) \land (P \lor R)$ の真理値は，次のようになる：

P	Q	R	$Q \land R$	$P \lor Q$	$P \lor R$	$P \lor (Q \land R)$	$(P \lor Q) \land (P \lor R)$	$\Leftrightarrow$
T	T	T	T	T	T	T	T	T
T	T	F	F	T	T	T	T	T
T	F	T	F	T	T	T	T	T
F	T	T	T	T	T	T	T	T
T	F	F	F	T	T	T	T	T
F	T	F	F	T	F	F	F	T
F	F	T	F	F	T	F	F	T
F	F	F	F	F	F	F	F	T

問 題

1.5 命題 $P \land (Q \lor R) \Leftrightarrow (P \land Q) \lor (P \land R)$ の真理値を計算しなさい．

P	Q	R	$Q \lor R$	$P \land Q$	$P \land R$	$P \land (Q \lor R)$	$(P \land Q) \lor (P \land R)$	$\Leftrightarrow$
T	T	T						
T	T	F						
T	F	T						
F	T	T						
T	F	F						
F	T	F						
F	F	T						
F	F	F						

恒真命題と同値命題　論理式のうちで，それに含まれる命題変数の真偽にかかわりなく常に真理値が真となるようなものを**恒真命題**，または**トートロジー** (tautology) という．

論理式 $P \Leftrightarrow Q$ が恒真命題のとき，論理式 P と論理式 Q は**同値** (equivalent) であるといい，次のように書き表すことにする：
$$P \equiv Q$$

上に挙げた例 1.1, 1.2, 1.3, 1.4, および問題 1.1, 1.2, 1.3, 1.4, 1.5 はいずれも恒真命題であり，$P \Leftrightarrow Q$ の形をしているので，$\Leftrightarrow$ の左右は同値である．これらの例と問題を定理の形にまとめておく．

定理 1.1　(1)　$P \vee Q \equiv Q \vee P$　　　　　　　　　　　　　　　　　　　（交換律）
(2)　$P \wedge Q \equiv Q \wedge P$　　　　　　　　　　　　　　　　　　　　　（交換律）
(3)　$P \vee (Q \vee R) \equiv (P \vee Q) \vee R$　　　　　　　　　　　　　　　（結合律）
(4)　$P \wedge (Q \wedge R) \equiv (P \wedge Q) \wedge R$　　　　　　　　　　　（結合律）
(5)　$\neg(\neg P) \equiv P$　　　　　　　　　　　　　（二重否定は元の命題と同値）
(6)　$(P \Rightarrow Q) \equiv (\neg Q \Rightarrow \neg P)$　　　　　　　（$\neg Q \Rightarrow \neg P$ は $P \Rightarrow Q$ の**対偶**）

定理 1.2　(1)　$\neg(P \vee Q) \equiv (\neg P) \wedge (\neg Q)$　　　　　　　（ド・モルガンの法則）
(2)　$\neg(P \wedge Q) \equiv (\neg P) \vee (\neg Q)$　　　　　　　　　　（ド・モルガンの法則）
(3)　$P \vee (Q \wedge R) \equiv (P \vee Q) \wedge (P \vee R)$　　　　　　　　　（分配律）
(4)　$P \wedge (Q \vee R) \equiv (P \wedge Q) \vee (P \wedge R)$　　　　　　　　（分配律）

問　題

1.6　命題 $(P \Rightarrow Q) \equiv \neg(P \wedge (\neg Q))$ が成り立つことを証明しなさい．
（この命題は，背理法の原理である．）

命題関数　「x は素数である」を $P(x)$ で表すとき，$P(x)$ は真偽の判断ができないので命題ではないが，x に具体的な事物を代入すると命題となる．

$P(3)$ は「3 は素数である」の意味だから真の命題，

$P(4)$ は「4 は素数である」の意味だから偽の命題

となる．このように，x に具体的な値を代入すると命題となるような $P(x)$ を**命題関数** (propositional function) という．またこのような x を**変数** (variable) または（命題変数と区別して）**項変数** (term variable) という．

ところで，上の例の x に「猫」を代入すると「猫は素数である」という無意味な命題となる．数学では，命題関数の項変数にはそれに当てはめるべき事物の範囲を指定してあるのが普通である．この範囲をその項変数の**定義域** (domain)，または**対象領域** (object domain) という．

命題関数の中には複数の項変数を含むものもあり，またそれらの項変数の定義域が異なっていてもよい．

数学の命題では，「どのような…」，「任意の」，「すべての」および「…が存在する」という言葉を含むことが多い．このような命題を形式化し，論理式の形で表現するために 2 つの**限定記号** (quantifier) を導入する．

命題関数 $P(x)$ に対して，

> (定義域の) 任意の x について $P(x)$ が真であるという命題を $\quad \forall x\, P(x)$
> $P(x)$ が真となる x が (定義域に) 存在するという命題を $\quad \exists x\, P(x)$

で表す．$\forall$ を**全称記号** (universal quantifier)，$\exists$ を**存在記号** (existential quantifier) という．また，$\forall x\, P(x)$ と $\exists x\, P(x)$ の形の命題を**限定命題**という．

★ $\forall$ は，英語の Any または All の頭文字 A を，$\exists$ は Exist の頭文字 E をひっくり返したもので，数学では限定命題が多い．いま，命題関数 $P(x)$ が「x は性質 P をもつ」という主張を表すとき，

$\forall x\, P(x)$ は

「定義域内のすべての対象は性質 P をもつ」，

あるいは

「定義域内の任意の x に対して $P(x)$ が成り立つ」

などと読み，

$\exists x\, P(x)$ は

「定義域内に性質 P をもつ対象が存在する」，

あるいは

「定義域内にある x が存在して，$P(x)$ が成り立つ」

などのように読む．

★ 数学では，「どのような」，「任意の」，「すべての」という 3 つの形容詞はほとんど同義語として使われる．また，数学的に証明された真の命題のうちで，その後の理論の発展上で有用である (と思われる) ものを「**定理**」という．

1.1 論 理

> **定理 1.3** 限定命題の否定に関して，次が成り立つ：
> (1) $\neg(\forall x\, P(x)) \equiv \exists x\,(\neg P(x))$
> (2) $\neg(\exists x\, P(x)) \equiv \forall x\,(\neg P(x))$

証明 (1) 命題 $\neg(\forall x\, P(x))$ は，

「すべての x に対して $P(x)$ が成り立つという主張は誤りである」

という命題であるから，言い換えれば

「$P(x)$ が偽となるような x が存在する」

と同じこととなり，これを限定記号を用いて表すと $\exists x\,(\neg P(x))$ となる．

(2) 命題 $\neg(\exists x\, P(x))$ は，

「$P(x)$ が真となるような x が存在するという主張は誤りである」

という命題であるから，言い換えれば

「どんな x についても $P(x)$ は偽となる」

と同じことになり，結局命題 $\forall x\,(\neg P(x))$ と同値になる． ◆

★ この定理を**一般化されたド・モルガンの法則**という．また，(1) を**一部否定**の命題，(2) を**全部否定**の命題という．

★ 限定命題においては括弧 $(\cdots)$ がとても多くなることがあるので，否定 $\neg$ は積 $\wedge$ や和 $\vee$ に優先するものとし，$(\neg P(x)) \wedge (\neg Q(x))$, $(\neg P(x)) \vee (\neg Q(x))$ を，それぞれ，$\neg P(x) \wedge \neg Q(x)$, $\neg P(x) \vee \neg Q(x)$ などと表示する．

例題 1.1 ──────────────────── 限定命題の否定 ──

次の命題を証明しなさい：
$$\neg(\forall x\,(P(x) \Rightarrow Q(x))) \equiv \exists x\,(P(x) \wedge (\neg Q(x)))$$

解答
$\neg(\forall x\,(P(x) \Rightarrow Q(x)))$
$\equiv \neg(\forall x\,(\neg P(x) \vee Q(x)))$ (∵ 例 1.1)
$\equiv \exists x\,(\neg(\neg P(x) \vee Q(x)))$ (∵ 定理 1.3 (1))
$\equiv \exists x\,(\neg(\neg P(x)) \wedge (\neg Q(x)))$ (∵ 定理 1.2 (1))
$\equiv \exists x\,(P(x) \wedge (\neg Q(x)))$ (∵ 定理 1.1 (5)) ◆

問 題

1.7 次が成り立つことを証明しなさい：
(1) $\neg(\exists x\,(P(x) \wedge Q(x))) \equiv \forall x\,(P(x) \Rightarrow (\neg Q(x)))$
(2) $\neg(\exists x\,(P(x) \wedge Q(x) \Rightarrow R(x))) \equiv \forall x\,(P(x) \wedge Q(x) \wedge \neg R(x))$
(3) $\neg(\forall x\,(P(x) \Rightarrow Q(x) \wedge R(x))) \equiv \exists x\,((P(x) \wedge (\neg Q(x) \vee \neg R(x)))$

1.2 集合

集合 数学では，明確に範囲が定められた，数学的に明確な対象の集まりを**集合** (set) という．いま，対象を x や y で表し，それらの集まりを S で表すとき，S が集合であるためには，次の 2 条件を満たさねばならない．

(1) 任意の対象 x について，x の所属する範囲が確定している．すなわち，
$$x \in S \ (x \text{ は } S \text{ に属する}) \text{ であるか},$$
$$x \notin S \ (x \text{ は } S \text{ に属さない}) \text{ であるか}$$
が明確に規定されている．

(2) S の任意の要素 x, y が明確に区別されている．すなわち，
$$x = y \text{ であるか}, \quad x \neq y \text{ であるか}$$
が明確に規定されている．

集合 S に属する個々の対象を S の**要素**または**元**(element, entry) という．

集合の表示法は 2 つある．その 1 つは，集合の要素を書き並べる方法で，
$$\{1, 2, 3, 4, 6, 12\}$$
のように書き表す．もう 1 つは，命題関数 $P(x)$ を用いる方法で，$P(x)$ が真であるような要素 x の全体からなる集合を
$$\{x \mid P(x)\}$$
と表すものである．例えば，最初の例は
$$\{x \mid x \text{ は } 12 \text{ の約数}\}$$
のように表すことができる．

$x \in S$ であることを性質 $P(x)$ とすると，$S = \{x \mid P(x)\}$ と書けるから，集合に関する議論はすべて述語論理に置き換えることができる．ただし，項変数の定義域はある定まった集合とし，これを**普遍集合** (universal set)，**宇宙** (universe) あるいは**全体集合**などという．普遍集合 U を強調したい場合には，
$$\{x \in U \mid P(x)\} \quad \text{あるいは} \quad \{x \mid x \in U, P(x)\}$$
などの表示をする．

部分集合 2 つの集合 $A = \{x \mid P(x)\}, B = \{x \mid Q(x)\}$ について，
$$A \subset B \equiv \forall x \, (P(x) \Rightarrow Q(x))$$
$$\equiv x \in A \Rightarrow x \in B$$
と定義し，A は B の**部分集合** (subset) であるという．このとき，「A は B に含まれる」，「B は A を含む」ともいう．

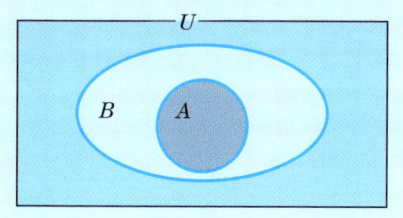

集合 A が集合 B の部分集合でないことを次のように表す：
$$A \not\subset B$$
2つの集合 A と B が**相等しい** (equal) ことを，
$$\begin{aligned} A = B &\equiv \forall x\,(P(x) \Leftrightarrow Q(x)) \\ &\equiv x \in A \Leftrightarrow x \in B \\ &\equiv (A \subset B) \wedge (B \subset A) \end{aligned}$$
によって定義する．

部分集合の定義から，任意の集合 B について，$B \subset B$ である．$A \subset B$ かつ $A \neq B$ であるような部分集合 A を B の**真部分集合** (proper subset) といい，$A \subsetneq B$ で表す．

★ ここまでで示した集合に関する記号に関して，$x \in S$ を $S \ni x$，$x \notin S$ を $S \not\ni x$，$A \subset B$ を $B \supset A$，$A \not\subset B$ を $B \not\supset A$，$A \subsetneq B$ を $B \supsetneq A$ と表してもよい．

集合の演算 2つの集合 $A = \{x \mid P(x)\}$，$B = \{x \mid Q(x)\}$ に対して，

> $A \cup B = \{x \mid P(x) \vee Q(x)\}$：**和集合** (union)
> $A \cap B = \{x \mid P(x) \wedge Q(x)\}$：**共通集合** (共通部分；intersection)
> $A^c = \{x \mid \neg P(x)\}$ ：**補集合** (complement)

の3つの演算を定義する．ここで和集合や共通集合は A と B に共通の普遍集合を想定し，補集合は普遍集合に関するものである．

★ 和集合 $A \cup B$ は A または B に属する要素からなる集合で，共通集合 $A \cap B$ は A と B の両方に属する要素からなる集合で，補集合 A^c は A に属さない要素からなる集合である．したがって，集合の記号を使って次のように表せる：
$$\begin{aligned} A \cup B &= \{x \mid x \in A \text{ または } x \in B\}, \\ A \cap B &= \{x \mid x \in A \text{ かつ } x \in B\}, \\ A^c &= \{x \mid x \notin A\}. \end{aligned}$$

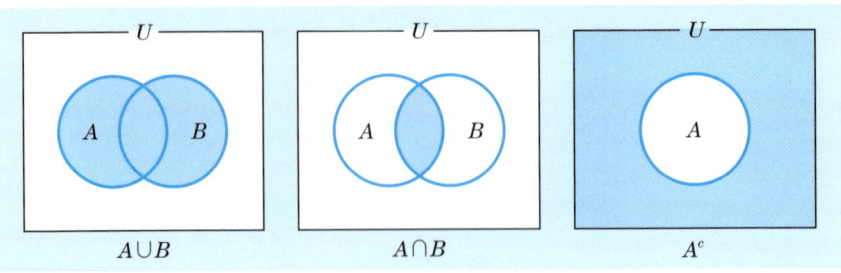

定義域のいかなる要素を代入しても真となる命題（例えば $P(x) \vee \neg P(x)$ など）には普遍集合 U が対応し，定義域のいかなる要素を代入しても偽となる命題（例えば $P(x) \wedge (\neg P(x))$ など）には，要素が1つもない集合が対応する．これも集合の仲間に入れて，**空集合** (empty set, null set) といい，$\emptyset$ で表す．空集合はどんな集合についてもその部分集合であり，どのような普遍集合のもとで考えても空集合はすべて相等しい．

定理 1.1 を集合で読み換えると，次が得られる：

> **定理 1.4** U を普遍集合とする．次が成り立つ：
> (1) $\forall A \subset U((A^c)^c = A);\ \forall A \subset U(A \cap A^c = \emptyset);\ U^c = \emptyset;\ \emptyset^c = U$
> (2) $A \cup B = B \cup A,\quad A \cap B = B \cap A$ （交換律）
> (3) $A \cup (B \cup C) = (A \cup B) \cup C$ （結合律）
> (4) $A \cap (B \cap C) = (A \cap B) \cap C$ （結合律）

★ 2つの集合が相等しいこと，つまり $A = B$ であることを証明するには，定義に戻って，
「$A \subset B$ と $A \supset B$ の2つを証明する」
ものと決めてかかるとよい．したがって，
「$(x \in A \Rightarrow x \in B)$ と $(x \in B \Rightarrow x \in A)$ の2つを証明する」
ことになる．ただし，これからの例題等でみられるように，基本的な命題の場合の多くは，両方向同時に $\Leftrightarrow$ で追跡できる．また，実際にはどちらか一方が自明の場合も多い．

問題

1.8 $A \subset B$ と $A^c \supset B^c$ は同値であることを証明しなさい．

1.9 集合 A について，次が成り立つことを確かめなさい：
(1) $A \cup A = A$ (2) $A \cup \emptyset = A$
(3) $A \cap A = A$ (4) $A \cap \emptyset = \emptyset$

例題 1.2 ─────────── ド・モルガンの法則

次のド・モルガンの法則を証明しなさい:
(1) $(A \cup B)^c = A^c \cap B^c$
(2) $(A \cap B)^c = A^c \cup B^c$

解答 これらの命題は定理 1.2 の (1), (2) に対応している.ここでは (1) を証明し,(2) を演習問題とする

(1) $\quad x \in (A \cup B)^c \quad \Leftrightarrow \quad \neg(x \in A \cup B)$
$\qquad\qquad\qquad\quad \Leftrightarrow \quad \neg((x \in A) \vee (x \in B))$
$\qquad\qquad\qquad\quad \Leftrightarrow \quad \neg(x \in A) \wedge \neg(x \in B) \qquad (\because 定理\ 1.2\ (1))$
$\qquad\qquad\qquad\quad \Leftrightarrow \quad (x \in A^c) \wedge (x \in B^c)$
$\qquad\qquad\qquad\quad \Leftrightarrow \quad x \in A^c \cap B^c$ ◆

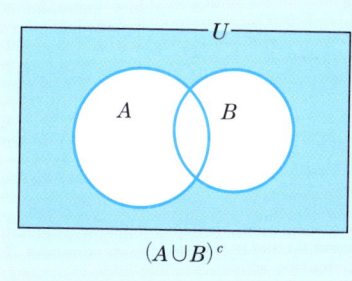
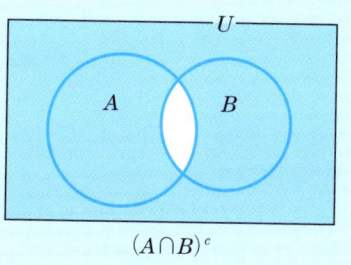

問題

1.10 例題 1.2 (2) を証明しなさい.

1.11 集合 A, B について,次が成り立つことを証明しなさい:
 (1) $A \subset A \cup B$ (2) $B \subset A \cup B$
 (3) $A \cap B \subset A$ (4) $A \cap B \subset B$

1.12 集合 A, B, C, D について,次の命題が成り立つことを証明しなさい:
 (1) $(A \subset C) \wedge (B \subset C) \Rightarrow A \cup B \subset C$
 (2) $(D \subset A) \wedge (D \subset B) \Rightarrow D \subset A \cap B$

★ 問題 1.12 (1) と,問題 1.11 (1), (2) より,$A \cup B$ は A と B の両方を部分集合とする集合のうちで最小であることがわかる.また,問題 1.12 (2) と問題 1.11 (3), (4) より,$A \cap B$ は A と B の両方の部分集合となる集合のうちで最大であることがわかる.

例題 1.3 ━━━━━━━━━━━━━━━━━━━━━━━━ 分配律 ━

次の分配律を証明しなさい：
(3) $A \cup (B \cap C) = (A \cup B) \cap (A \cup C)$
(4) $A \cap (B \cup C) = (A \cap B) \cup (A \cap C)$

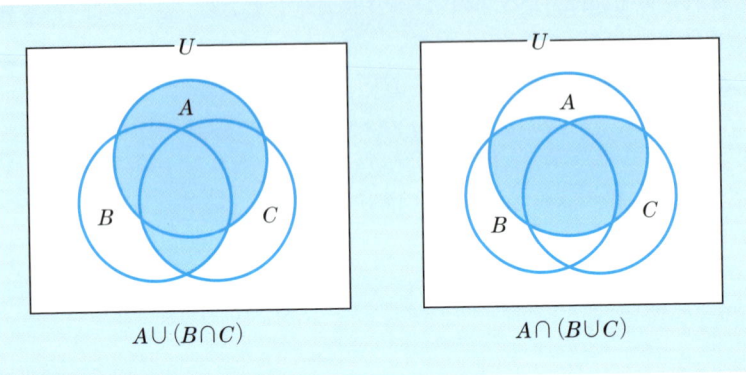

解答 これらの命題は定理 1.2 の (3), (4) に対応している．ここでは (4) を証明し，(3) を演習問題とする．

(4) $x \in A \cap (B \cup C)$
$\Leftrightarrow (x \in A) \wedge (x \in B \cup C)$
$\Leftrightarrow (x \in A) \wedge ((x \in B) \vee (x \in C))$
$\Leftrightarrow ((x \in A) \wedge (x \in B)) \vee ((x \in A) \wedge (x \in C))$ （∵ 定理 1.2 (4)）
$\Leftrightarrow (x \in A \cap B) \vee (x \in A \cap C)$
$\Leftrightarrow x \in (A \cap B) \cup (A \cap C)$ ◆

問題

1.13 例題 1.3 (3) を証明しなさい．

1.14 次の集合に関する等式を証明しなさい：
(1) $(A \cup B) \cap (A \cup C) \cap (B \cup C) = (A \cap B) \cup (A \cap C) \cup (B \cap C)$
(2) $(A \cup B) \cap (A \cup C) \cap (A \cup D) \cap (B \cup C) \cap (B \cup D) \cap (C \cup D)$
$= (A \cap B \cap C) \cup (A \cap B \cap D) \cup (A \cap C \cap D) \cup (B \cap C \cap D)$

差集合 2つの集合 $A = \{x|P(x)\}$, $B = \{x|Q(x)\}$ に対して,
$$A - B = \{x|P(x) \wedge (\neg Q(x))\} : 差集合 \text{ (difference)}$$
と定める．共通集合の定義と照らしあわせると，
$$A - B = A \cap B^c = \{x|x \in A \text{ かつ } x \in B^c\}$$
であるから，差集合の概念は導入しなくとも済ませることができるが，多くの場面で便利であり，有効である．

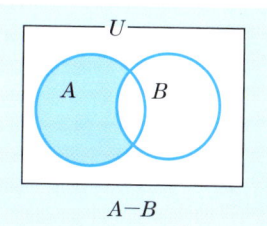

例題 1.4 ─────────────────────────── 対称差 ─

次の等式を証明しなさい：
$$(A \cup B) - (A \cap B) = (A - B) \cup (B - A)$$

解答
$$\begin{aligned}
(A \cup B) - (A \cap B) &= (A \cup B) \cap (A \cap B)^c \\
&= (A \cup B) \cap (A^c \cup B^c) \\
&= ((A \cup B) \cap A^c) \cup ((A \cup B) \cap B^c) \\
&= ((A \cap A^c) \cup (B \cap A^c)) \cup ((A \cap B^c) \cup (B \cap B^c)) \\
&= \emptyset \cup (B - A) \cup (A - B) \cup \emptyset = (A - B) \cup (B - A)
\end{aligned}$$
◆

★ この例題の $(A - B) \cup (B - A)$ を，集合 A と B の**対称差** (symmetric difference) という．日常用語の「A または B」に対応する（本書では特に登場しない）．

問題

1.15 集合 A について，次が成り立つことを確かめなさい：
  (1) $A - A = \emptyset$ (2) $A - \emptyset = A$ (3) $\emptyset - A = \emptyset$

1.16 集合 A, B について，次が成り立つことを証明しなさい：
  (1) $A = (A \cap B) \cup (A - B)$ (2) $A \cup B = (A - B) \cup B$
  (3) $B \cap (A - B) = \emptyset$

1.17 集合 A, B, C, D について，次が成り立つことを証明しなさい：
  (1) $B \subset C \Rightarrow B - C \subset A - C$ (2) $D \subset B \Rightarrow A - B \subset A - D$

1.18 集合 A, B について，次が成り立つことを証明しなさい：
$$A \cap B = \emptyset \Leftrightarrow A - B = A$$

例題 1.5 — 部分集合の特徴付け

集合 A, B について，次の (1)〜(6) の 6 個の命題は互いに同値であることを証明しなさい：

(1) $A \subset B$ 　　(2) $A \cup B = B$ 　　(3) $A \cap B = A$
(4) $A - B = \emptyset$ 　　(5) $A \cup (B - A) = B$ 　　(6) $A = B - (B - A)$

解答 〔(1)⇔(2) の証明〕 (⇒) 和集合の定義から，$A \cup B \supset B$ は常に成り立つ．そこで，$A \cup B \subset B$ を示す．任意の $x \in A \cup B$ について，$(x \in A) \lor (x \in B)$ であるが，仮定 (1) $A \subset B$ より，$x \in A$ ならば $x \in B$ であるから，いずれにしても $x \in B$ が成り立つ．よって，$A \cup B \subset B$ が成り立つ．したがって，(2) $A \cup B = B$ を得る．

(⇐) 和集合の定義から，$A \subset A \cup B$ は常に成り立つ．仮定 (2) $A \cup B = B$ とあわせて，(1) $A \subset A \cup B = B$ を得る．

〔(1)⇔(3) の証明〕 (⇒) 共通集合の定義から，$A \cap B \subset A$ は常に成り立つ．そこで，$A \cap B \supset A$ を示す．任意の $x \in A$ について，仮定 (1) $A \subset B$ より，$x \in B$ である．よって，$x \in A \cap B$ が成り立つ．したがって，(3) $A \cap B = A$ を得る．

(⇐) 任意の $x \in A$ について，仮定 (3) $A \cap B = A$ より，$x \in A \cap B$ が成り立つ．よって，$x \in B$ である．したがって，(1) $A \subset B$ を得る．

〔(1)⇔(6) の証明〕 (⇒) (6) の等号のうち，まず $A \subset B - (B - A)$ を示す．$x \in A$ とすると，仮定 (1) $A \subset B$ より，$x \in B$ である．再び仮定 (1) $A \subset B$ より，$x \notin B - A$ である．よって，$(x \in B) \land (x \notin B - A)$ だから，$x \in B - (B - A)$ である．したがって，$A \subset B - (B - A)$ を得る．次に，逆の包含関係 $A \supset B - (B - A)$ を示す．$x \in B - (B - A)$ とすると，差集合の定義から $(x \in B) \land (x \notin B - A)$ である．ところで，

$$x \notin B - A \Leftrightarrow \neg(x \in B - A) \Leftrightarrow \neg((x \in B) \land (x \in A^c)) \Leftrightarrow (x \notin B) \lor (x \in A)$$

であるが，いま $x \in B$ であるから，$x \in A$ が結論される．よって，$A \supset B - (B - A)$ である．したがって，前半とあわせて，(6) $A = B - (B - A)$ を得る．

(⇐) 差集合の定義より，$B - (B - A) \subset B$ は常に成り立つ．仮定 (1) $A = B - (B - A)$ とあわせて，(1) $A = B - (B - A) \subset B$ を得る．

例題 1.5 の証明の残りの部分は演習問題とする．◆

問題

1.19 例題 1.5 の証明を完成させなさい．

1.20 集合 A, B, C について，次が成り立つことを証明しなさい：

(1) $(A \cup B) - C = (A - C) \cup (B - C)$

(2) $(A \cap B) - C = (A - C) \cap (B - C)$

1.2 集合

巾集合・集合族 本書で扱う数学では，集合を要素とする集合を考えることがしばしば起こる．「集合の集合；set of sets」のように，「集合；set」の文字が重複するので，この場合は**集合族** (family of sets) あるいは**集合系**などとよぶのが習慣である（集合の集合といっても誤りではない）．

集合 A のすべての部分集合を要素とする集合族を A の**巾集合** (power set) といい，
$$2^A$$
で表す．A が有限集合の場合に，その部分集合の個数を数え上げてみれば，この 2^A という奇妙な記法の由来が納得できる．

例 1.5 集合 $A = \{a, b\}$ の部分集合は，次の 4 つである．
$$\emptyset, \{a\}, \{b\}, \{a, b\} = A$$
したがって，A の巾集合 2^A は，次のようになる：
$$2^A = \{\emptyset, \{a\}, \{b\}, A\}$$

問題

1.21 (1) 集合 $J_3 = \{1, 2, 3\}$ の部分集合をすべて挙げなさい．
(2) 集合 $J_4 = \{1, 2, 3, 4\}$ の部分集合をすべて挙げなさい．
(3) n 個の要素をもつ集合の部分集合の個数は 2^n であることを示しなさい．

集合 Λ の要素 λ に対応して，集合 A_λ があるとする．つまり，
$$\text{集合族 } \boldsymbol{A} = \{A_\lambda \mid \lambda \in \Lambda\}$$
が与えられたとする（Λ を $\boldsymbol{A}$ の**添え字集合** (index-set) という）．

$\boldsymbol{A}$ に属する集合 A_λ の要素すべてからなる集合を $\bigcup_{\lambda \in \Lambda} A_\lambda$ と表し，これを A_λ ($\lambda \in \Lambda$) の**和集合** (union) という．すなわち，
$$x \in \bigcup_{\lambda \in \Lambda} A_\lambda \quad \Leftrightarrow \quad \exists \mu \in \Lambda \, (x \in A_\mu)$$

また，$\boldsymbol{A}$ に属するどの集合 A_λ にも属する要素からなる集合を $\bigcap_{\lambda \in \Lambda} A_\lambda$ と表し，これを A_λ ($\lambda \in \Lambda$) の**共通集合** (intersection) という．すなわち，
$$x \in \bigcap_{\lambda \in \Lambda} A_\lambda \quad \Leftrightarrow \quad \forall \lambda \in \Lambda \, (x \in A_\lambda)$$

★ Λ が 2 つの要素からなる集合の場合は，もちろん前の定義と一致する．多くの場合，集合族を考えるのは，Λ が無限集合のときである．

また，Λ が明らかな場合に，$\bigcup_{\lambda \in \Lambda}$ や $\bigcap_{\lambda \in \Lambda}$ の下にある「$\lambda \in \Lambda$」を省略することがある．

例題 1.6 ―――――――――――――――――――― 開区間の共通集合

自然数 n に対して,
$$A_n = \left\{ x \in \mathbb{R} \,\middle|\, -\frac{1}{n} < x < \frac{1}{n} \right\} = \left(-\frac{1}{n}, \frac{1}{n} \right) \text{ (開区間)}$$
とする.自然数全体の集合を $\mathbb{N}$ とするとき,共通集合
$$\bigcap_{n \in \mathbb{N}} A_n$$
を求めなさい.

[解答] 任意の自然数 n に関して,$0 \in A_n$ であるから,$0 \in \bigcap A_n$ である.任意の $x \in \mathbb{R}, x \neq 0$ に対して,十分大きな自然数 $N \in \mathbb{N}$ が存在して,$1/N < |x|$ となり,$x \notin A_N$ となる.したがって,$x \notin \bigcap A_n$ である.よって,$\bigcap A_n = \{0\}$ である.◆

★ 上の証明で,自然数 N の存在は明らかであるが,厳密には,次の章の 2.2 節でとりあげる「実数の連続性」に関する公理,特に「アルキメデスの原理」(例題 2.15,問題 2.33) による.

問題

1.22 自然数 n に対して,$A_n = \left\{ x \in \mathbb{R} \,\middle|\, 0 \leqq x \leqq \frac{1}{n} \right\}$ とする.自然数全体の集合を $\mathbb{N}$ とするとき,共通集合 $\bigcap_{n \in \mathbb{N}} A_n$ を求めなさい.

例題 1.7 ―――――――――――――――――――― 結合律

普遍集合 U の部分集合の集合族 $\boldsymbol{A} = \{A_\lambda | \lambda \in \Lambda\}$ と部分集合 $B \subset U$ について,次が成り立つことを証明しなさい:

(1) $\left(\bigcup_{\lambda \in \Lambda} A_\lambda \right) \cup B = \bigcup_{\lambda \in \Lambda} (A_\lambda \cup B)$ (2) $\left(\bigcap_{\lambda \in \Lambda} A_\lambda \right) \cap B = \bigcap_{\lambda \in \Lambda} (A_\lambda \cap B)$

[解答] (1) $x \in \left(\bigcup_{\lambda \in \Lambda} A_\lambda \right) \cup B \Leftrightarrow \left(x \in \bigcup_{\lambda \in \Lambda} A_\lambda \right) \vee (x \in B)$
$\Leftrightarrow (\exists \mu \in \Lambda\, (x \in A_\mu)) \vee (x \in B)$
$\Leftrightarrow \exists \mu \in \Lambda\, (x \in A_\mu \cup B)$
$\Leftrightarrow x \in \bigcup_{\lambda \in \Lambda} (A_\lambda \cup B)$

(2) の証明は,演習問題とする. ◆

問題

1.23 例題 1.7 (2) を証明しなさい.

定理 1.5 （ド・モルガンの法則）

普遍集合 U の部分集合の集合族 $\boldsymbol{A} = \{A_\lambda \mid \lambda \in \Lambda\}$ について，次が成り立つ：

(1) $\left(\bigcup_{\lambda \in \Lambda} A_\lambda\right)^c = \bigcap_{\lambda \in \Lambda} A_\lambda^c$ 　(2) $\left(\bigcap_{\lambda \in \Lambda} A_\lambda\right)^c = \bigcup_{\lambda \in \Lambda} A_\lambda^c$

証明 (1) $x \in \left(\bigcup_{\lambda \in \Lambda} A_\lambda\right)^c \Leftrightarrow \neg \left(x \in \bigcup_{\lambda \in \Lambda} A_\lambda\right)$
$\Leftrightarrow \neg (\exists \mu \in \Lambda \, (x \in A_\mu))$
$\Leftrightarrow \forall \lambda \in \Lambda \, (x \in A_\lambda^c)$ 　　　（∵ 定理 1.3 (2)）
$\Leftrightarrow x \in \bigcap_{\lambda \in \Lambda} A_\lambda^c$

(2) $x \in \left(\bigcap_{\lambda \in \Lambda} A_\lambda\right)^c \Leftrightarrow \neg \left(x \in \bigcap_{\lambda \in \Lambda} A_\lambda\right)$
$\Leftrightarrow \neg (\forall \lambda \in \Lambda \, (x \in A_\lambda))$
$\Leftrightarrow \exists \mu \in \Lambda \, (x \in A_\lambda^c)$ 　　　（∵ 定理 1.3 (1)）
$\Leftrightarrow x \in \bigcup_{\lambda \in \Lambda} A_\lambda^c$ ◆

例題 1.8 ――分配律――

普遍集合 U の部分集合の集合族 $\boldsymbol{A} = \{A_\lambda \mid \lambda \in \Lambda\}$ と部分集合 $B \subset U$ について，次が成り立つことを証明しなさい：

(1) $\left(\bigcup_{\lambda \in \Lambda} A_\lambda\right) \cap B = \bigcup_{\lambda \in \Lambda} (A_\lambda \cap B)$ 　(2) $\left(\bigcap_{\lambda \in \Lambda} A_\lambda\right) \cup B = \bigcap_{\lambda \in \Lambda} (A_\lambda \cup B)$

解答 (2) を証明し，(1) の証明は演習問題とする．

(2) $x \in \left(\bigcap_{\lambda \in \Lambda} A_\lambda\right) \cup B \Leftrightarrow \left(x \in \bigcap_{\lambda \in \Lambda} A_\lambda\right) \vee (x \in B)$
$\Leftrightarrow (\forall \lambda \in \Lambda \, (x \in A_\lambda)) \vee (x \in B)$
$\Leftrightarrow \forall \lambda \in \Lambda \, (x \in A_\lambda \cup B)$
$\Leftrightarrow x \in \bigcap_{\lambda \in \Lambda} (A_\lambda \cup B)$ ◆

問題

1.24 例題 1.8 (1) を証明しなさい．

1.25 普遍集合 U の部分集合の集合族 $\boldsymbol{B} = \{B_\lambda \mid \lambda \in \Lambda\}$ と部分集合 $A \subset U$ について，次が成り立つことを証明しなさい：

(1) $A \cup \left(\bigcap_{\lambda \in \Lambda} B_\lambda\right) = \bigcap_{\lambda \in \Lambda} (A \cup B_\lambda)$ 　(2) $A \cap \left(\bigcup_{\lambda \in \Lambda} B_\lambda\right) = \bigcup_{\lambda \in \Lambda} (A \cap B_\lambda)$

直積集合　集合 A, B の要素の順序対のすべてからなる集合を A と B の **直積集合** といい，$A \times B$ で表す；
$$A \times B = \{(x, y) \mid (x \in A) \land (y \in B)\} : \textbf{直積集合}\ (\text{direct product})$$

ここで，順序対 (x, y) とは，成分の順序を考慮した 2 つの要素 x, y の対のことで，一般に $(x, y) \neq (y, x)$ であり，
$$(x, y) = (x', y') \quad \Leftrightarrow \quad (x = x') \land (y = y')$$
によってその要素が「相等しい」ことを定義する．したがって，$A \neq B$ の場合は，$A \times B \neq B \times A$ である．特に，$A = B$ の場合は，$A \times A$ を A^2 と書く．また，$B = \emptyset$ の場合は，$A \times B$ を空集合と定める；
$$A \times \emptyset = \emptyset \times B = \emptyset \times \emptyset = \emptyset.$$

問題

1.26 集合 A と B の要素の個数が，それぞれ m と n の場合，直積集合 $A \times B$ の要素の個数は $m \times n$ であることを確かめなさい．

例題 1.9 ―――――――――――――――――――― 直積の分配律 ―

集合 A, B, C について，次が成り立つことを証明しなさい：
(1) $(A \cup B) \times C = (A \times C) \cup (B \times C)$
(2) $(A \cap B) \times C = (A \times C) \cap (B \times C)$
(3) $A \times (B \cup C) = (A \times B) \cup (A \times C)$
(4) $A \times (B \cap C) = (A \times B) \cap (A \times C)$

[解答]　(1), (3), (4) の証明は演習問題とし，(2) のみを証明する．
(2) $\quad (x, y) \in (A \cap B) \times C \;\Leftrightarrow\; (x \in A \cap B) \land (y \in C)$
$\qquad\qquad\qquad\qquad\quad \Leftrightarrow\; ((x \in A) \land (x \in B)) \land (y \in C)$
$\qquad\qquad\qquad\qquad\quad \Leftrightarrow\; (x \in A) \land (x \in B) \land (y \in C) \land (y \in C)$
$\qquad\qquad\qquad\qquad\quad \Leftrightarrow\; ((x \in A) \land (y \in C)) \land ((x \in B) \land (y \in C))$
$\qquad\qquad\qquad\qquad\quad \Leftrightarrow\; ((x, y) \in A \times C) \land ((x, y) \in B \times C)$
$\qquad\qquad\qquad\qquad\quad \Leftrightarrow\; (x, y) \in (A \times C) \cap (B \times C)$ ◆

問題

1.27 例題 1.9 の (1), (3), (4) を証明しなさい．

1.28 集合 X, Y とその部分集合 $A \subset X, B \subset Y$ について，次の等式を証明しなさい：
$$(X \times Y) - (A \times B) = ((X - A) \times Y) \cup (X \times (Y - B))$$

有限個の集合族の直積集合　任意の自然数 n について，n 個の集合 $A_1, A_2, \cdots, A_n$ の直積集合は，同様にして，次のように定義する：

$$\prod_{i=1}^{n} A_i = A_1 \times A_2 \times \cdots \times A_n$$
$$= \{(x_1, x_2, \cdots, x_n) | x_1 \in A_1, x_2 \in A_2, \cdots, x_n \in A_n\}$$

ただし，この直積集合の 2 つの要素 x, y が**相等**しい ($x = y$) であることの定義は，次のように定める：

$$x = (x_1, x_2, \cdots, x_n),$$
$$y = (y_1, y_2, \cdots, y_n)$$

について，

$$x = y \quad \Leftrightarrow \quad (x_1 = y_1) \wedge (x_2 = y_2) \wedge \cdots \wedge (x_n = y_n)$$

ここで，A_i をこの直積集合 $\prod_{i=1}^{n} A_i$ の**第 i 因子** (i-th factor) という．また，$x_i \in A_i$ を要素 $(x_1, x_2, \cdots, x_n)$ の第 i 座標ということがある．

直積集合の要素が等しいことの定義からわかるように，因子の順番を変えると，一般に，直積集合としては異なるものになる．

また，少なくとも 1 つの因子が空集合の場合は，この直積集合も空集合と定める．特に，

$$A = A_1 = A_2 = \cdots = A_n$$

の場合に，この直積集合を

$$A^n$$

で表す．

★ 第 3 章で取り扱う n 次元ユークリッド空間 $\mathbb{R}^n$ は，実数全体の集合 $\mathbb{R}$ の n 個の直積集合である．したがって，この要項に関する問題等は，第 3 章以降に現れる．

★ なお，一般に（無限個の）集合族 $\{A_\lambda | \lambda \in \Lambda\}$ に関して，直積集合 $\prod_{\lambda \in \Lambda} A_\lambda$ が定義されるが，本書では取り扱わない．

1.3 写像

写像 X, Y を空でない集合とする．X の各要素に対して，Y の要素を 1 つ対応させる規則 f を X から Y への**写像** (map, mapping)，または**関数** (function) といい，

$$f : X \to Y, \quad X \xrightarrow{f} Y$$

などのように表す．このとき，X を写像 f の**定義域**，Y を f の**値域**という．また，要素 $x \in X$ に対応する要素 $y \in Y$ を写像 f による x の**像** (image) といい，$y = f(x)$ と表す．逆に，x を f による y の**原像** (preimage) という．

★ X, Y が実数や複素数（の部分集合）などのような数に関する集合の場合には，**関数** (function) ということが多い．

2 つの写像 $f : X \to Y, g : X \to Y$ が（写像として）**等しい**とは，任意の要素 $x \in X$ について $f(x) = g(x)$ が成り立つ場合をいい，$f = g$ で示す；

$$f = g \quad \equiv \quad \forall x \in X (f(x) = g(x))$$

写像 $f : X \to Y$ が**単射** (injection; injective) であるとは，$x, x' \in X$ について，$x \neq x'$ ならば $f(x) \neq f(x')$ が成り立つ場合をいう；

$$\forall x, x' \in X (x \neq x' \Rightarrow f(x) \neq f(x'))$$

写像 $f : X \to Y$ が**全射** (surjection; surjective; onto) であるとは，任意の $y \in Y$ に対して，$f(x) = y$ となる $x \in X$ が存在する場合をいう；

$$\forall y \in Y, \exists x \in X (f(x) = y)$$

写像 $f : X \to Y$ が単射でかつ全射であるとき，**全単射** (bijection; bijective) であるという．

2 つの写像 $f : X \to Y, g : Y \to Z$ について，各要素 $x \in X$ に対して，Z の要素 $g(f(x))$ を対応させると，X から Z への写像となる．これを f と g の**合成写像** (composite map, composition) といい，$g \circ f$ で表す；

$$g \circ f : X \to Z; \quad \forall x \in X ((g \circ f)(x) = g(f(x)))$$

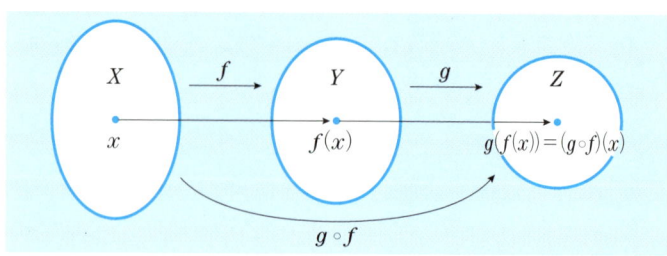

例題 1.10 ─────────────────────────── 写像の結合律 ─

写像 $f: X \to Y, g: Y \to Z, h: Z \to W$ の合成写像について，次が成り立つことを証明しなさい：
$$h \circ (g \circ f) = (h \circ g) \circ f : X \to W$$

───

[解答] 任意の $x \in X$ について，
$$(h \circ (g \circ f))(x) = h((g \circ f)(x)) = h(g(f(x)))$$
$$= (h \circ g)(f(x)) = ((h \circ g) \circ f)(x) \quad \blacklozenge$$

問題

1.29 $\mathbb{R}$ を実数全体の集合とする．写像 $f: \mathbb{R} \to \mathbb{R}, g: \mathbb{R} \to \mathbb{R}$ が次の式で与えられている．合成写像 $f \circ g, g \circ f, f \circ f, g \circ g$ を式で与えなさい．
$$f(x) = 2x + 3, \qquad g(x) = x^2 + x + 1$$

例題 1.11 ─────────────────────── 単射・全射の判定 (1) ─

$f: X \to Y, g: Y \to Z$ を写像とすると，次が成り立つことを証明しなさい：
(1) 合成写像 $g \circ f : X \to Z$ が単射ならば，f も単射である．
(2) 合成写像 $g \circ f : X \to Z$ が全射ならば，g も全射である．

───

[解答] (1) $x, x' \in X$ について，$f(x) = f(x')$ とすると，$g(f(x)) = g(f(x'))$. これは，合成写像の定義より，$(g \circ f)(x) = (g \circ f)(x')$. $g \circ f$ が単射であるから，$x = x'$. よって，f は単射である．

(2) $g \circ f$ が全射だから，任意の $z \in Z$ に対して $x \in X$ が存在して，
$$z = (g \circ f)(x) = g(f(x))$$
となる．$f(x) = y \in Y$ とすれば，$g(y) = z$. よって，g は全射である． $\blacklozenge$

★ 例題 1.11 (1) の証明のように，写像 $f: X \to Y$ が単射であることを示す際に，
$$\lceil x \neq x' \Rightarrow f(x) \neq f(x') \rfloor \text{ の対偶 } \lceil f(x) = f(x') \Rightarrow x = x' \rfloor$$
を示す方が楽な場合がよくある．

問題

1.30 $f: X \to Y, g: Y \to Z$ を写像とする．次を証明しなさい：
(1) f, g がともに単射ならば，合成写像 $g \circ f$ も単射である．
(2) f, g がともに全射ならば，合成写像 $g \circ f$ も全射である．

包含写像・恒等写像　集合 X が集合 Y の部分集合のとき，各要素 $x \in X$ に対して同じ $x \in Y$ を対応させる写像 $i : X \to Y$ を**包含写像** (inclusion map) という．特に，$X = Y$ の場合の包含写像を X 上の**恒等写像** (identity map) といい，I_X で表す．

$$X \subset Y; i : X \to Y; \forall x \in X \, (i(x) = x) \quad :\text{包含写像}$$
$$I_X : X \to X; \forall x \in X \, (I_X(x) = x) \quad :\text{恒等写像}$$

包含写像は常に単射であり，恒等写像は全単射である．

逆写像　写像 $f : X \to Y$ が全単射であるとする．

f は全射だから，各 $y \in Y$ に対して，$x \in X$ が存在して，$f(x) = y$ となる．

ところが，f は単射でもあるから，このような x はただ 1 つである．

そこで，y に対してこの x を対応させることによって，Y から X への写像が定まる．この写像を f の**逆写像** (inverse map) といい，f^{-1} で表す；

$$f^{-1} : Y \to X; f^{-1}(y) = x \Leftrightarrow f(x) = y \quad :\text{逆写像}$$

この定義から，逆写像も全単射である．

─── **例題 1.12** ─────────────────── 単射・全射の判定 (2) ───

$f : X \to Y, g : Y \to X$ を写像とする．$g \circ f = I_X$ ならば，f は単射で，g は全射であることを証明しなさい．

[解答]　恒等写像 I_X は全単射であるから，例題 1.11 (1) により f は単射であり，例題 1.11 (2) により g は全射である．　　◆

問題

1.31　$f : X \to Y$ を写像とすると，X から Y への写像として，次の等号が成り立つことを証明しなさい：
$$I_Y \circ f = f = f \circ I_X$$

1.32　写像 $f : X \to Y$ について，次が成り立つことを証明しなさい：
$$f \text{ が単射} \Leftrightarrow \exists g : Y \to X (g \circ f = I_X)$$

1.33　写像 $f : X \to Y$ が全単射のとき，次が成り立つことを確認しなさい：
(1) $f \circ f^{-1} = I_Y$　(2) $f^{-1} \circ f = I_X$

1.34　写像 $f : X \to Y, g : Y \to Z$ がともに全単射のとき，次を証明しなさい：
(1) $(f^{-1})^{-1} = f$　(2) $(g \circ f)^{-1} = f^{-1} \circ g^{-1}$

1.35　$f : X \to Y, g : Y \to X$ を写像とする．次を証明しなさい：
$$(g \circ f = I_X) \wedge (f \circ g = I_Y) \Rightarrow (f^{-1} = g) \wedge (g^{-1} = f)$$

像と逆像 $f: X \to Y$ を写像とする．
(1) 部分集合 $A \subset X$ について，f による A の**像** (image) $f(A)$ を，
$$f(A) = \{f(a) \mid a \in A\}$$
と定義する．明らかに，$f(A) \subset Y$ である．
(2) 部分集合 $B \subset Y$ について，f による B の**逆像** (inverse image) $f^{-1}(B)$ を，
$$f^{-1}(B) = \{x \in X \mid f(x) \in B\}$$
と定義する．明らかに，$f^{-1}(B) \subset X$ である．

★ $x \in X$ について，「$x \in f^{-1}(B) \Leftrightarrow f(x) \in B$」をよく使う．

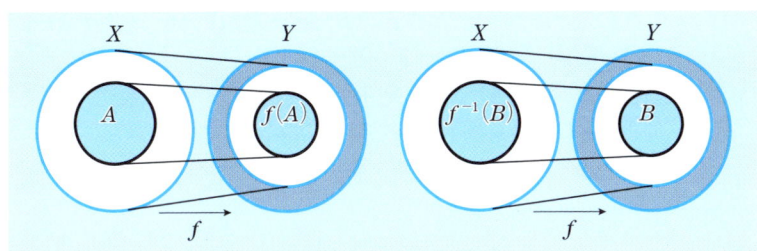

★ 逆像を表すのに，逆写像と同じ記号 f^{-1} を用いるので紛らわしいが，逆写像は「写像」，逆像は「集合」だから，少し注意すれば混同することはない．

例 1.6 関数 $f: \mathbb{R} \to \mathbb{R}$ が $f(x) = x^2$ で与えられている．
(1) $A = \{x \in \mathbb{R} \mid 1 \leqq x \leqq 2\}$ とすると，
$$f(A) = \{y \in \mathbb{R} \mid 1 \leqq y \leqq 4\}.$$
(2) $B = \{y \in \mathbb{R} \mid 1 \leqq y \leqq 4\}$ とすると，
$$f^{-1}(B) = \{x \in \mathbb{R} \mid -2 \leqq x \leqq -1\} \cup \{x \in \mathbb{R} \mid 1 \leqq x \leqq 2\}.$$

> **◦ 対称群 ✳**
>
> 集合 X から X への全単射写像を，X 上の**置換**あるいは**変換**という．X 上の置換の全体を $\boldsymbol{S}(X)$ で表すと，これまでに挙げた性質をまとめて，次が成り立つ：
> (1) $f, g \in \boldsymbol{S}(X) \Rightarrow f \circ g \in S(X)$
> (2) $f, g, h \in \boldsymbol{S}(X)$ について，$f \circ (g \circ h) = (f \circ g) \circ h$（結合律：例題 1.10）
> (3) $f \in \boldsymbol{S}(X)$ について，$I_X \circ f = f = f \circ I_X$（問題 1.31）
> (4) $\forall f \in \boldsymbol{S}(X), \exists f^{-1} \in \boldsymbol{S}(X)(f \circ f^{-1} = I_X = f^{-1} \circ f)$（定義と問題 1.35）
>
> これは $\boldsymbol{S}(X)$ が写像の合成 $\circ$ を演算とし，I_X を単位元，f の逆元を f^{-1} として，群であることを示している．この群 $(\boldsymbol{S}(X), \circ)$ を X 上の**対称群**，あるいは**置換群・変換群**などとよぶ．

─ 例題 1.13 ─────────────────────────── 像と逆像 (1) ─

$f: X \to Y$ を写像とする．部分集合 $A \subset X, B \subset Y$ について，次が成り立つことを証明しなさい：
(1) $f(f^{-1}(B)) \subset B$ (2) $f^{-1}(f(A)) \supset A$
(3) f が全射ならば，$f(A^c) \supset (f(A))^c$
(4) f が単射ならば，$f(A^c) \subset (f(A))^c$
(5) $f^{-1}(B^c) = (f^{-1}(B))^c$

[解答] (1) $y \in f(f^{-1}(B)) \Rightarrow \exists x \in f^{-1}(B) (y = f(x)) \Rightarrow y = f(x) \in B$
(2) $x \in A \Rightarrow f(x) \in f(A) \Rightarrow x \in f^{-1}(f(A))$
(3) $y \in (f(A))^c \Leftrightarrow (y \in Y) \land \neg(y \in f(A))$
$\Rightarrow (\exists x \in X (y = f(x))) \land \neg(y \in f(A))$ ($\because f$ が全射)
$\Rightarrow \neg(x \in A) \Rightarrow x \in A^c \Rightarrow y \in f(A^c)$

(4) と (5) の証明は演習問題とする． ◆

■ 問 題 ■

1.36 上の例題 1.13 の (1) と (2) に関して，一般には等号が成立しないことを，例 1.6 の関数を使って示しなさい．
[ヒント] まず関数 $y = f(x)$ のグラフを書きなさい．

1.37 上の例題 1.13 の (4) と (5) を証明しなさい．

─ 例題 1.14 ─────────────────────────── 像と逆像 (2) ─

$f: X \to Y$ を写像とする．任意の部分集合 $A_1, A_2 \subset X; B_1, B_2 \subset Y$ について，次が成り立つことを証明しなさい：
(1) $f(A_1 \cup A_2) = f(A_1) \cup f(A_2)$ (2) $f(A_1 \cap A_2) \subset f(A_1) \cap f(A_2)$
(3) $f^{-1}(B_1 \cup B_2) = f^{-1}(B_1) \cup f^{-1}(B_2)$
(4) $f^{-1}(B_1 \cap B_2) = f^{-1}(B_1) \cap f^{-1}(B_2)$

[解答] (1), (3), (4) を演習問題として残し，(2) を証明する．
(2) $y \in Y$ について，
$y \in f(A_1 \cap A_2) \Leftrightarrow \exists x \in A_1 \cap A_2 (y = f(x))$
$\Rightarrow (\exists x \in A_1 (y = f(x))) \land (\exists x \in A_2 (y = f(x)))$
$\Leftrightarrow (y \in f(A_1)) \land (y \in f(A_2)) \Leftrightarrow y \in f(A_1) \cap f(A_2)$ ◆

■ 問 題 ■

1.38 上の例題 1.14 の (1), (3), (4) を証明しなさい．

例題 1.15 ─────────────────────────── 像と逆像 (3) ─

$f: X \to Y$ を写像とする．X の部分集合族 $\{A_\lambda \mid \lambda \in \Lambda\}$ と Y の部分集合族 $\{B_\mu \mid \mu \in M\}$ に関して，次が成り立つことを証明しなさい：

(1) $f\left(\bigcup_{\lambda \in \Lambda} A_\lambda\right) = \bigcup_{\lambda \in \Lambda} f(A_\lambda)$

(2) $f\left(\bigcap_{\lambda \in \Lambda} A_\lambda\right) \subset \bigcap_{\lambda \in \Lambda} f(A_\lambda)$

(3) $f^{-1}\left(\bigcup_{\mu \in M} B_\mu\right) = \bigcup_{\mu \in M} f^{-1}(B_\mu)$

(4) $f^{-1}\left(\bigcap_{\mu \in M} B_\mu\right) = \bigcap_{\mu \in M} f^{-1}(B_\mu)$

解答 いずれの証明も上の例題 1.14 の証明と本質的に同じである．ここでは，(1) と (4) を証明し，(2) と (3) の証明は演習問題として残す．

(1) $y \in Y$ について，
$$\begin{aligned}
y \in f\left(\bigcup_{\lambda \in \Lambda} A_\lambda\right) &\Leftrightarrow \exists x \in \bigcup_{\lambda \in \Lambda} A_\lambda \, (f(x) = y) \\
&\Leftrightarrow \exists \mu \in \Lambda \, (\exists x \in A_\mu \, (f(x) = y)) \\
&\Leftrightarrow \exists \mu \in \Lambda \, (y \in f(A_\mu)) \\
&\Leftrightarrow y \in \bigcup_{\lambda \in \Lambda} f(A_\lambda)
\end{aligned}$$

(4) $x \in X$ について，
$$\begin{aligned}
x \in f^{-1}\left(\bigcap_{\mu \in M} B_\mu\right) &\Leftrightarrow f(x) \in \bigcap_{\mu \in M} B_\mu \\
&\Leftrightarrow \forall \mu \in M \, (f(x) \in B_\mu) \\
&\Leftrightarrow \forall \mu \in M \, (x \in f^{-1}(B_\mu)) \\
&\Leftrightarrow x \in \bigcap_{\mu \in M} f^{-1}(B_\mu)
\end{aligned}$$
◆

問題

1.39 上の例題 1.15 の (2), (3) を証明しなさい．

ヒント 例題 1.14 の (2), (3) の証明を参考にするとよい．

1.4 2項関係

一般に，集合 X と集合 Y の間の**関係** (relation) とは，直積集合 $X \times Y$ の部分集合 $\boldsymbol{R}$ のことである．$(x,y) \in \boldsymbol{R}$ のとき，$x \in X$ と $y \in Y$ は関係 $\boldsymbol{R}$ を満たす，あるいは $\boldsymbol{R}$ の関係にあるという．「関係」らしさを表すために $x\boldsymbol{R}y$ という表し方もよく使われる．

特に，集合 X と X の間の関係 $\boldsymbol{R}$ を X 上の **2項関係** (binary relation) という．

数学では，いろいろな対象が2項関係として捉えることができる．ここでは，同値関係と順序関係を取り上げる．

> **例 1.7** 集合 X から集合 Y への写像 $f: X \to Y$ に対して，順序対の集合
> $$F: \{(x, f(x)) \mid x \in X\} \subset X \times Y$$
> を写像 f の**グラフ** (graph) という．
>
> 逆に，部分集合 $F \subset X \times Y$ が，次の性質を満たすとする：
>
> (m) 各 $x \in X$ に対して，$(x,y) \in F$ となる $y \in Y$ がただ1つだけ存在する．
>
> このとき，$f(x) = y$ と定めることによって，F をグラフとする写像 $f: X \to Y$ がただ1つ確定する．したがって，写像 $f: X \to Y$ とは，性質 (m) を満たすような部分集合 $F \subset X \times Y$ によって定まる X と Y の間の関係であるといえる．

同値関係 集合 X 上の2項関係 $\boldsymbol{R} \subset X \times X$ が次の3条件を満たすとき，これを X 上の**同値関係** (equivalence relation) という．

(E1)	$\forall x \in X\,((x,x) \in \boldsymbol{R})$	(反射律)
(E2)	$\forall x,y \in X\,((x,y) \in \boldsymbol{R} \Rightarrow (y,x) \in \boldsymbol{R})$	(対称律)
(E3)	$\forall x,y,z \in X\,((x,y) \in \boldsymbol{R} \land (y,z) \in \boldsymbol{R} \Rightarrow (x,z) \in \boldsymbol{R})$	(推移律)

★ 上の3条件 (E1), (E2), (E3) をまとめて**同値律**ということがある．同値関係を確認するために，上の同値律の $(x,y) \in \boldsymbol{R}$ 等を $x\boldsymbol{R}y$ 等に書き換えてみるとよい．

> **例 1.8** X を平面上の三角形全体の集合とする．2つの三角形 A, B が合同であることを $A \equiv B$ で，相似であることを $A \infty B$ で表せば，$\equiv$ と ∞ はいずれも X 上の同値関係である．

★ この例のように，同値関係は必ずしも $X \times X$ の部分集合の形で与えられていない．しかし，合同とか相似の定義が明確であれば，対応する $X \times X$ の部分集合が確定する．実際，$\boldsymbol{R}(\equiv) = \{(A,B) \mid A \equiv B\}$, $\boldsymbol{R}(\infty) = \{(A,B) \mid A \infty B\}$ などのように決めるとよい．

同値類　集合 X 上に同値関係 $\boldsymbol{R}$ が与えられているとき，要素 $a \in X$ に同値な要素全体の集合 $C(a)$ を a の（または a を含む）**同値類** (equivalence class) という；
$$C(a) = \{x \in X \,|\, (x,a) \in \boldsymbol{R}\}.$$

同値類 $C(a)$ は X の部分集合である．X のすべての同値類を要素とする X の部分集合族を $X/\boldsymbol{R}$ で表し，X の $\boldsymbol{R}$ による**商集合** (quotient set) という；
$$X/\boldsymbol{R} = \{C(a) \,|\, a \in X\}.$$

集合 X 上に同値関係 $\boldsymbol{R}$ が与えられたとき，次ページで示す例題 1.17 から，X は互いに共通の要素をもたないいくつかの同値類に分割される．また，例題 1.17 (3) より，ある同値類 $C(a)$ について，$x \in C(a)$ ならば $C(x) = C(a)$ である．したがって，各同値類から 1 つの要素 x を選ぶとその同値類が確定する．この意味で，各同値類 C に属する各要素を C の**代表元** (representative) という．

さらに，各要素 $x \in X$ に x の同値類 $C(x)$ を対応させると，この対応
$$\gamma : X \to X/\boldsymbol{R}; \quad \gamma(x) = C(x) \quad (x \in X)$$
は，例題 1.17 (3) より，写像であって，しかも全射である．この写像 γ を**自然な射影** (natural projection) または**商写像** (quotient map) という．

例題 1.16 ─────────────────────────── 整数の剰余類 ─

$\mathbb{Z}$ を整数全体の集合とすると，次の $\boldsymbol{R}$ は $\mathbb{Z}$ 上の同値関係であることを証明しなさい：
$$\boldsymbol{R} = \{(m,n) \,|\, m-n \text{ は 2 の倍数}\}$$

[解答]　(E1)　任意の $n \in \mathbb{Z}$ について，$n-n = 0$ は 2 の倍数だから，$(n,n) \in \boldsymbol{R}$．

(E2)　$(m,n) \in \boldsymbol{R}$ とすると，整数 k が存在して，$m-n = 2k$ となる．$n-m = 2(-k)$ だから，$(n,m) \in \boldsymbol{R}$．

(E3)　$(m,n) \in \boldsymbol{R}, (n,s) \in \boldsymbol{R}$ とすると，整数 k, h が存在して，$m-n = 2k, n-s = 2h$ となる．このとき，$m-s = (m-n) + (n-s) = 2(k+h)$ だから，$(m,s) \in \boldsymbol{R}$．　◆

問　題

1.40　$\mathbb{Z}$ を整数全体の集合とし，p を 1 より大きい整数とする．
$$\boldsymbol{R} = \{(m,n) \,|\, m-n \text{ は } p \text{ の倍数}\}$$
とすれば，$\boldsymbol{R}$ は $\mathbb{Z}$ 上の同値関係であることを証明しなさい．

1.41　集合 A と集合 B の間に全単射が存在するとき，A と B は**対等** (equipotent) であるといい，$A \sim B$ で表すとする．ある集合族 $\boldsymbol{A}$ において，対等という 2 項関係は同値関係であることを証明しなさい．

例題 1.17 ── 同値類の特性

R を集合 X 上の同値関係とすると，次が成り立つことを証明しなさい：
(1) $a \in X \Rightarrow a \in C(a)$
(2) $X = \bigcup_{a \in X} C(a)$
(3) $(a,b) \in R \Leftrightarrow C(a) = C(b)$
(4) $(a,b) \notin R \Leftrightarrow C(a) \cap C(b) = \emptyset$

解答 (1) 反射律 (E1) より，$\forall\, a \in X((a,a) \in R)$ だから，$a \in C(a)$.

(2) 上の (1) と和集合の定義より，明らかである．

(3) ($\Rightarrow$) $x \in C(a) \Leftrightarrow (x,a) \in R$. これと仮定 $(a,b) \in R$ とあわせて，推移律 (E3) より，$(x,b) \in R$. よって，$x \in C(b)$. ∴ $C(a) \subset C(b)$.
全く同様にして，$C(b) \subset C(a)$ が示されるから，$C(a) = C(b)$.
($\Leftarrow$) $a \in C(a)$ で，仮定 $C(a) = C(b)$ より，$a \in C(b)$. よって，$(a,b) \in R$.

(4) ($\Rightarrow$) 対偶を証明する．$C(a) \cap C(b) \neq \emptyset$ とすると，$\forall\, x \in C(a) \cap C(b)$ について，$(a,x) \in R, (x,b) \in R$ が成り立つから，推移律 (E3) より，$(a,b) \in R$.
($\Leftarrow$) $C(a) \cap C(b) = \emptyset$ ならば，(1) より $C(a) \neq \emptyset \neq C(b)$ だから，$C(a) \neq C(b)$. (3) の対偶「$(a,b) \notin R \Leftrightarrow C(a) \neq C(b)$」より，$(a,b) \notin R$. ◆

問題

1.42 (1) 問題 1.40 の例について，その同値類をすべて書き上げなさい．

(2) 問題 1.40 において，p を 2 より大きい素数とし，q を p と互いに素な自然数とする．このとき，写像
$$\psi : \mathbb{Z}/R \to \mathbb{Z}/R; \quad \psi(C(x)) = C(qx)$$
は全単射であることを証明しなさい．

ヒント (2) p と q が互いに素であるから，整数 a,b が存在して，$ap + bq = 1$ を満たす．この事実を使って，写像 $\varphi : \mathbb{Z}/R \to \mathbb{Z}/R$ を $\varphi(C(x)) = C(bx)$ と定めると，ψ と φ は互いに逆写像となる．

1.43 $f : X \to Y$ を写像とし，$f(X) = B \subset Y$ とする．X 上の 2 項関係を，
$$R = \{(x,y) \in X \times X \mid f(x) = f(y)\}$$
によって定める．次を証明しなさい．
(1) R は X 上の同値関係である．
(2) 対応 $\Gamma : X/R \to B; \Gamma(C(x)) = f(x);$ は全単射な写像である．

1.4　2項関係

順序関係　集合 X 上の2項関係 $\leqq \subset X \times X$ が次の3条件を満たすとき，これを X 上の**順序関係** (order relation) という：

(E1)　$\forall\, x \in X\, (x \leqq x)$　　　　　　　　　　　　　　　　　　　　（反射律）
(E3)　$\forall\, x,y,z \in X\, ((x \leqq y) \wedge (y \leqq z) \Rightarrow x \leqq z)$　　　　　（推移律）
(E4)　$\forall\, x,y \in X\, ((x \leqq y) \wedge (y \leqq x) \Rightarrow x = y)$　　　　　　（反対称律）

また，順序関係 $\leqq$ を指定した集合 $(X, \leqq)$ を**順序集合** (ordered set) または**半順序集合** (partial ordered set) という．

例 1.9　実数全体の集合 $\mathbb{R}$ において，通常の大小関係 $\leqq$ は順序関係である．ただし，不等号 $<$ は，反射律を満たさないので，順序関係ではない．

例 1.10　集合 X の巾集合 2^X において，2項関係 $\subset$ を，次のようにおく．
$$\subset = \{(A,B) \in 2^X \times 2^X \mid A \subset B\}$$
これは 2^X 上の順序関係であり，**包含関係** (inclusion relation) といわれる．

★　順序関係とは，上の例からわかるように，実数の大小関係や集合の包含関係を一般化・抽象化したものである．

── **例題 1.18** ──────────────────────── 辞書式順序 ──

$(X, \leqq), (Y, \preceq)$ を半順序集合とするとき，直積集合 $X \times Y$ 上の関係 $\ll$ を次のように定義すると，$\ll$ は $X \times Y$ 上の順序関係であることを証明しなさい：
$$(x,y) \ll (x',y') \iff ((x \leqq x') \wedge (x \neq x')) \vee ((x = x') \wedge (y \preceq y'))$$

[解答]　(E1)　任意の $(x,y) \in X \times Y$ について，$(x = x) \wedge (y \preceq y)$ より，$(x,y) \ll (x,y)$．
(E2)　$(x,y), (x',y'), (x'',y'') \in X \times Y$ について，$(x,y) \ll (x',y') \wedge (x',y') \ll (x'',y'')$ ならば，定義より，次が成り立つ：
$$(((x \leqq x') \wedge (x \neq x')) \vee ((x = x') \wedge (y \preceq y')))$$
$$\wedge (((x' \leqq x'') \wedge (x' \neq x'')) \wedge ((x' = x'') \wedge (y' \preceq y'')))$$
これを定理 1.1 の結合律と定理 1.2 の分配律を使って整理すると，
$$((x \leqq x'') \wedge (x \neq x'')) \vee ((x = x'') \wedge (y \preceq y'')). \quad \therefore \quad (x,y) \ll (x'',y''). \quad ◆$$

問　題

1.44　上の例題 1.18 の (E4)（反対称律）の証明をしなさい．

1.45　集合 X を定義域とし，実数全体の集合 $\mathbb{R}$ を値域とする写像の全体の集合を $\mathbb{R}^X$ とする．$f, g \in \mathbb{R}^X$ に対して，$f \ll g \Leftrightarrow \forall x \in X\,(f(x) \leqq g(x))$ と定義すると，$\ll$ は $\mathbb{R}^X$ 上の順序関係であることを証明しなさい．

最大元・最小元・上界・下界・上限・下限 半順序集合 $(X, \leqq)$ において，$A \subset X$，$A \neq \emptyset$，とする．

(1) $a \in X$ が A の**最大元** (maximum element) であるとは，$a \in A$ であって，任意の $x \in A$ について $x \leqq a$ が成り立つ場合をいい，
$$a = \max A$$
で表す．

(2) $b \in A$ が A の**最小元** (minimum element) であるとは，$b \in A$ であって，任意の $x \in A$ について $b \leqq x$ が成り立つ場合をいい，
$$b = \min A$$
で表す．

(3) $s \in X$ が A の 1 つの**上界** (upper bound) であるとは，任意の $x \in A$ について，$x \leqq s$ が成り立つ場合をいう．
特に，A の上界全体の集合 $S(A)$ に最小元が存在すれば，それを A の**上限** (supremum) といい，$\sup A$ で表す．

(4) $t \in X$ が A の 1 つの**下界** (lower bound) であるとは，任意の $x \in A$ について，$t \leqq x$ が成り立つ場合をいう．
特に，A の下界全体の集合 $T(A)$ に最大元が存在すれば，それを A の**下限** (infimum) といい，$\inf A$ で表す．

(5) A の上界が存在するとき，A は**上に有界**であるといい，下界が存在するとき，**下に有界**であるという．そして，上に有界でかつ下に有界であるとき，単に**有界** (bounded) であるという．

半順序集合 $(X, \leqq)$ において，2 つの要素 x, y が，$x \leqq y$ または $y \leqq x$ の関係にあるとき，x と y は**比較可能**であるという．任意の要素 x, y が比較可能であるとき，この順序 $\leqq$ を**全順序** (total order) といい，この半順序集合 $(X, \leqq)$ を**全順序集合** (totally ordered set) という．

例 1.11 (1) 前ページの例 1.9 で挙げた半順序集合 $(\mathbb{R}, \leqq)$ は全順序集合である．この全順序集合については，次の章で詳しく取り扱う．
(2) 例 1.10 で挙げた半順序集合 $(2^X, \subset)$ では，$A \subset B$ でもなく $B \subset A$ でもない場合が起こるので，一般には，$(2^X, \subset)$ は全順序集合ではない．

第2章

実　数

　この章では，実数の基本的な性質を取り扱う．実数はなんといっても数学の基礎であり，また，後に続く章のいろいろな意味でのモデルになっている．

2.1　実数の加法・乗法と順序関係

次の記号を用いる：

$\mathbb{N}$：自然数全体の集合，　　$\mathbb{Z}$：整数全体の集合，
$\mathbb{Q}$：有理数全体の集合，　　$\mathbb{R}$：実数全体の集合．

　実数全体の集合 $\mathbb{R}$ には四則演算が定義され，大小関係 $\leqq$ が定められている．これらの性質については，次の2つの定理にまとめた．本書ではこれらを証明せず，一種の公理として話を進める．

> **定理 2.1**　（実数の加法・乗法に関する基本命題）　$\mathbb{R}$ においては，加法 $+$ と乗法 $\cdot$ の2つの演算が定義され，以下の性質を満たす；$x, y, z \in \mathbb{R}$ について，
> [R1] 1.（加法に関する結合律）　　$x + (y + z) = (x + y) + z$
> 　　2.（加法に関する交換律）　　$x + y = y + x$
> 　　3.（加法単位元 0 の存在）　　$x + 0 = x = 0 + x$
> 　　4.（加法逆元の存在）　　$\forall x \in \mathbb{R}, \exists y \in \mathbb{R} (x + y = 0 = y + x)$
> 　　　　　　　　　　　　　　この y を $-x$ と記す．
> [R2] 1.（乗法に関する結合律）　　$x \cdot (y \cdot z) = (x \cdot y) \cdot z$
> 　　2.（乗法に関する交換律）　　$x \cdot y = y \cdot x$
> 　　3.（乗法単位元 1 の存在）　　$x \cdot 1 = x = 1 \cdot x$
> 　　4.（乗法逆元の存在）　　$\forall x \in \mathbb{R} - \{0\}, \exists y \in \mathbb{R} - \{0\}(x \cdot y = 1 = y \cdot x)$
> 　　　　　　　　　　　　　　この y を x^{-1} または $1/x$ と記す．
> [R3]（分配律）　$x \cdot (y + z) = x \cdot y + x \cdot z, \quad (x + y) \cdot z = x \cdot z + y \cdot z$

―― 例題 2.1 ―――――――――――――――――――――――――― 逆元の逆元 ――

任意の $x \in \mathbb{R}$ について，次が成り立つことを証明しなさい：
(1) $-(-x) = x$ (2) $x \neq 0 \Rightarrow (x^{-1})^{-1} = x$ (3) $x \cdot 0 = 0 \cdot x = 0$

[解答] (1) $-x$ の定義と加法の性質（定理 2.1 [**R1**]）により，次が成り立つ：
$$x + (-x) = (-x) + x = 0$$
これは，$(-x)$ を基準に考えれば，$(-x)$ の加法逆元 $-(-x)$ が x であることを示す．

(2) x^{-1} の定義と乗法の性質（定理 2.1 [**R2**]）によって，次が成り立つ：
$$x \cdot x^{-1} = x^{-1} \cdot x = 1$$
これは，x^{-1} を基準に考えれば，x^{-1} の乗法逆元 $(x^{-1})^{-1}$ が x であることを示している．

(3) 0 の性質と分配律によって，次が成り立つ：
$$x \cdot 0 = x \cdot (0 + 0) = x \cdot 0 + x \cdot 0$$
これと，加法の結合律と 0 の性質から，次が成り立つ：
$$0 = x \cdot 0 + (-(x \cdot 0)) = (x \cdot 0 + x \cdot 0) + (-(x \cdot 0))$$
$$= x \cdot 0 + (x \cdot 0 + (-(x \cdot 0)))$$
$$= x \cdot 0 + 0 = x \cdot 0$$
◆

▍問　題

2.1 (1) 定理 2.1 において，加法の単位元 0 と乗法の単位元 1 の存在を認めたが，こうした性質をもつ元は他に存在しないことを示しなさい．
(2) さらに，加法逆元 $-x$ と，乗法逆元 x^{-1} の存在を認めたが，これらの逆元もただ 1 つであることを示しなさい．

2.2 任意の $x, y \in \mathbb{R}$ に関して，次が成り立つことを証明しなさい：
(1) $x \cdot (-y) = (-x) \cdot y = -(x \cdot y)$ (2) $(-x) \cdot (-y) = x \cdot y$

2.3 定理 2.1 において，$\mathbb{R}$ を有理数全体の集合 $\mathbb{Q}$ に置き換えても，すべて成立することを確かめなさい．

★ 今後は慣行にしたがって，$x + (-y)$ を $x - y$ で，$x \cdot y$ を xy と略記することが多い．

―― 実数体 ✻ ――

定理 2.1 の性質は，代数的にいうと，[**R1**] は実数全体の集合 $\mathbb{R}$ が加法 + に関して（可換な）群であることを示し，[**R2**] は $\mathbb{R} - \{0\}$ が乗法 · に関して（可換な）群であることを示し，[**R1**]，[**R2**]，[**R3**] 全体で，$\mathbb{R}$ が体であることを示している．

2.1 実数の加法・乗法と順序関係

定理 2.2（**順序に関する基本命題**） $\mathbb{R}$ 上には順序関係 $\leqq$ が定義され，次を満たす；$x, y, z \in \mathbb{R}$ について，
(1) $(x \leqq y) \lor (y \leqq x)$．しかも，$(x \leqq y) \land (y \leqq x) \Leftrightarrow x = y$
(2) $(x \leqq y) \land (y \leqq z) \Rightarrow x \leqq z$
(3) $x \leqq y \Rightarrow \forall z (x + z \leqq y + z)$
(4) $(x \leqq y) \land (0 \leqq z) \Rightarrow x \cdot z \leqq y \cdot z$

★ $(x \leqq y) \land (x \neq y)$ のとき，$x < y$ と記す．また，$x \leqq y$, $x < y$ を，それぞれ，$y \geqq x$, $y > x$ のように逆向きに記すことも認める．すると，定理 2.2 (1) は，任意の $x, y \in \mathbb{R}$ について，$x = y$, $x < y$, $x > y$ のいずれか 1 つが成り立つことを示す．また，(2), (3), (4) は，$\leqq$ を $<$ に置き換えても成り立つ．

実数 x は，$x > 0$ のとき**正** (positive)，$x < 0$ のとき**負** (negative) であるという．
実数 x の**絶対値** (absolute value) $|x|$ を，$x \geqq 0$ のとき x, $x < 0$ のとき $-x$ と定める．

例題 2.2 ──────────────────── 演算と順序 ─

$x, y, z, u, v \in \mathbb{R}$ について，次が成り立つことを証明しなさい：
(1) $(x \leqq y) \land (u \leqq v) \Rightarrow x + u \leqq y + v$
(2) $(0 \leqq x \leqq y) \land (0 \leqq u \leqq v) \Rightarrow xu \leqq yv$
(3) $(x < y) \land (z > 0) \Rightarrow xz < yz$

解答 (1) $x + u \leqq y + u \leqq y + v$ （$\because$ 定理 2.2 (3))．
(2) $xu \leqq yu \leqq yv$ （$\because$ 定理 2.2 (4))．
(3) の証明 定理 2.2 (4) より，$xz \leqq yz$ が成り立つ．ここで，$xz = yz$ とすれば，$z = 0$ または $x = y$ となって，仮定に反する．よって，$xz < yz$ である． ◆

問題

2.4 上の定理を利用して，次を証明しなさい：
(1) $x > 0 \Rightarrow -x < 0$
(2) $x \neq 0 \Rightarrow x \cdot x = x^2 > 0$ （したがって特に $1 > 0$)
(3) $x > 0 \Rightarrow x^{-1} > 0$

2.5 実数の絶対値について，次が成り立つことを証明しなさい：
(1) $|xy| = |x| \cdot |y|$
(2) $|x| - |y| \leqq |x - y| \leqq |x| + |y|$ （三角不等式）

2.2 実数の集合 $\mathbb{R}$ の位相

数直線　直線 L 上に，0 に対応する点 O（原点）と，1 に対応する点 E を指定する．
正の実数 x に対して，次の条件を満たす L 上の点 X を対応させる：
$$\text{X は O に関して E と同じ側にあり，} (\text{OX}):(\text{OE}) = x:1$$
負の実数 y に対して，次の条件を満たす L 上の点 Y を対応させる：
$$\text{Y は O に関して E と反対側にあり，} (\text{OY}):(\text{OE}) = |y|:1$$
ここで，(PQ) は L 上で点 P と Q を結ぶ線分の長さを表す．

こうして，各実数には L 上の 1 点が対応する．上の対応で，x を点 X の座標といい，y を点 Y の座標という．このようにして，座標が定められた直線 L を**数直線** (number line) という．これからは点 X とその座標 x を同一視する．

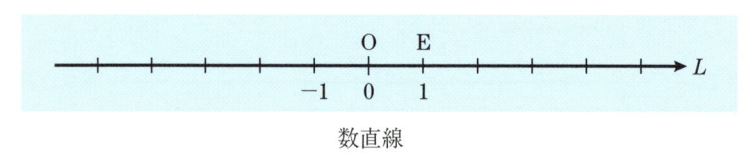

数直線

実数のうちで，2 つの整数 $a, b (\neq 0)$ の比 a/b で表されるものが**有理数** (rational number) である．ただし，2 つの有理数 $x = a/b, y = c/d\ (b \neq 0 \neq d)$ は，$ad = bc$ が成り立つときに相等しい $(x = y)$ と定める．

有理数 a/b は小数を使って表すと，有限の長さの小数か循環小数で書ける．実数のうちで，有理数でないものを**無理数** (irrational number) という．

例題 2.3 ─────────────────── 有理数の稠密性 ─

異なる有理数 x, y について，$x < y$ ならば，$x < r < y$ を満たす有理数が無限に多く存在することを示しなさい．

[解答]　有理数 x, y について，$x < y$ ならば，$x < \dfrac{x+y}{2} < y$ で $z = \dfrac{x+y}{2}$ も有理数であるから x と y の間には第 3 の有理数 z が存在する．同様にして，x と z の間にも，z と y の間にも有理数が存在するから，この議論を繰り返すことによって，x と y の間には無限に多くの有理数が存在することがわかる．この事実を，有理数の**稠密性** (density) という．　◆

問 題

2.6 異なる実数 x, y について，$x < y$ ならば，$x < z < y$ を満たす有理数 z が存在することを示しなさい．（★ この問題の解答は，この節の後半で示す．）

最大値・最小値・上限・下限　実数全体の集合 $\mathbb{R}$ は，前章の例 1.10, 1.12 あるいは定理 2.2 で述べたように，通常の大小関係 $\leqq$ によって全順序集合である．部分集合 $A \subset \mathbb{R}$ の最大元 $\max A$，最小元 $\min A$ が存在すればそれは数であるから，これらを**最大値**，**最小値**という習わしである．

$\mathbb{R}$ の部分集合としては，いわゆる「区間」が代表的である．

例 2.1　$a, b \in \mathbb{R}$, $a < b$, について，次のように定める：

$$(a, b) = \{x \in \mathbb{R} \mid a < x < b\} : 開区間$$
$$[a, b] = \{x \in \mathbb{R} \mid a \leqq x \leqq b\} : 閉区間$$
$$(a, b] = \{x \in \mathbb{R} \mid a < x \leqq b\} : 半開区間$$
$$[a, b) = \{x \in \mathbb{R} \mid a \leqq x < b\} : 半開区間$$

$[a, b]$ および $(a, b]$ には最大値 b があるが，(a, b) および $[a, b)$ にはない．$[a, b]$ および $[a, b)$ には最小値 a があるが，(a, b) と $(a, b]$ にはない．しかし，これらの 4 種の区間は，いずれも上限 b と下限 a をもつ．

★　括弧はいろいろな場面で用いるが，$\mathbb{R}$ での議論をする際には，この記法は単純で便利である．混乱する場面では**区間** (a, b) のように書き表す．

―― **例題 2.4** ―――――――――――――――――――― 最大値・最小値の一意性 ――

部分集合 $A \subset \mathbb{R}$ について，次が成り立つことを証明しなさい：
(1) A の最大値 $\max A$ が存在するならば，それは一意的である．
(2) A の最小値 $\min A$ が存在するならば，それは一意的である．

解答　(1) α, β を A の最大値とする．最大値の定義から，$\alpha \in A, \beta \in A$ である．α の最大性より $\beta \leqq \alpha$ が，β の最大性より $\alpha \leqq \beta$ が成り立つ．よって，反対称性より，$\alpha = \beta$ である．

(2) の証明は，ほとんど同じであるから，演習問題とする．　◆

問題

2.7　例題 2.4 (2) を証明しなさい．

2.8　$A = \{a_1, a_2, \cdots, a_m\} \subset \mathbb{R}$ を有限個の実数の集合とすると，$\max A = \sup A$ と $\min A = \inf A$ は常に存在することを確かめなさい．

例題 2.5 ─────────────────────────── 上限・下限の判定 ──

部分集合 $A \subset \mathbb{R}, A \neq \emptyset$, について，次が成り立つことを証明しなさい：

(1) $s = \sup A \Leftrightarrow \begin{cases} \text{(i)} & a \in A \Rightarrow a \leqq s, \\ \text{(ii)} & \forall \varepsilon > 0, \exists a \in A\,(s - \varepsilon < a). \end{cases}$

(2) $t = \inf A \Leftrightarrow \begin{cases} \text{(i)} & a \in A \Rightarrow a \geqq t, \\ \text{(ii)} & \forall \varepsilon > 0, \exists a \in A\,(a < t + \varepsilon). \end{cases}$

[解答] (1) ($\Rightarrow$) (i) は上限の定義より明らか．(ii)（背理法）ある $\varepsilon > 0$ に対して，任意の $a \in A$ について $a \leqq s - \varepsilon$ であるとすれば，$s - \varepsilon$ は A の上界の1つである．これは，s が上界の最小値であることに反する．

($\Leftarrow$)（背理法）A の上界 s' で，$s' < s$ となるものが存在したとする．$\varepsilon = s - s'$ とすれば，(ii) より $s' < a \leqq s$ を満たす $a \in A$ が存在する．これは s' が A の上界であることに反する．

(2) の証明は (1) の証明とほとんど同じであるから，演習問題とする． ◆

★ 上の例題は，上限と下限の定義を，最大値・最小値の定義を使わずに書き換えたものであるが，上限・下限の判定の際に有効である．実際，上の証明でわかるように，(1) の (i) は s が A の上界であることを，(ii) は s が上界の最小値であることを主張している．

問題

2.9 例題 2.5 (2) を証明しなさい．

2.10 部分集合 $A \subset \mathbb{R}$ について，次が成り立つことを証明しなさい：
 (1) A の最大値が存在するならば，$\max A = \sup A$ である．
 (2) A の最小値が存在するならば，$\min A = \inf A$ である．
 [ヒント] $a = \max A$ が上限であることを例題 2.5 (1) を使って示す．

2.11 部分集合 $A \subset \mathbb{R}$ について，次が成り立つことを証明しなさい：
 (1) A の上限が存在すると仮定する．
 $$\forall a \in A, \exists \alpha \in \mathbb{R}\,(a \leqq \alpha) \Rightarrow \sup A \leqq \alpha$$
 (2) A の下限が存在すると仮定する．
 $$\forall a \in A, \exists \beta \in \mathbb{R}\,(\beta \leqq a) \Rightarrow \beta \leqq \inf A$$

例題 2.6 ─────────────────────────── 上限・下限の一意性 ──

部分集合 $A \subset \mathbb{R}$ について，次が成り立つことを証明しなさい：
(1) A の上限が存在するならば，それは一意的である．
(2) A の下限が存在するならば，それは一意的である．

[解答] (1) $S(A)$ を A の上界全体の集合とすれば,上限 $\sup A$ が存在するという条件から,$S(A) \neq \emptyset$ である.問題 2.10 (2) より,$S(A)$ の最小値は一意的であるから,$\min S(A) = \sup A$ も一意的である.

(2) の証明もほとんど同じであるから,演習問題とする. ◆

問 題

2.12 例題 2.6 (2) を証明しなさい.

2.13 部分集合 $A, B \subset \mathbb{R}$ について,次が成り立つことを証明しなさい:
(1) $\sup A, \sup B$ がともに存在すると仮定する.
$$A \subset B \quad \Rightarrow \quad \sup A \leqq \sup B$$
(2) $\inf A, \inf B$ がともに存在すると仮定する.
$$A \subset B \quad \Rightarrow \quad \inf B \leqq \inf A$$

2.14 部分集合 $A, B \subset \mathbb{R}$ について,次が成り立つことを証明しなさい:
(1) $\sup A, \inf B$ がともに存在すると仮定する.
$$\forall a \in A, \forall b \in B \, (a \leqq b) \quad \Rightarrow \quad \sup A \leqq \inf B$$
(2) $\sup A, \sup B$ がともに存在すると仮定する.
$$\forall a \in A, \exists b \in B \, (a \leqq b) \quad \Rightarrow \quad \sup A \leqq \sup B$$

2.15 部分集合 $A, B \subset \mathbb{R}$ に対して,次のように定義する:
$$A + B = \{a + b \mid a \in A, b \in B\}, \quad -A = \{-a \mid a \in A\}$$
このとき,次の命題を証明しなさい:
(1) A が上に有界ならば,$-A$ は下に有界で,$\inf(-A) = -\sup A$
(2) A が下に有界ならば,$-A$ は上に有界で,$\sup(-A) = -\inf A$
(3) A, B が上に有界ならば,$\sup(A+B) \leqq \sup A + \sup B$
(4) A, B が下に有界ならば,$\inf A + \inf B \leqq \inf(A+B)$

⇝ 区間の端点 ✳

35 ページの例 2.1 で見たように,閉区間 $[a,b]$ では最大値 b,最小値 a が存在するが,開区間 (a,b) では上にも下にも有界であるが,最大値も最小値も存在しない.しかし,この開区間に対して,a とか b が特別な数学的な意味をもっていることは,閉区間 $[a,b]$ に対する a と b の意味と同じである.

$\mathbb{R}$ の部分集合 A が上に有界ならば必ず上限 $\sup A$ が存在し,
下に有界ならば必ず下限 $\inf A$ が存在する

というのがこの節の後半で取り上げる「実数の連続性に関する公理」(公理 [II] 参照) である.

点列・数列 自然数全体の集合 $\mathbb{N}$ から集合 X への写像 $x : \mathbb{N} \to X$ を X の点列 (sequence) という.

通常,像 $x(i)$ を x_i で表し,点列 $x : \mathbb{N} \to X$ を $[x_i]_{i \in \mathbb{N}}$ で表す.ただし,混乱のないときは,これを単に点列 $[x_i]$ と略記する.

また,各 x_i をこの点列の**項** (term) という.

★ 数列を表すのに,ほとんどすべての書籍で記号 $\{x_i\}$ を採用しているが,集合の表記と紛らわしいので,本書では上記の記法を採用する.

$x : \mathbb{N} \to X$ を集合 X の点列とする.$\iota : \mathbb{N} \to \mathbb{N}$ を順序を保つ写像とする;すなわち,$k, h \in \mathbb{N}, k < h$ ならば $\iota(k) < \iota(h)$ が成り立つとする.このとき,合成写像 $x \circ \iota : \mathbb{N} \to X$ を点列 x の**部分列** (subsequence) といい,これを $[x_{\iota(i)}]_{i \in \mathbb{N}}$ で表す.また,部分列 $[x_{\iota(i)}]$ と略記する.

上の一連の定義において,$X \subset \mathbb{R}$ の場合,点列 $[x_i]$ の各項 x_i は実数であるので,これを**数列**あるいは**実数列**という.この章では数列のみを扱う.

部分集合 $X \subset \mathbb{R}$ について,X の点列 $[x_i]_{i \in \mathbb{N}}$ が点 $\alpha \in \mathbb{R}$ に**収束する** (converge) とは,
$$\forall \varepsilon > 0, \exists N \in \mathbb{N} (\forall n \in \mathbb{N}, n \geq N \Rightarrow |x_n - \alpha| < \varepsilon)$$
が成立する場合をいい,α をこの数列 $[x_i]$ の**極限** (limit) または**極限値**, **極限点** (limit point) といい,次のように表す:
$$\alpha = \lim_{i \to \infty} x_i$$
または
$$x_i \to \alpha \quad (i \to \infty)$$

★ $\lim_{i \to \infty} x_i$ を $\lim x_i$ と略記することも多い.

★ X の点列 $[x_i]$ が $\alpha \in \mathbb{R}$ に収束する際,α は X の点であるとは限らない.

$X \subset \mathbb{R}$ の数列 $[x_i]$ に対して,
(1) $$\exists M \in \mathbb{R}, \forall i \in \mathbb{N} (x_i \leq M)$$
が成り立つとき,$[x_i]$ は**上に有界** (upper bounded) であるといい,
(2) $$\exists L \in \mathbb{R}, \forall i \in \mathbb{N} (x_i \geq L)$$
が成り立つとき,$[x_i]$ は**下に有界** (lower bounded) であるという.
また,上にも下にも有界である数列を,単に**有界** (bounded) であるという.

例題 2.7 ——————————————— 極限値の一意性

数列 $[x_i]$ が収束するとき,極限値は一意的であることを証明しなさい.

[解答] 数列 $[x_i]$ が α と β に収束し,$\alpha \neq \beta$ であるとする.$\alpha > \beta$ として一般性を失わない.$\varepsilon = (\alpha - \beta)/2 \ (> 0)$ に対して,収束の定義から,
$$\exists N_1 \in \mathbb{N} (\forall n \in \mathbb{N}, n \geq N_1 \Rightarrow |x_n - \alpha| < \varepsilon)$$
$$\exists N_2 \in \mathbb{N} (\forall m \in \mathbb{N}, m \geq N_2 \Rightarrow |x_m - \beta| < \varepsilon)$$
が成り立つ.ここで,$N = \max\{N_1, N_2\}$ とおくと,$|x_N - \alpha| < \varepsilon, |x_N - \beta| < \varepsilon$ である.よって,
$$|\alpha - \beta| = |\alpha - x_N + x_N - \beta| \leq |\alpha - x_N| + |x_N - \beta| < \varepsilon + \varepsilon < \alpha - \beta$$
が得られるが,これは矛盾である.よって,$\alpha = \beta$ でなければならない. ◆

問題

2.16 $X \subset \mathbb{R}$ の数列 $[x_i]$ が点 $\alpha \in \mathbb{R}$ に収束するならば,その任意の部分列 $[x_{\iota(i)}]$ もまた α に収束することを証明しなさい.

2.17 $[x_i], [y_i]$ を収束する数列とすれば,数列 $[x_i + y_i]$ も収束することを証明しなさい.

　ヒント 2つの数列の収束条件を書き上げ,例題 2.7 の証明のように N を決めよ.

2.18 数列 $[x_i], [y_i]$ を,それぞれ,α, β に収束する数列とすれば,定数 $a, b \in \mathbb{R}$ について,数列 $[ax_i + by_i]$ は $a\alpha + b\beta$ に収束することを証明しなさい.

　ヒント 問題 2.17 の類題.

2.19 $X \subset \mathbb{R}$ の数列 $[x_i]$ が収束するとき,次が成り立つことを証明しなさい:

(1) $\forall i \in \mathbb{N}, \exists M \in \mathbb{R} \, (x_i \leq M) \Rightarrow \lim_{i \to \infty} x_i \leq M$

(2) $\forall i \in \mathbb{N}, \exists L \in \mathbb{R} \, (x_i \geq L) \Rightarrow \lim_{i \to \infty} x_i \geq L$

　ヒント $\lim x_i = \alpha > M, \lim x_i = \alpha < L$ と仮定し,矛盾を導く.

2.20 数列 $[x_i]$ が有界であることと,次の命題が成り立つこととは同値であることを証明しなさい:
$$\forall i \in \mathbb{N}, \exists M \in \mathbb{R} \, (|x_i| \leq M)$$

2.21 3つの数列 $[x_i], [y_i], [z_i]$ について,次が成り立つことを証明しなさい:
$$(\forall i \in \mathbb{N} \, (x_i \leq y_i \leq z_i)) \wedge (x_i \to \alpha \, (i \to \infty)) \wedge (z_i \to \alpha \, (i \to \infty))$$
$$\Rightarrow \quad y_i \to \alpha \, (i \to \infty)$$

　ヒント 数列 $[x_i], [z_i]$ の収束条件を書き上げて,例題 2.7 の証明のように N を決めるとよい.

　★ この問題の命題を(はさみうちの原理)という.

―― 例題 2.8 ――――――――――――――――――――――― 収束数列の有界性 ――

数列 $\{x_i\}$ が収束するならば,この数列は有界であることを証明しなさい.

[解答] $x_i \to \alpha \, (i \to \infty)$ とすると,$(\varepsilon =)\, 1$ に対して,次が成り立つ:
$$\exists N \in \mathbb{N}\,(\forall n \in \mathbb{N}, n \geqq N \Rightarrow |x_n - \alpha| < 1)$$
ところで,$|x_n - \alpha| < 1 \Leftrightarrow \alpha - 1 < x_n < \alpha + 1$ である.そこで,
$$M = \max\{x_1, x_2, \cdots, x_N, \alpha + 1\},$$
$$L = \min\{x_1, x_2, \cdots, x_N, \alpha - 1\}$$
とおけば,任意の $i \in \mathbb{N}$ について,$L \leqq x_i \leqq M$ である. ◆

★ $x_i \to \alpha \, (i \to \infty) \Leftrightarrow \forall \varepsilon > 0$ に対して,$|x_i - \alpha| \geqq \varepsilon$ となる i は有限個である.

▍問 題

2.22 数列 $\{x_i\}$ が $\alpha \in \mathbb{R}$ に収束し,$\alpha \neq 0$ とする.次を証明しなさい:

(1) $\alpha > 0 \Rightarrow \exists N_1 \in \mathbb{N}\,(\forall n \in \mathbb{N}, n \geqq N_1 \Rightarrow x_n > 0)$
 $\alpha < 0 \Rightarrow \exists N_2 \in \mathbb{N}\,(\forall n \in \mathbb{N}, n \geqq N_2 \Rightarrow x_n < 0)$

(2) 上の (1) より,
$$N = \max\{N_1, N_2\}$$
とおけば,
$$\forall n \in \mathbb{N}, n \geqq N \,(x_n \neq 0)$$
が成り立つ.そこで,
$$y_i = \frac{1}{x_{N+i}} \quad (i \in \mathbb{N})$$
と定義すれば,数列 $\{y_i\}$ が得られる.このとき,次が成り立つ:
$$y_i \to \frac{1}{\alpha} \quad (i \to \infty)$$

[ヒント] (1) 例題 2.8 の証明でわかるように,$x_i \to \alpha \, (i \to \infty)$ ならば,$\forall \varepsilon > 0$ に対して,有限個の i を除いて,$|x_i - \alpha| < \varepsilon$ となる.そこで,$\varepsilon = |\alpha|/2$ としてみるとよい.

(2) $\left| y_i - \dfrac{1}{\alpha} \right| = \left| \dfrac{1}{x_{N+i}} - \dfrac{1}{\alpha} \right| = \dfrac{|\alpha - x_{N+i}|}{|x_{N+i}| \cdot |\alpha|}$

であるから,収束条件を用いて $\dfrac{1}{x_{N+i}}$ をうまい定数で押さえればよい.

例題 2.9 ──────────────────── 数列の積

数列 $\{x_i\}, \{y_i\}$ が,それぞれ α, β に収束するならば,数列 $\{x_i \cdot y_i\}$ は $\alpha\beta$ に収束することを証明しなさい.

解答 例題 2.8 より,これら 2 つの数列は有界であるから,問題 2.20 より,
$$\forall i \in \mathbb{N}, \exists M_1 \in \mathbb{R}\, (|x_i| \leqq M_1),$$
$$\forall i \in \mathbb{N}, \exists M_2 \in \mathbb{R}\, (|y_i| \leqq M_2)$$
が成り立つ.そこで,$M = \max\{M_1, M_2\}$ とおく;$|x_i| \leqq M, |y_i| \leqq M$ である.

(1) $\beta \neq 0$ の場合:$x_i \to \alpha\, (i \to \infty), y_i \to \beta\, (i \to \infty)$ であるから,
$$\forall \varepsilon > 0, \exists N_1 \in \mathbb{N}\, (\forall n \in \mathbb{N}, n \geqq N_1 \Rightarrow |x_n - \alpha| < \varepsilon/2|\beta|)$$
$$\forall \varepsilon > 0, \exists N_2 \in \mathbb{N}\, (\forall n \in \mathbb{N}, n \geqq N_2 \Rightarrow |y_n - \beta| < \varepsilon/2M)$$
が成り立つ.$N = \max\{N_1, N_2\}$ とおくと,$n \geqq N$ について,次が成り立つ:
$$|x_n \cdot y_n - \alpha\beta| = |x_n \cdot y_n - x_n\beta + x_n\beta - \alpha\beta|$$
$$\leqq |x_n| \cdot |y_n - \beta| + |x_n - \alpha| \cdot |\beta|$$
$$\leqq M \cdot |y_n - \beta| + |x_n - \alpha| \cdot |\beta|$$
$$\leqq M \cdot (\varepsilon/2M) + (\varepsilon/2|\beta|) \cdot |\beta| = \varepsilon$$
これは,$x_i \cdot y_i \to \alpha\beta\, (i \to \infty)$ であることを示す.

(2) $\beta = 0$ の場合:$x_i \to \alpha\, (i \to \infty), y_i \to \beta\, (i \to \infty)$ であるから,
$$\forall \varepsilon > 0, \exists N_1 \in \mathbb{N}\, (\forall n \in \mathbb{N}, n \geqq N_1 \Rightarrow |x_n - \alpha| < \varepsilon)$$
$$\forall \varepsilon > 0, \exists N_2 \in \mathbb{N}\, (\forall n \in \mathbb{N}, n \geqq N_2 \Rightarrow |y_n - \beta| < \varepsilon/M)$$
が成り立つ.$N = \max\{N_1, N_2\}$ とおくと,$n \geqq N$ について,
$$|x_n \cdot y_n - \alpha\beta| = |x_n \cdot y_n| \leqq M \cdot (\varepsilon/M) = \varepsilon$$
が成り立つ.これは,$x_i \cdot y_i \to \alpha\beta = 0\, (i \to \infty)$ であることを示す. ◆

問題

2.23 数列 $\{x_i\}, \{y_i\}$ が,それぞれ α, β に収束し,次の条件を満たす;
$$\forall i \in \mathbb{N}\, (y_i \neq 0) \land \beta \neq 0$$
このとき,数列 $\left\{\dfrac{x_i}{y_i}\right\}$ は $\dfrac{\alpha}{\beta}$ に収束することを証明しなさい.

ヒント 数列 $\left\{\dfrac{1}{y_i}\right\}$ が $\dfrac{1}{\beta}$ に収束することを示せば十分である.その際,$\varepsilon = \dfrac{|\beta|}{2}$ としてみよ.前問題 2.22 参照.

基本列 $A \subset \mathbb{R}$ の数列 $\{x_i\}$ が**基本列** (fundamental sequence) または**コーシー列** (Cauchy sequence) であるとは，次が成り立つ場合をいう：
$$\forall \varepsilon > 0, \exists N \in \mathbb{N}(\forall m \in \mathbb{N}, \forall n \in \mathbb{N}, m \geqq N, n \geqq N \Rightarrow |x_m - x_n| < \varepsilon)$$

★ つまり，数列 $\{x_i\}$ が基本列であるとは，十分大きな $N \in \mathbb{N}$ を選ぶと，N より先の項 x_m と x_n の差はいくらでも小さくできるような数列である．名前通り，実数列を議論する際には，基本的である．

例題 2.10 ─────────────────── 収束列は基本列 ─

数列 $\{x_i\}$ が収束するならば，これは基本列であることを証明しなさい．

[解答] $x_i \to \alpha \, (i \to \infty)$ とする．収束の定義より，次が成り立つ：
$$\forall \varepsilon > 0, \exists N \in \mathbb{N}(\forall n \in \mathbb{N}, n \geqq N \Rightarrow |x_n - \alpha| < \varepsilon/2)$$
したがって，$m, n \geqq N$ とすれば，$|x_m - \alpha| < \varepsilon/2, |x_n - \alpha| < \varepsilon/2$ が成り立つ．
$$\therefore \quad |x_m - x_n| = |x_m - \alpha + \alpha - x_n| \leqq |x_m - \alpha| + |\alpha - x_n| < \varepsilon$$
これは，数列 $\{x_i\}$ が基本列であることを示す． ◆

問 題

2.24 数列 $\{x_i\}$ が基本列ならば，有界であることを証明しなさい．

[ヒント] 例題 2.8 の証明を参考にするとよい．極限値 α の代わりを見つけなさい．

★ この問題で証明した命題の逆は成立しない．例えば，$x_i = (-1)^i$ で与えられる数列は $|x_i| \leqq 1$ であるから有界であるが，基本列ではない．もちろん，収束もしない．

例題 2.11 ─────────────────── 基本列とその部分列 ─

数列 $\{x_i\}$ が基本列で，そのある部分列 $\{x_{\iota(i)}\}$ が α に収束するならば，数列 $\{x_i\}$ 自身も α に収束することを証明しなさい．

[解答] 基本列の定義から，次が成り立つ：
$$\forall \varepsilon > 0, \exists N_1 \in \mathbb{N}(\forall m \in \mathbb{N}, \forall n \in \mathbb{N}, m \geqq N_1, n \geqq N_1 \Rightarrow |x_m - x_n| < \varepsilon/2)$$
また，部分列 $\{x_{\iota(i)}\}$ が α に収束することから，次が成り立つ：
$$\forall \varepsilon > 0, \exists N_2 \in \mathbb{N}(\forall n \in \mathbb{N}, n \geqq N_2 \Rightarrow |x_{\iota(n)} - \alpha| < \varepsilon/2)$$
このとき，$\iota(N_2) < N_1$ ならば，N_2 をさらに大きく取り直して，$\iota(N_2) \geqq N_1$ が成り立つようにする．そこで，$N = \max\{N_1, \iota(N_2)\}$ とおけば，
$$\forall m \in \mathbb{N}, m \geqq N$$
$$\Rightarrow \quad |x_m - \alpha| = |x_m - x_N + x_N - \alpha| \leqq |x_m - x_N| + |x_N - \alpha| < \varepsilon$$
となる．これは，$x_i \to \alpha \, (i \to \infty)$ を示している． ◆

問題

2.25 2つの数列 $[x_i], [y_i]$ を基本列とする．次を証明しなさい：
(1) 数列 $[x_i + y_i]$ も基本列である．
(2) 数列 $[x_i \cdot y_i]$ も基本列である．

ヒント (1)は，問題 2.17 の証明を参考にするとよい．(2)は，例題 2.9 の証明を参考にするとよい．

2.26 数列を要素とする集合を S とし，S 上の 2 項関係 $\sim$ を次のように定義する：
$$[x_i] \sim [y_i] \equiv \lim_{i \to \infty} |x_i - y_i| = 0$$
次のことを証明しなさい：
(1) この 2 項関係 $\sim$ は，S 上の同値関係である．
(2) $[x_i] \sim [y_i]$ でかつ $[x_i]$ が基本列ならば，$[y_i]$ も基本列である．

2.27 数列 $[x_i]$ が次の性質を満たすならば，これは基本列であることを証明しなさい：
$$\exists r \in \mathbb{R}, 0 < r < 1 \, (\forall i \in \mathbb{N} \, (|x_{i+1} - x_i| \leqq r|x_i - x_{i-1}|))$$

ヒント $m > n$ について，
$$|x_m - x_n| = |x_m - x_{m-1} + x_{m-1} - x_n|$$
$$\leqq |x_m - x_{m-1}| + |x_{m-1} - x_n|$$
が成り立つ．また，
$$|x_{i+1} - x_i| \leqq r|x_i - x_{i-1}|$$
$$\leqq r^2 |x_{i-1} - x_{i-2}|$$
$$\leqq \cdots$$
$$\leqq r^{i-1}|x_2 - x_1|$$
が成り立つ．この 2 つの式と等比級数の和の公式を使用する．

2.28 数列
$$[x_i], \quad x_i = 1 + \frac{1}{2} + \frac{1}{3} + \frac{1}{4} + \cdots + \frac{1}{i}$$
は基本列といえるか．

2.29 (1) 数列 $[x_i]_{i \in \mathbb{N}}$ の 2 つの部分列 $[x_{2i}]_{i \in \mathbb{N}}, [x_{2i-1}]_{i \in \mathbb{N}}$ がともに α に収束するならば，$[x_i]_{i \in \mathbb{N}}$ も α に収束することを証明しなさい．
(2) 数列 $[x_i]_{i \in \mathbb{N}}$ の 2 つの部分列 $[x_{2i}]_{i \in \mathbb{N}}, [x_{2i-1}]_{i \in \mathbb{N}}$ がともに基本列であるとき，数列 $[x_i]_{i \in \mathbb{N}}$ は基本列であるといえるか．

実数の連続性に関する公理

実数は「数直線上に隙間なく並んでいる」のであるが，その並び方を数列や上限・下限などを使って述べたのが実数の「連続性」に関する公理で，微分積分の基礎となる大事な性質である．いくつかの同値な表現が知られているが，代表的なものの1つが例題 2.10 の逆命題で「基本列は収束する」というものであり，「実数の完備性」ともいわれる．まずは，これらの公理を並べてみる．

> **公理 [I]** （デデキントの切断） 部分集合 $A, B \subset \mathbb{R}$ が次の条件を満たすとする：
> ① $A \cup B = \mathbb{R},\ A \cap B = \emptyset,\ A \neq \emptyset,\ B \neq \emptyset$
> ② $(a \in A) \wedge (b \in B) \ \Rightarrow \ a < b$
> このとき，A が最大値をもつか，B が最小値をもつかのいずれか1つが成り立つ．

★ 上の条件 ①, ② を満たす部分集合の対 A, B を**実数の切断**という．

> **公理 [II]** （上限の存在） 部分集合 $A \subset \mathbb{R},\ A \neq \emptyset$，について，$A$ が上に有界ならば上限 $\sup A$ が存在し，下に有界ならば下限 $\inf A$ が存在する．

> **公理 [III]** （単調有界数列の収束） 数列 $\{x_i\}$ が，次の2条件を満たすならば，収束する：
> (1) $x_1 \leqq x_2 \leqq \cdots \leqq x_i \leqq x_{i+1} \leqq \cdots$ （単調増加数列），または，
> $x_1 \geqq x_2 \geqq \cdots \geqq x_i \geqq x_{i+1} \geqq \cdots$ （単調減少数列）
> (2) $\exists M \in \mathbb{R}\,(\forall i \in \mathbb{N}\,(x_i \leqq M))$ （上に有界），または，
> $\exists L \in \mathbb{R}\,(\forall i \in \mathbb{N}\,(x_i \geqq L))$ （下に有界）

> **公理 [IV]** （カントールの区間縮小定理） 閉区間の列 $A_i = [a_i, b_i],\ i \in \mathbb{N}$，が次の条件を満たすとする：
> (1) $A_1 \supset A_2 \supset \cdots \supset A_i \supset A_{i+1} \supset \cdots$,
> (2) $\displaystyle\lim_{i \to \infty}(a_i - b_i) = 0.$
> このとき，$\displaystyle\bigcap_{i \in \mathbb{N}} A_i$ はただ1つの要素からなる集合である．

> **公理 [V]** （ボルツァーノ-ワイアシュトラウスの定理） 有界な数列 $\{x_i\}$ は収束する部分列をもつ．

> **公理 [VI]** （基本列の収束；実数の完備性） 基本列は収束する．

2.2 実数の集合 $\mathbb{R}$ の位相

定理 2.3 上の 6 個の公理 [I]～[VI] は互いに同値である．

これら 6 個の公理を比べてみると，一見して同値らしきものと，そうでもないものが混在するが，それぞれに有効で，状況に応じて使い分けられる．標準的な微分積分の教科書では，著者の好みなどによって，このうちの 1 つか 2 つを公理として採用している．定理 2.3 の同値性の証明は，演習問題としてもなかなかおもしろいので，その一部を例題と問題として取り上げる．

―― **例題 2.12** ――――――――――――――――――― 実数の連続性 (1) ――
公理 [I] $\Rightarrow$ 公理 [II] が成り立つことを証明しなさい．

[解答] 部分集合 $A \subset \mathbb{R}, A \neq \emptyset$, が上に有界であるとする．$A$ の上界全体の集合を $S(A)$ とし，$T(A) = \mathbb{R} - S(A)$ とすれば，

① $S(A) \cup T(A) = \mathbb{R}, S(A) \cap T(A) = \emptyset, S(A) \neq \emptyset, T(A) \neq \emptyset$,

② $(t \in T(A)) \wedge (s \in S(A)) \Rightarrow t < s$

であるから，$T(A)$ と $S(A)$ は実数の切断である．公理 [I] から，$T(A)$ の最大値か，$S(A)$ の最小値のいずれか一方が存在する．

(i) $\alpha = \min S(A)$ が存在する場合：上限の定義から，$\alpha = \min S(A) = \sup A$．

そこで，$\max T(A)$ が存在する場合が起こらないことを背理法で証明する：$\alpha = \max T(A)$ が存在したとすると，$\alpha \in T(A)$ だから，α は A の上界ではない．よって，元 $x \in A$ が存在して，$\alpha < x$ となる．$z = (\alpha + x)/2$ とすると，$\alpha < z < x$ で，z も A の上界ではないから，$z \in T(A)$ である．これは，$\alpha = \max T(A)$ に矛盾する．

(ii) $\beta = \max T(A)$ が存在する場合：$\min S(A)$ が存在しないことが，同様にして示される． ◆

―― **例題 2.13** ――――――――――――――――――― 実数の連続性 (2) ――
公理 [II] $\Rightarrow$ 公理 [I] が成り立つことを証明しなさい．

[解答] 部分集合 $A, B \subset \mathbb{R}$ を，切断とする．切断の定義から，任意の $b \in B$ は A の上界であり，したがって A は上に有界だから，[II] によって，$\sup A$ が存在する．同様に，B は下に有界だから，$\inf B$ が存在する．

$\sup A \in A$ の場合，$\sup A = \max A$ となり，A が最大値をもつ．

$\sup A \notin A$ の場合，① $A \cup B = \mathbb{R}$ より，$\sup A \in B$ であるから，$\inf B \leqq \sup A$ となる．問題 2.14 (1) より，$\sup A \leqq \inf B$ だから，$\sup A = \inf B$ である．よって，$\inf B \in B$ だから，$\inf B = \min B$ となり，B が最小値をもつ． ◆

―― 例題 2.14 ――――――――――――――――――――――― 実数の連続性 (3) ――

公理 [II] ⇒ 公理 [III] が成り立つことを証明しなさい.

解答 数列 $\{x_i\}$ が単調増加で上に有界な場合を証明する. $A = \{x_i \mid i \in \mathbb{N}\}$ (つまり, 数列 $\{x_i\}$ の項を要素とする集合) とおくと, [III] の条件 (2) より, A は上に有界で, $A \neq \emptyset$ であるから, [II] より $\alpha = \sup A$ が存在する. 上限の定義より, 次が成り立つ:
$$\forall \varepsilon > 0, \exists x \in A \, (x > \alpha - \varepsilon)$$
ところが, A の決め方から, これは次のように表すことができる:
$$\forall \varepsilon > 0, \exists N \in \mathbb{N} \, (x_N > \alpha - \varepsilon)$$
すると, [III] の単調増加の条件 (1) より, 次が成り立つ:
$$\forall \varepsilon > 0, \exists N \in \mathbb{N} \, (\forall n \in \mathbb{N}, n \geq N \Rightarrow x_n \geq x_N > \alpha - \varepsilon)$$
上限の定義より, 任意の $i \in \mathbb{N}$ について $x_i \leq \alpha$ だから, 次が成り立つ:
$$\forall \varepsilon > 0, \exists N \in \mathbb{N} \, (\forall n \in \mathbb{N}, n \geq N \Rightarrow \alpha - \varepsilon \leq x_n \leq \alpha < \alpha + \varepsilon)$$
結局, これから, 次が成り立つので, 数列 $\{x_i\}$ は α に収束する:
$$\forall \varepsilon > 0, \exists N \in \mathbb{N} \, (\forall n \in \mathbb{N}, n \geq N \Rightarrow |\alpha - x_n| < \varepsilon). \qquad \blacklozenge$$

問 題

2.30 公理 [III] ⇒ 公理 [IV] が成り立つことを証明しなさい.

ヒント 閉区間の端点で得られる 2 つの数列のうち, $\{a_i\}$ は単調増加で上に有界, $\{b_i\}$ は単調減少で下に有界である. [III] と [IV] の条件 (2) より, $a_i \to \alpha$ $(i \to \infty)$, $b_i \to \alpha$ $(i \to \infty)$ を導き, $\bigcap A_i = \{\alpha\}$ を結論すればよい.

2.31 公理 [IV] ⇒ 公理 [V] が成り立つことを証明しなさい.

ヒント 数列 $\{x_i\}$ は有界であるから, 実数 a, b $(a < b)$ が存在して, 任意の $i \in \mathbb{N}$ について $a \leq x_i \leq b$ が成り立つ. そこで, 閉区間 $[a, b]$ から, 減少する閉区間の列をうまく構成するとよい.

2.32 公理 [V] ⇒ 公理 [VI] が成り立つことを証明しなさい.

ヒント $\varepsilon = 1$ に対する, 基本列の定義を書き上げてみよ. その後の処理については, 例題 2.8 の証明を参考にするとよい.

★ 公理 [VI] によって, 実数列に関しては, 基本列は収束する. 例題 2.5 で示したように, 一般に収束する数列は基本列であるから, 実数列に関しては, 基本列であることと, 収束列であることは同値である. この性質は, 第 3 章のユークリッド空間の点列にも引き継がれる. 第 4 章の距離空間, 第 5 章の位相空間の点列に関しては, 一般にこの性質は成り立たない. 基本列が必ず収束するような距離空間を「完備距離空間」という.

2.2 実数の集合 $\mathbb{R}$ の位相

アルキメデスの原理 実数 $\mathbb{R}$ の連続性に関する公理から，次が証明される．

例題 2.15 ――――――――――――――――――――――― アルキメデスの原理 ――

自然数全体の集合 $\mathbb{N} \subset \mathbb{R}$ は上に有界ではないことを証明しなさい．

解答 背理法で証明する．$\mathbb{N}$ が上に有界であるとすると，実数の連続性に関する公理 [II] から $\mathbb{N}$ には上限が存在する；$\sup \mathbb{N} = \alpha$ とする．上限の定義から，$\alpha - 1$ は $\mathbb{N}$ の上界ではないから，$n \in \mathbb{N}$ が存在して，$\alpha - 1 < n$ を満たす．すると，
$$\alpha < n+1 \quad かつ \quad n+1 \in \mathbb{N}$$
が成り立つことになり，α が $\mathbb{N}$ の上限であることに反する． ◆

問題

2.33 上の例題 2.15 は，次と同値であることを証明しなさい：

（アルキメデスの原理）任意の $a, b \in \mathbb{R}$ について，次が成り立つ：
$$0 < a < b \quad \Rightarrow \quad \exists n \in \mathbb{N} (b < na)$$

2.34 上の問題 2.33（アルキメデスの原理）を用いて，次の (1), (2) を証明しなさい：

(1) $\displaystyle \lim_{n \to \infty} \frac{1}{n} = 0$

(2) $h > 0 \Rightarrow \displaystyle \lim_{n \to \infty} \frac{1}{(1+h)^n} = 0$

2.35 任意の $a \in \mathbb{R}$ に対して，次が成り立つことを証明しなさい：

(1) $\exists! n \in \mathbb{Z} (n \leqq a < n+1)$.

ここで，$\exists!$ は「ただ 1 つ存在」することを表す．

★ この整数 n を $\lfloor a \rfloor$ または $[a]$ で表し，a の小数点以下の**切り捨て**といい，$\lfloor \ \rfloor$ を**床記号** (floor symbol), $[\ ]$ を**ガウス記号** (Gauss symbol) という．

(2) $\exists! m \in \mathbb{Z} (m - 1 < a \leqq m)$

★ この整数 m を $\lceil a \rceil$ で表し，a の小数点以下の**切り上げ**といい，$\lceil \ \rceil$ を**天井記号** (ceiling symbol) という．

2.36 任意の $a, b \in \mathbb{R}$ について，次が成り立つことを証明しなさい：
$$a < b \quad \Rightarrow \quad \exists r \in \mathbb{Q} (a < r < b)$$

★ この問題は問題 2.6 と同じである．アルキメデスの原理，あるいは上の問題 2.35 (1) を活用するとよい．

2.3 基数と濃度

自然数は，数えるつまり数量を表す**基数** (cardinals) の概念と，順番あるいは順序を表す**順序数** (ordinals) の概念をもちあわせる．この節では，基数の概念を無限集合にまで拡張し，その基本的な性質を調べる．

2つの集合 A と B の間に全単射が存在するとき，A と B は**対等**であるといい，$A \sim B$ で表す．問題 1.41 で示したように，関係 $\sim$ は同値関係である．さて，要素の個数が有限の集合 A と対等な集合に共通の標識としてその要素の個数，つまり基数としての自然数を対応させる．そして，この基数を**濃度** (potency, power) ということにし，集合 A の濃度を $\#A$ で表す．

例 2.2
$$\#\emptyset = 0, \quad \#J_n = \#\{1,2,3,\cdots,n-1,n\} = n, \quad \#\{a,b,c\} = 3$$

ここで改めて有限集合を次のように定義する：集合が**有限集合** (finite set) であるとは，$A = \emptyset$ であるか，またはある自然数 n が存在して，A は上の例 2.2 で与えた集合 $J_n = \{1,2,3,\cdots,n-1,n\}$ と対等となる場合をいう．有限集合の部分集合はすべて有限集合である（確かめてごらん）．

有限集合ではない集合を**無限集合** (infinite set) という．

可算濃度　無限集合の典型的な例は自然数全体の集合 $\mathbb{N}$ である．$\mathbb{N}$ の濃度の基数に $\aleph_0$ という記号を与える．基数 $\aleph_0$ の濃度を**可算濃度** (countable potency) または**可付番濃度** (enumerable potency) といい，その濃度をもつ集合を**可算集合** (countable set) または**可付番集合** (enumerable set) という．

★ $\aleph$ はヘブライ語の第 1 アルファベットで，アレフと読み，$\aleph_0$ はアレフゼロまたはアレフノートと読む．集合 X が可付番集合であるとは，$\mathbb{N}$ との間に全単射があるということだから，全単射を用いて X の要素に自然数の番号を（1 対 1 に）付けることができる．

例題 2.16 ─────────────────── 可算集合 ─

$\mathbb{N}_0 = \{0\} \cup \mathbb{N}$，$\mathbb{N}(\text{even})$ を偶数の自然数全体の集合，$\mathbb{N}(\text{odd})$ を奇数の自然数全体の集合とし，$\mathbb{Z}$ を整数全体の集合とする．次を証明しなさい：

(1) $\mathbb{N} \sim \mathbb{N}_0$　　(2) $\mathbb{N} \sim \mathbb{N}(\text{even})$
(3) $\mathbb{N} \sim \mathbb{N}(\text{odd})$　　(4) $\mathbb{N} \sim \mathbb{Z}$

2.3 基数と濃度

解答 (1) 写像 $f: \mathbb{N} \to \mathbb{N}_0$ を，$f(n) = n-1$ で定義する．$f(n) = f(m)$ ならば，$n-1 = m-1$ だから，$n = m$ が成り立つから，f は単射である．一方，任意の $m \in \mathbb{N}_0$ に対して，$m+1 \in \mathbb{N}$ をとれば，$f(m+1) = m$ だから，f は全射でもある．

(2) $\mathbb{N}(\text{even}) = \{2n \mid n \in \mathbb{N}\}$ だから，写像 $g: \mathbb{N} \to \mathbb{N}(\text{even})$ を，$g(n) = 2n$ で定義する．$g(n) = g(m)$ ならば，$2n = 2m$ だから，$n = m$ である．よって，g は単射である．一方，任意の $x \in \mathbb{N}(\text{even})$ に対して，$n \in \mathbb{N}$ が存在して，$x = 2n$ と表される．これは $g(n) = x$ を意味するから，g は全射でもある．

(3) $\mathbb{N}(\text{odd}) = \{2n-1 \mid n \in \mathbb{N}\}$ である．$\mathbb{N} \sim \mathbb{N}(\text{odd})$ の証明は演習問題とする．

(4) $\mathbb{N} = \mathbb{N}(\text{odd}) \cup \mathbb{N}(\text{even})$, $\mathbb{N}(\text{odd}) \cap \mathbb{N}(\text{even}) = \emptyset$ であることに注意して，写像 $h: \mathbb{N} \to \mathbb{Z}$ を次のように定める：$h(2n-1) = 1-n$, $h(2n) = n$. このように定めた写像 h が全単射であることは，各自確かめなさい． ◆

問題

2.37 上の例題 2.16 の (3), (4) の証明を完成させなさい．

2.38 $(-\mathbb{N}) = \{-n \mid n \in \mathbb{N}\}$ とおくと，整数全体の集合 $\mathbb{Z}$ は，次のように分割される：
$$\mathbb{Z} = (-\mathbb{N}) \cup \{0\} \cup \mathbb{N} = (-\mathbb{N}) \cup \mathbb{N}_0; \quad (-\mathbb{N}) \cap \mathbb{N}_0 = \emptyset$$
この分割と，分割 $\mathbb{N} = \mathbb{N}(\text{odd}) \cup \mathbb{N}(\text{even})$ を利用し，$(-\mathbb{N}) \sim \mathbb{N}$ と例題 2.16(1), (2), (3) を使用して，例題 2.16 の (4) を証明しなさい．

2.39 次を証明しなさい：

(1) $\mathbb{N} \sim \{3n \mid n \in \mathbb{N}\}$ (2) $\mathbb{N} \sim \{2n+3 \mid n \in \mathbb{N}\}$ (3) $\mathbb{N} \sim \{2^n \mid n \in \mathbb{N}\}$

2.40 (1) 部分集合 $A \subset \mathbb{N}$ が無限集合ならば，A も可算集合であること，つまり，$A \sim \mathbb{N}$ であることを証明しなさい．

(2) 上の (1) を利用し，$\mathbb{N} \sim \mathbb{N}(\text{odd})$, $\mathbb{N} \sim \mathbb{N}(\text{even})$ の別証明を与えなさい．

(3) X を可算集合とする．部分集合 $A \subset X$ が無限集合ならば，A も可算集合であることを証明しなさい．

2.41 次を証明しなさい：

(1) 有限集合 $A = \{a_1, a_2, \cdots, a_n\}$ について，$A \cap \mathbb{N} = \emptyset \Rightarrow \mathbb{N} \sim \mathbb{N} \cup A$.

(2) 集合 X, Y について，
$$(\#X = \#Y = \aleph_0) \wedge (X \cap Y = \emptyset) \Rightarrow \mathbb{N} \sim X \cup Y.$$

(3) 上の (1), (2) において，条件 $A \cap \mathbb{N} = \emptyset$, $X \cap Y = \emptyset$ は取り除くことができることを確かめなさい．

2.42 集合 A, B, X, Y について，次が成り立つことを証明しなさい：
$$(A \sim B) \wedge (X \sim Y) \Rightarrow A \times X \sim B \times Y$$

---例題 2.17--- N×N も N と対等---

自然数全体の集合 N の直積集合 N×N は N と対等であること；
$$N \times N = N^2 \sim N$$
を証明しなさい．

[解答] 自然数全体を下図のように並べるとき，左から m 列目，上から n 行目に現れる数 $h(m,n)$ は，次のようになる：

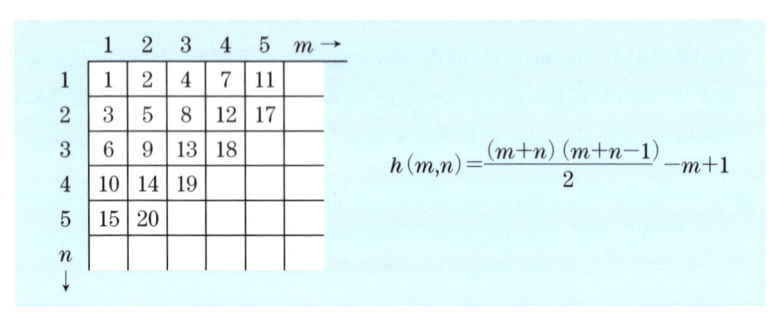

	1	2	3	4	5	$m \to$
1	1	2	4	7	11	
2	3	5	8	12	17	
3	6	9	13	18		
4	10	14	19			
5	15	20				
n $\downarrow$						

$$h(m,n) = \frac{(m+n)(m+n-1)}{2} - m + 1$$

写像 $h: N \times N \to N$ が全単射であることは，自然数の並べ方から明らかである．◆

★ 上の証明で肝心なことは，自然数がこのように格子の枠の中にある規則によって 1 つずつ並べられることである．つまり，m 丁目 n 番地にある自然数が 1 つだけ確定するような並べ方が存在することである（他にもうまい並べ方を考えてごらん）．

問題

2.43 正の有理数全体の集合 $Q^+ = \{m/n \mid m, n \in N\}$ は可算集合であることを証明しなさい．

[ヒント] $m/n \in Q^+$ に $(m,n) \in N^2$ を対応させ，例題 2.17 と問題 2.41 を適用する．

2.44 有理数全体の集合 Q は可算集合であることを証明しなさい．

2.45 xy-平面上の点で，x 座標と y 座標がともに整数であるような点を**格子点**という．

格子点全体の集合 $Z \times Z = \{(m,n) \mid m, n \in Z\}$ は可算集合であることを証明しなさい．

★ 問題 2.44 と問題 2.45 は，次ページの例題 2.18 を利用して解いてもよい．

2.3 基数と濃度

---例題 2.18---------------------------------可算集合の可算和も可算---

$\{A_i \mid i \in \mathbb{N}\}$ を可算集合 A_i の可算集合族とすると，$\bigcup_{i \in \mathbb{N}} A_i$ も可算集合であることを証明しなさい．

解答 A_i の要素を i 行目に横に並べる：

			1	2	3	4	5	$m \to$
1	A_1	=	$\{\, a_{11},$	$a_{12},$	$a_{13},$	$a_{14},$	$a_{15},$	$\cdots\cdots \,\}$
2	A_2	=	$\{\, a_{21},$	$a_{22},$	$a_{23},$	$a_{24},$	$a_{25},$	$\cdots\cdots \,\}$
3	A_3	=	$\{\, a_{31},$	$a_{32},$	$a_{33},$	$a_{34},$	$a_{35},$	$\cdots\cdots \,\}$
4	A_4	=	$\{\, a_{41},$	$a_{42},$	$a_{43},$	$a_{44},$	$a_{45},$	$\cdots\cdots \,\}$
5	A_5	=	$\{\, a_{51},$	$a_{52},$	$a_{53},$	$a_{54},$	$a_{55},$	$\cdots\cdots \,\}$
n			$\vdots$					
$\downarrow$								

このように並べると，A_n の第 m 番目の要素 a_{nm} と例題 2.17 の格子の (n, m) にある自然数との間に 1 対 1 の対応が付けられる．よって，$\bigcup A_i$ も可算集合である．◆

問題

2.46 有限集合と可算集合を総称して**高々可算集合**という．Λ を高々可算集合とするとき，次を証明しなさい：

(1) 高々可算集合 A_i の高々可算集合族 $\{A_i \mid i \in \Lambda\}$ の和集合 $\bigcup_{i \in \Lambda} A_i$ は高々可算集合である．特に，有限集合になるのはどんな場合か？

(2) 高々可算集合 A, B の直積集合 $A \times B$ は高々可算集合である．特に，有限集合になるのはどんな場合か？

2.47 一般に，整数 $a_0, a_1, a_2, \cdots, a_n$ を係数とする代数方程式
$$a_0 x^n + a_1 x^{n-1} + a_2 x^{n-2} + \cdots + a_{n-1} x + a_n = 0$$
の解となる実数を**代数的数** (algebraic number) という．有理数 a/b は代数方程式 $bx - a = 0$ の解であり，よく知られた無理数 $\sqrt{2}$ は代数方程式 $x^2 - 2 = 0$ の解の 1 つである．代数的数全体の集合は可算集合であることを証明しなさい．

★ 代数的でない実数を**超越数** (transcendential number) という．自然対数の底 e や円周率 π などが超越数の代表であるが，超越数全体の集合の濃度も非可算無限であることがわかっている．

連続体の濃度　これまでに挙げた例をみると，無限集合はすべて可算集合となりそうであるが，可算集合はほんの一部である．次に問題となるのは，実数全体の集合 $\mathbb{R}$ の濃度である．結論を先にいうと，次ページの例題 2.20 によって，$\mathbb{R}$ は $\mathbb{N}$ とは対等でないことがわかり，またその濃度はもちろん有限濃度ではない．そこで，$\mathbb{R}$ の濃度を**連続体の濃度** (potency of continuum) といい，その基数に $\aleph$ という記号を与える．

─── **例題 2.19** ────────────────────── 区間の濃度 ───

任意の $a, b, c, d \in \mathbb{R}, a < b, c < d$, について，次が成り立つことを証明しなさい：
(1) $[a, b] \sim [c, d]$　(2) $[a, b) \sim [c, d)$　(3) $(a, b) \sim (c, d)$
(4) $[a, b) \sim (a, b)$　(5) $[a, b] \sim [a, b)$　(6) $[a, b] \sim (a, b)$

［解答］　(1), (2), (3)　写像 $f : [a, b] \to [c, d]$ を次のように定義する：
$$f(x) = \frac{b-x}{b-a} \cdot c + \frac{x-a}{b-a} \cdot d = \frac{d-c}{b-a} \cdot x + \frac{bc-ad}{b-a}$$

これは x に関する 1 次関数で，全単射であることが容易に確かめられる．また，この f は，定義域を $(a, b]$ や (a, b) に制限しても全単射であるから，(1), (2), (3) が証明された．

(5)　(1) と (2) より，$[0, 1] \sim [0, 1)$ を証明すれば十分である．写像 $g : [0, 1] \to [0, 1)$ を次のように定義する：

$$g(x) = \begin{cases} \dfrac{1}{n+1} & \left(x = \dfrac{1}{n},\ n \in \mathbb{N}\right) \\ x & \left(x \neq \dfrac{1}{n},\ n \in \mathbb{N}\right) \end{cases}$$

すると，g が全単射であることも容易に確かめられる．

(4) と (6) の証明は演習問題とする．◆

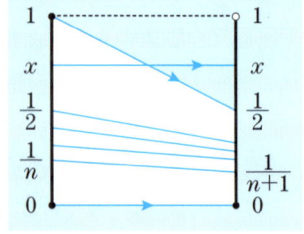

問題

2.48　(1)　例題 2.19 の (1), (2), (3) の証明で使った写像 f の逆写像 f^{-1} を求めなさい．

(2)　例題 2.19 の (4) と (6) を証明しなさい．

ヒント　例題 2.19 (4) の証明では，$[a, b) \sim [0, 1), (-1, 0] \sim (a, b]$ だから，$[0, 1) \sim (-1, 0]$ を示せば十分である．例題 2.19 (6) の証明では，$[a, b] \sim [-1, 1], (a, b) \sim (-1, 1)$ だから，$[-1, 1] \sim (-1, 1)$ を示せば十分である．$[-1, 1] = [-1, 0] \cup [0, 1]$, $(-1, 1) = (-1, 0] \cup [0, 1)$ と区切って対応をつけるとよい．

2.49　開区間 $(-1, 1)$ と $\mathbb{R}$ は対等であることを証明しなさい．

★　例題 2.19 と問題 2.49 の結果をあわせると，区間はすべて $\mathbb{R}$ と対等になる．

2.3 基数と濃度

濃度の比較 濃度(あるいはその基数)の大小を次のように定義する:

集合 X, Y について, $\quad \#X \leqq \#Y \quad \equiv \quad \exists$単射 $f: X \to Y$

$\#X \leqq \#Y$ であって,X と Y が対等ではないとき(つまり,X から Y への全単射が存在しないとき),Y の濃度は X の濃度より**大きい**といい,$\#X < \#Y$ で表す.

★ 次の例題 2.20 より,$\aleph_0 < \aleph$ であることが結論される.

―― 例題 2.20 ――――――――――――――――――――――― $\mathbb{R}$ の濃度 ――

$\mathbb{N}$ と $\mathbb{R}$ は対等ではないことを証明しなさい.

[解答] 例題 2.19 と問題 2.49 より,$\mathbb{R} \sim [0, 1)$ だから,$\mathbb{N}$ と $[0, 1)$ が対等でないことを示せば十分である.背理法で証明する.

全単射 $\alpha: \mathbb{N} \to [0, 1)$ が存在したとする.$n \in \mathbb{N}$ について,$\alpha(n) \in [0, 1)$ を 10 進法により無限小数に展開して,

$$\alpha(n) = 0.a_{n1}a_{n2}a_{n3}a_{n4}a_{n5}\cdots, \quad a_{nm} \in \{0, 1, 2, 3, 4, 5, 6, 7, 8, 9\}$$

のように表しておく.ただし,有限小数については,後に 0 を並べておく;

$$0.25 \quad \Rightarrow \quad 0.25000000\cdots$$

そこで,$\alpha(1), \alpha(2), \alpha(3), \cdots, \alpha(n), \cdots$ の順に,位を揃えて書き並べる:

$$\alpha(1) = 0.a_{11}a_{12}a_{13}a_{14}a_{15}\cdots$$
$$\alpha(2) = 0.a_{21}a_{22}a_{23}a_{24}a_{25}\cdots$$
$$\alpha(3) = 0.a_{31}a_{32}a_{33}a_{34}a_{35}\cdots$$
$$\alpha(4) = 0.a_{41}a_{42}a_{43}a_{44}a_{45}\cdots$$
$$\alpha(5) = 0.a_{51}a_{52}a_{53}a_{54}a_{55}\cdots$$
$$\vdots$$

このとき,次のような数 $b = 0.b_1b_2b_3b_4b_5\cdots$ を考えることができる:

$$b_n = \begin{cases} 1 & (a_{nn} = 0) \\ 0 & (a_{nn} \neq 0) \end{cases}$$

すると,$b \in [0, 1)$ であり,また b と $\alpha(n)$ は小数第 n 位が異なるから,すべての n について,$b \neq \alpha(n)$ である.これは α が全射であることに矛盾する. ◆

★ この証明で用いた技法は**対角線論法** (diagonal process) といわれている.

問題

2.50 任意の集合 X について,$\#X \leqq \#X$ (**反射律**) が成り立つことを証明しなさい.

2.51 集合 X, Y, Z について,次が成り立つことを証明しなさい:

$$(\#X \leqq \#Y) \wedge (\#Y \leqq \#Z) \quad \Rightarrow \quad \#X \leqq \#Z \quad (\textbf{推移律})$$

> **定理 2.4** 集合 X, Y について，次が成り立つ：
> $$(\#X \leqq \#Y) \wedge (\#Y \leqq \#X) \quad \Rightarrow \quad \#X = \#Y \qquad (反対称律)$$

証明 X, Y が有限集合の場合は明らかであるから，無限集合の場合を証明する．
$f: X \to Y, g: Y \to X$ をともに単射な写像とする．$x \in X$ と $y \in Y$ について，
$$y = f(x) \text{ のとき}, x \text{ を } y \text{ の親といい}, y \gg x \text{ で表す};$$
$$x = g(y) \text{ のとき}, y \text{ を } x \text{ の親といい}, x \gg y \text{ で表す}.$$
そこで，X と Y の部分集合を次のように定義する：
$X_\infty = \{x \in X \mid x \gg y_1 \gg x_1 \gg y_2 \gg x_2 \gg \cdots (無限に続く列)\},$
$Y_\infty = \{y \in Y \mid y \gg x_1 \gg y_1 \gg x_2 \gg y_2 \gg \cdots (無限に続く列)\},$
$X_Y = \{x \in X \mid x \gg y_1 \gg x_1 \gg y_2 \gg x_2 \gg \cdots \gg x_{n-1} \gg y_n, y_n には親が無い\},$
$Y_X = \{y \in Y \mid y \gg x_1 \gg y_1 \gg x_2 \gg y_2 \gg \cdots \gg y_{n-1} \gg x_n, x_n には親が無い\},$
$X_X = \{x \in X \mid x = x_1 \gg y_1 \gg x_2 \gg y_2 \gg \cdots \gg y_{n-1} \gg x_n, x_n には親が無い\},$
$Y_Y = \{y \in Y \mid y = y_1 \gg x_1 \gg y_2 \gg x_2 \gg \cdots \gg x_{n-1} \gg y_n, y_n には親が無い\}.$

X_∞ と Y_∞ は祖先を辿っていくと無限に続くような要素，その他の 4 つは祖先が有限で途切れるような要素からなる集合で，どこで途切れるかによって所属が決まる．f と g がともに単射であるから，親が存在すればそれはただ 1 つである．したがって，祖先を辿るこのような列は一意的に定まる．よって，次が成り立つ：
$$X = X_\infty \cup X_Y \cup X_X, \quad X_\infty \cap X_Y = \emptyset, \quad X_Y \cap X_X = \emptyset, \quad X_X \cap X_\infty = \emptyset,$$
$$Y = Y_\infty \cup Y_X \cup Y_Y, \quad Y_\infty \cap Y_X = \emptyset, \quad Y_X \cap Y_Y = \emptyset, \quad Y_Y \cap Y_\infty = \emptyset.$$
しかも，次が成り立つことが容易に確かめられる：
$$f(X_\infty) = Y_\infty, \quad f(X_X) = Y_X, \quad g(Y_Y) = X_Y.$$
ところで，f, g はいずれも単射であるから，$f|X_\infty: X_\infty \to Y_\infty, f|X_X: X_X \to Y_X, g|Y_Y: Y_Y \to X_Y$ はいずれも全単射である．そこで，写像 $h: X \to Y$ を，
$$h(x) = \begin{cases} f(x) & (x \in X_\infty \cup X_X) \\ g^{-1}(x) & (x \in X_Y) \end{cases}$$
によって定義すると，h は全単射である． ◆

★ 上の定理 2.4 はベルンシュタイン (Bernstein) の定理とよばれ，2 つの集合の濃度を比較する際の有効な手段として使われる．この定理により，$\#X < \#Y$ でかつ $\#Y < \#X$ であるような集合 X, Y は存在しないことになる．つまり，2 つの集合 X, Y について，$\#X < \#Y$，$\#X = \#Y$，$\#Y < \#X$ のいずれか 1 つだけが成立する．

問題

2.52 集合 X, Y について，$X \sim Y \Rightarrow 2^X \sim 2^Y$ が成り立つことを証明しなさい．

2.4 実数値連続関数

ある集合 X から実数全体の集合 $\mathbb{R}$ への写像 $f : X \to \mathbb{R}$ を，集合 X 上の**実数値関数**という．特に $X \subset \mathbb{R}$ である場合，f を**実変数の実数値関数**という．本節では，この実変数の実数値関数の連続性について考察する．

実変数の関数 $f : X \to \mathbb{R}$ が点 $\alpha \in X$ で**連続** (continuous) であるとは，次の命題 (∗) が成立する場合をいう：

(∗) $\quad$ α に収束する X の任意の数列 $[x_i]$ について，
$\qquad$ 数列 $[f(x_i)]$ は $f(\alpha)$ に収束する．

関数 f がすべての点 $\alpha \in X$ で連続であるとき，f は X 上で**連続**である，あるいは X 上の**連続関数** (continuous function) であるという．

─── 例題 2.21 ─────────────────────── 多項式関数の連続性 ───
定数 $a \in \mathbb{R}, a \neq 0$, について，$f(x) = ax^n \ (n \in \mathbb{N})$ で与えられる関数 $f : \mathbb{R} \to \mathbb{R}$ は $\mathbb{R}$ 上で連続であることを証明しなさい．

[解答] 次数 n に関する帰納法で証明する．$n = 1$ の場合は，$f(x) = ax$ である．任意の $\alpha \in \mathbb{R}$ と α に収束する任意の数列 $[x_i]$ について，数列 $[f(x_i)] = [ax_i]$ は $f(\alpha) = a\alpha$ に収束する（問題 2.18）．よって，f は $\mathbb{R}$ 上で連続である．

次に，$g(x) = ax^k \ (a \in \mathbb{R}, k \geq 1)$ の形で与えられた関数 g はすべて連続であると仮定する．このとき，$f(x) = ax^{k+1}$ は，$g(x) = ax^k$ を用いて，$f(x) = g(x) \cdot x$ と表される．任意の $\alpha \in \mathbb{R}$ と α に収束する数列 $[x_i]$ について，帰納法の仮定により，数列 $[g(x_i)]$ は $g(\alpha)$ に収束する．よって，例題 2.9 により，数列 $[f(x_i)] = [g(x_i) \cdot x_i]$ は $f(\alpha) = g(\alpha)\alpha$ に収束する．よって，f も $\mathbb{R}$ 上で連続である． ◆

問題

2.53 実数 $a_0, a_1, a_2, \cdots, a_n$ を用いて，関数 $f : \mathbb{R} \to \mathbb{R}$ が n 次の多項式で
$$f(x) = a_0 + a_1 x + a_2 x^2 + \cdots + a_n x^n$$
のように与えられている．f は $\mathbb{R}$ 上の連続関数であることを証明しなさい．

2.54 一般に写像（関数）$f : X \to Y$ が**定値写像** (constant map) であるとは，1 点 $b \in Y$ が存在して，任意の $x \in X$ について $f(x) = b$ となる場合をいう．このとき，$f(X) = \{b\}$ である．

$X \subset \mathbb{R}$ のとき，関数 $f : X \to \mathbb{R}$ が定値写像ならば，f は X 上の連続関数であることを証明しなさい．

連続の定義 実数値関数が点 $\alpha \in X$ で連続であることの定義を，数列を使わずに与えることを考える．数列 $[x_i]$ が α に収束するとは，i が大きくなると x_i が α に近づくことであるから，α の近くの点の状態が問題となる．そこで，次を採用する：

実変数の関数 $f : X \to \mathbb{R}$ が点 $\alpha \in X$ で**連続**であるとは，次の命題 (**) が成り立つ場合であると定義する：

(**) $\quad \forall \varepsilon > 0, \exists \delta > 0 (\forall x \in X, |x - \alpha| < \delta \Rightarrow |f(x) - f(\alpha)| < \varepsilon)$

───例題 2.22────────────────────── ε-δ による連続の定義───

実変数関数 $f : X \to \mathbb{R}\, (X \subset \mathbb{R})$ と点 $\alpha \in X$ について，次の (1), (2) は同値であることを証明しなさい：
(1) f は α で前ページの定義 (*) のもとで連続である．
(2) f は α で上の定義 (**) のもとで連続である．

[解答] 〔(1)⇒(2) の証明〕 f が α で連続であるとする．背理法で証明する．
(2) を否定すると，ある $\varepsilon > 0$ が存在して，どんな $\delta > 0$ に対しても，
$$\exists x_1 \in X((|x_1 - \alpha| < \delta) \wedge (|f(x_1) - f(\alpha)| \geqq \varepsilon))$$
となる．そこで，X の数列 $[x_i]$ を，帰納的に，次のように定義する：
$$|x_{i+1} - \alpha| < \frac{|x_i - \alpha|}{2}, \quad |f(x_{i+1}) - f(\alpha)| \geqq \varepsilon$$
このとき，$|x_n - \alpha| < |x_1 - \alpha|/2^{n-1} < \delta/2^{n-1}$ だから，数列 $[x_i]$ は α に収束するが，数列 $[f(x_i)]$ は $f(\alpha)$ には収束しない．これは，f が α で連続であるという仮定に反する．

〔(2)⇒(1) の証明〕 任意の $\varepsilon > 0$ に対して，条件 (*) を満たすような $\delta > 0$ が存在すると仮定する．X の数列 $[x_i]$ が $\alpha \in \mathbb{R}$ に収束しているとすると，収束の定義より，次が成り立つ：
$$\exists N \in \mathbb{N} (\forall n \in \mathbb{N}, n \geqq N \Rightarrow |x_n - \alpha| < \delta)$$
このとき，条件 (*) により，次が成り立つ：
$$n \geqq N \quad \Rightarrow \quad |f(x_n) - f(\alpha)| < \varepsilon$$
これは数列 $[f(x_i)]$ が $f(\alpha)$ に収束することを示す．ゆえに，f は α で連続である．◆

★ このように，数列を使わず，$\varepsilon > 0$ と $\delta > 0$ とで定義し，議論をする方法を「**ε-δ 論法**」という．実数値関数の場合は，この2つの定義を場合によって使い分けるとよい．上の定義は，「（どんなに小さい）$\varepsilon > 0$ を与えても，（十分に小さな）$\delta > 0$ をうまく選べば，x と α の距離が δ より小さいならば，$f(x)$ と $f(\alpha)$ の距離は ε より小さい」ことを意味する．将来のためには，ε-δ 論法に慣れることが必要である．

例題 2.23 ──────────────────────────── 合成関数の連続性 ──

関数 $f: \mathbb{R} \to \mathbb{R}$ と関数 $g: \mathbb{R} \to \mathbb{R}$ がともに連続ならば，合成関数 $g \circ f: \mathbb{R} \to \mathbb{R}$ も連続であることを証明しなさい．

[解答] 任意の点 $\alpha \in \mathbb{R}$ について，関数 g が点 $f(\alpha) \in \mathbb{R}$ で連続だから，次が成り立つ：
$$\forall \varepsilon > 0, \exists \delta' > 0 \, (\forall y \in \mathbb{R}, |y - f(\alpha)| < \delta' \Rightarrow |g(y) - g(f(\alpha))| < \varepsilon)$$
一方，関数 f が α で連続だから，この $\delta' > 0$ に対して，次が成り立つ：
$$\exists \delta > 0 \, (\forall x \in \mathbb{R}, |x - \alpha| < \delta \Rightarrow |f(x) - f(\alpha)| < \delta')$$
これら 2 つの命題をあわせると，結局，
$$\forall \varepsilon > 0, \exists \delta > 0 \, (\forall x \in \mathbb{R}, |x - \alpha| < \delta \Rightarrow |g(f(x)) - g(f(\alpha))| < \varepsilon)$$
となり，関数 $g \circ f$ が点 α で連続であることが示された． ◆

▓▓▓ 問 題 ▓▓▓

2.55 例題 2.21 で与えた関数 $f: \mathbb{R} \to \mathbb{R}; f(x) = ax^n$，が連続であることを，（数列を使わず）前ページの定義（∗∗）にしたがって証明しなさい．

2.56 問題 2.53 で与えた関数 $f: \mathbb{R} \to \mathbb{R}; f(x) = a_0 + a_1 x + a_2 x^2 + \cdots + a_n x^n$，が連続であることを，前ページの定義（∗∗）にしたがって証明しなさい．

2.57 関数 $f: \mathbb{R} \to \mathbb{R}, g: \mathbb{R} \to \mathbb{R}$ がともに $\mathbb{R}$ 上で連続ならば，次の関数も連続であることを証明しなさい：

(1) $f + g : \mathbb{R} \to \mathbb{R}; \quad (f+g)(x) = f(x) + g(x)$.

(2) $cf : \mathbb{R} \to \mathbb{R}; \quad (cf)(x) = cf(x) \quad$（ただし，$c \in \mathbb{R}$ は定数）

(3) $f \cdot g : \mathbb{R} \to \mathbb{R}; \quad (f \cdot g)(x) = f(x) \cdot g(x)$.

2.58 関数 $f: \mathbb{R} \to \mathbb{R}$ を，$f(x) = |x|$ で定義すると，f は $\mathbb{R}$ 上の連続関数であることを証明しなさい．

2.59 (1) 関数 $f: \mathbb{R} \to \mathbb{R}$ が点 $\alpha \in \mathbb{R}$ で連続で，$f(\alpha) > 0$ ならば，次が成り立つことを証明しなさい：
$$\exists \delta > 0 \, (|x - \alpha| < \delta \Rightarrow f(x) > f(\alpha)/2)$$

(2) 関数 $f: \mathbb{R} \to \mathbb{R}$ が連続で，各点 $x \in \mathbb{R}$ で $f(x) > 0$ であるとする．このとき，次の関数も連続であることを証明しなさい：
$$\frac{1}{f} : \mathbb{R} \to \mathbb{R}; \quad \left(\frac{1}{f}\right)(x) = \frac{1}{f(x)} \quad (x \in \mathbb{R})$$

★ 問題 2.59 (1) の命題は，「$f(\alpha) > 0$ ならば，α のごく近くの点 x でも $f(x) > 0$」であることを主張している．$f(\alpha) < 0$ ならば，同じようにして，次が成り立つ：
$$\exists \delta > 0 \, (|x - \alpha| < \delta \Rightarrow f(x) < f(\alpha)/2)$$

---例題 2.24--------------------------------中間値の定理---

$f:[a,b]\to\mathbb{R}$ を連続関数とする.もし,$f(a)<f(b)$ ならば,次が成立することを証明しなさい:
$$\forall\gamma\in\mathbb{R}, f(a)<\gamma<f(b), \exists c\in[a,b](f(c)=\gamma)$$

[解答]　　$f((a+b)/2)\geqq\gamma$ の場合は,　$a_1=a,\quad b_1=(a+b)/2,$
　　　　　　　　$<\gamma$ の場合は,　$a_1=(a+b)/2,\quad b_1=b$

とする.このとき,$f(a_1)<\gamma\leqq f(b_1)$ である.

次に,閉区間 $[a_1,b_1]$ について,同じ操作を行う.こうして,順次 a_i,b_i が決められ,$f(a_i)<\gamma\leqq f(b_i)$ を満たすとする.そこで,帰納的に,

$f((a_i+b_i)/2)\geqq\gamma$ の場合は,　$a_{i+1}=a_i,\quad b_{i+1}=(a_i+b_i)/2,$
　　　　　　$<\gamma$ の場合は,　$a_{i+1}=(a_i+b_i)/2,\quad b_{i+1}=b_i$

とする.この操作を反復することにより,単調増加数列 $\{a_i\}$ と単調減少数列 $\{b_i\}$ が得られ,次が成り立つ:
$$a\leqq a_i<b_i\leqq b,\quad f(a_i)<\gamma\leqq f(b_i),\quad b_i-a_i=(b-a)/2^i$$

実数の連続性に関する公理 [III] により,これらの 2 つの数列は収束する;
$$a_i\to\alpha\quad(i\to\infty),\qquad b_i\to\beta\quad(i\to\infty)$$

とする.問題 2.19 より,$\alpha,\beta\in[a,b]$ であり,次が成り立つ:
$$\beta-\alpha=\lim_{i\to\infty}(b_i-a_i)=\lim_{i\to\infty}(b-a)/2^i=0$$

ゆえに,$\alpha=\beta$ である.また,f は連続関数であるから,問題 2.19 により,
$$f(\alpha)=\lim_{i\to\infty}f(a_i)\leqq\gamma,\quad f(\beta)=\lim_{i\to\infty}f(b_i)\geqq\gamma$$

が成り立ち,$f(\alpha)=\gamma$ が結論される.よって,$c=\alpha$ が求める値である.　◆

問　題

2.60　(**中間値の定理**) 上の例題 2.24 は,次の命題と同値であることを確かめなさい:$f:[a,b]\to\mathbb{R}$ を連続関数とすると,次が成り立つ:
$$\forall\alpha,\beta\in f([a,b])\ (\alpha<\beta\Rightarrow[\alpha,\beta]\subset f([a,b]))$$

2.61　任意の実数 $a>0$ に対して,$a=b^2$ を満たす $b\in\mathbb{R}$ が存在することを証明しなさい.

★ このような b は正負 2 つあるので,正の方を $\sqrt{a}$ で表す.

2.62　$n\in\mathbb{N}$ を奇数とする.任意の実数 $a>0$ に対して,$a=b^n$ を満たす $b\in\mathbb{R}$ がただ 1 つ存在することを証明しなさい.

★ ただ 1 つ存在する b を $\sqrt[n]{a}$ または $a^{1/n}$ で表す.$a<0$ の場合は,$\sqrt[n]{a}=-\sqrt[n]{|a|}$ である.

[ヒント]　閉区間 $[\alpha,\beta]$ をうまく設定して,中間値の定理を適用するとよい.

2.4 実数値連続関数

―― 例題 2.25 ――――――――――――――――――――――― 閉区間の連続像は有界 ――

$f: \mathbb{R} \to \mathbb{R}$ を連続関数とする．部分集合 $A \subset \mathbb{R}$ が有界ならば，$f(A)$ も有界であることを証明しなさい．

解答 $A \subset \mathbb{R}$ が有界であるから，実数の連続性に関する公理 [II] より，$a = \inf A, b = \sup A$ が存在する．閉区間 $[a,b]$ について，$A \subset [a,b]$ であるから，$f([a,b])$ が有界であることを証明すれば十分である．これを背理法で証明する．

$f([a,b])$ が有界でないとすると，$f([a,(a+b)/2])$ と $f([(a+b)/2,b])$ のうち，少なくとも一方は有界ではない．

$f([a,(a+b)/2])$ が有界でない場合，$a_1 = a, b_1 = (a+b)/2$,
$f([(a+b)/2,b])$ が有界でない場合，$a_1 = (a+b)/2, b_1 = b$

とする．このとき，$f([a_1,(a_1+b_1)/2])$ と $f([(a_1+b_1)/2,b_1])$ のうち，少なくとも一方は有界でない．そこで同じようにして，有界でない方を利用して，区間 $[a_2,b_2]$ を作る．この操作を反復して，閉区間の列 $[a_i,b_i]$ を作ると，$f([a_i,b_i])$ は非有界で，
$$a_1 \leqq a_2 \leqq a_3 \leqq \cdots \leqq a_i \leqq b_i \leqq \cdots \leqq b_3 \leqq b_2 \leqq b_1$$
が成り立つ．よって，2つの数列 $\{a_i\}, \{b_i\}$ は単調有界数列であるから，実数の連続性に関する公理 [III] により，収束するが，$b_i - a_i = (b-a)/2^i$ であるから，それらは同一の極限値をもつ；その極限値を γ とする．$a \leqq a_i \leqq b$ だから，問題 2.19 により，$a \leqq \gamma \leqq b$ である．関数 f の連続性から，$\varepsilon = 1$ に対して $\delta > 0$ が存在して，次が成り立つ：
$$\forall x \in \mathbb{R}, \gamma - \delta < x < \gamma + \delta \Rightarrow |f(x) - f(\gamma)| < 1$$
ところで，この $\delta > 0$ に対して，数列の収束の定義から，次が成り立つ：
$$\exists N \in \mathbb{N}(\forall n \in \mathbb{N}, n \geq N \Rightarrow [a_n, b_n] \subset [\gamma - \delta, \gamma + \delta])$$
すると，$\quad f([a_n,b_n]) \subset [f(\gamma) - 1, f(\gamma) + 1]$
が成り立ち，$f([a_n,b_n])$ が非有界であることに反する．

ゆえに，$f([a,b])$ は有界である．したがって，$f(A)$ も有界である．◆

問題

2.63 閉区間上の連続関数 $f: [a,b] \to \mathbb{R}$ は最大値と最小値をもつことを証明しなさい．

ヒント 上の例題 2.25 により，$f([a,b])$ は有界なので，実数の連続性に関する公理 [II] により，$M = \sup f([a,b])$ と $L = \inf f([a,b])$ が存在する．$f(x) = M, f(x') = L$ を満たす $x, x' \in [a,b]$ の存在を示せばよい．

★ 例題 2.25 と問題 2.63 は，次の章で，より一般化して証明する．また，問題 2.63 では，関数 f が閉区間 $[a,b]$ で連続であるという条件が重要である．

ℝ の開集合・閉集合 点 $x \in \mathbb{R}$ および $\varepsilon > 0$ に対して,開区間 $(x-\varepsilon, x+\varepsilon)$ を x の **ε-近傍** (ε-neighborhood) といい,$N(x;\varepsilon)$ で表すことにする.これは,x からの距離が ε より小さい点全体の集合である.

部分集合 $U \subset \mathbb{R}$ が(ℝ の)**開集合** (open set, open subset) であるとは,次の命題

(O) $\qquad\qquad \forall x \in U, \exists \varepsilon > 0 \, (N(x;\varepsilon) \subset U)$

が成り立つ場合をいう:

部分集合 $F \subset \mathbb{R}$ が(ℝ の)**閉集合** (closed set, closed subset) であるとは,その補集合

$$F^c = \mathbb{R} - F$$

が ℝ の開集合である場合をいう.

例 2.3 空集合 $\emptyset$ および ℝ は ℝ の開集合であり,かつ閉集合である.

実際,$\emptyset$ が開集合であることを示すためには,上の定義にしたがって,$\forall x \in \emptyset$ に対して,$\varepsilon > 0$ が存在して,$N(x;\varepsilon) \subset \emptyset$ となることを示すわけであるが,$x \in \emptyset$ なる x は存在しないので,命題 **(O)** は常に真である.

ℝ の定義から,$(\varepsilon =)\, 1$ について,$N(x;1) \subset \mathbb{R}$ は真であるから,ℝ は開集合である.$\emptyset^c = \mathbb{R} - \emptyset = \mathbb{R}, \mathbb{R}^c = \mathbb{R} - \mathbb{R} = \emptyset$ であるから,$\emptyset$ と ℝ は閉集合でもある.

★ ℝ の部分集合で,開集合でかつ閉集合でもあるものは,$\emptyset$ と ℝ の 2 つに限られることが後に示される(第 3 章,連結性の節を参照).

─── **例題 2.26** ─────────────────── 開区間は開集合 ───

任意の $a, b \in \mathbb{R}, a < b,$ について,開区間 (a,b) は ℝ の開集合であることを証明しなさい.

解答 任意の $x \in (a,b)$ に対して,$\varepsilon = \min\{x-a, b-x\}$ とおけば,次が成り立つ:

$$\varepsilon > 0, N(x;\varepsilon) \subset (a,b) \qquad \blacklozenge$$

問 題

2.64 任意の $a \in \mathbb{R}$ について,

$$(a, \infty) = \{x \in \mathbb{R} \mid x > a\}, \quad (-\infty, a) = \{x \in \mathbb{R} \mid x < a\}$$

と定め,開区間の仲間に入れることにする.
$(a, \infty), (-\infty, a)$ は,いずれも ℝ の開集合であることを証明しなさい.

2.65 任意の $a \in \mathbb{R}$ について,

$$[a, \infty) = \{x \in \mathbb{R} \mid x \geqq a\}, \quad (-\infty, a] = \{x \in \mathbb{R} \mid x \leqq a\}$$

と定め,半開区間の仲間に入れることにする.
$[a, \infty), (-\infty, a]$ は,いずれも ℝ の閉集合であることを証明しなさい.

2.66 任意の点 $a \in \mathbb{R}$ について，1点集合 $\{a\}$ は $\mathbb{R}$ の閉集合であることを証明しなさい．

2.67 整数全体の集合 $\mathbb{Z}$ について，$\mathbb{R} - \mathbb{Z}$ は $\mathbb{R}$ の開集合であることを証明しなさい（したがって，$\mathbb{Z}$ は $\mathbb{R}$ の閉集合である）．

2.68 有理数全体の集合 $\mathbb{Q}$ は $\mathbb{R}$ の開集合ではなく，閉集合でもないことを証明しなさい．

2.69 任意の $a, b \in \mathbb{R}, a < b$, について，閉区間 $[a, b]$ は $\mathbb{R}$ の閉集合であることを証明しなさい．

2.70 任意の $a, b \in \mathbb{R}, a < b$, について，半開区間 $[a, b), (a, b]$ は，いずれも，開集合ではなく，かつ閉集合でもないことを証明しなさい．

例題 2.27 ─────────────────── 開集合の共通集合 ─

$U_1, U_2, \cdots, U_m$ を $\mathbb{R}$ の開集合とすれば，これらの共通集合
$$U_1 \cap U_2 \cap \cdots \cap U_m$$
も $\mathbb{R}$ の開集合であることを証明しなさい．

[解答] $\forall x \in U_1 \cap U_2 \cap \cdots \cap U_m$ について，$x \in U_i \, (i = 1, 2, \cdots, m)$ であり U_i は開集合であるから，次が成り立つ：
$$\exists \varepsilon_i > 0 \, (N(x; \varepsilon_i) \subset U_i) \quad (i = 1, 2, \cdots, m)$$
そこで，$\varepsilon = \min\{\varepsilon_1, \varepsilon_2, \cdots, \varepsilon_m\}$ とおけば，$N(x; \varepsilon) \subset N(x; \varepsilon_i) \subset U_i$ であるから，
$$N(x; \varepsilon) \subset U_1 \cap U_2 \cap \cdots \cap U_m$$
が成り立つ．よって，$U_1 \cap U_2 \cap \cdots \cap U_m$ は開集合である． ◆

問題

2.71 集合 Λ を添え字集合とする $\mathbb{R}$ の開集合族 $\{U_\lambda \mid \lambda \in \Lambda\}$ について，和集合 $\bigcup_{\lambda \in \Lambda} U_\lambda$ も $\mathbb{R}$ の開集合であることを証明しなさい．

2.72 $F_1, F_2, \cdots, F_m$ を $\mathbb{R}$ の閉集合とすれば，これらの和集合
$$F_1 \cup F_2 \cup \cdots \cup F_m$$
も $\mathbb{R}$ の閉集合であることを証明しなさい．

2.73 集合 Λ を添え字集合とする $\mathbb{R}$ の閉集合族 $\{F_\lambda \mid \lambda \in \Lambda\}$ について，共通集合 $\bigcap_{\lambda \in \Lambda} F_\lambda$ も $\mathbb{R}$ の閉集合であることを証明しなさい．

★ 例題 2.27，問題 2.72 については，第 3 章の例 3.2，例題 3.5 を参照のこと．

開集合と連続写像 $X \subset \mathbb{R}$ とするとき，関数 $f: X \to \mathbb{R}$ が点 $\alpha \in X$ で連続であることの定義を，数列を使って与え，$\varepsilon\text{-}\delta$ を使って言い換えた．ここでは，さらに開集合を使って言い換えてみる．

点 $x \in X$ について，
$$|x - \alpha| < \delta \iff x \in N(\alpha; \delta),$$
$$|f(x) - f(\alpha)| < \varepsilon \iff f(x) \in N(f(\alpha); \varepsilon)$$

であるから，関数 $f: X \to \mathbb{R}$ が点 $\alpha \in X$ で連続であることの定義（**）は命題

(***) $\forall \varepsilon > 0, \exists \delta > 0 \, (f(N(\alpha; \delta)) \subset N(f(\alpha); \varepsilon))$

が成り立つ場合であると，言い換えることができる．

★ この言い換えは，各点 $x \in N(\alpha; \delta)$ に関する条件を近傍 $N(\alpha; \delta)$ で記述しただけであり，実変数実数値連続関数を議論する範囲では特に必要ではないが，第 3 章以降で連続写像を定義する際の基礎になる．

例題 2.28 ────────────────── 開集合による連続関数の定義 ──

関数 $f: \mathbb{R} \to \mathbb{R}$ について，次の 3 条件は同値である：
(1) f は $\mathbb{R}$ 上の連続関数である．
(2) $\mathbb{R}$ の任意の開集合 U について，逆像 $f^{-1}(U)$ は $\mathbb{R}$ の開集合である．
(3) $\mathbb{R}$ の任意の閉集合 F について，逆像 $f^{-1}(F)$ は $\mathbb{R}$ の閉集合である．

[解答]　〔(1)⇒(2) の証明〕　任意の $\alpha \in f^{-1}(U)$ について，$f(\alpha) \in U$ である．U は $\mathbb{R}$ の開集合であるから，次が成り立つ：
$$\exists \varepsilon > 0 \, (N(f(\alpha); \varepsilon) \subset U)$$
条件 (1) から，f は点 α で連続であるから，この $\varepsilon > 0$ に対して，次が成り立つ：
$$\exists \delta > 0 \, (f(N(\alpha; \delta)) \subset N(f(\alpha); \varepsilon))$$
よって，$f(N(\alpha; \delta)) \subset U$ が成り立ち，これから $N(\alpha; \delta) \subset f^{-1}(U)$ が結論される．$\alpha \in f^{-1}(U)$ は任意であったから，$f^{-1}(U)$ は $\mathbb{R}$ の開集合である．

〔(2)⇒(1) の証明〕　任意の点 $\alpha \in \mathbb{R}$ と任意の $\varepsilon > 0$ に対して，点 $f(\alpha)$ の ε-近傍 $N(f(\alpha); \varepsilon)$ は例題 2.26 により $\mathbb{R}$ の開集合である．条件 (2) から，逆像 $f^{-1}(N(f(\alpha); \varepsilon))$ は $\mathbb{R}$ の開集合であり，点 α を含んでいる．よって，次が成り立つ：
$$\exists \delta > 0 \, (N(\alpha; \delta) \subset f^{-1}(N(f(\alpha); \varepsilon))). \quad \therefore \quad f(N(\alpha; \delta)) \subset N(f(\alpha); \varepsilon)$$
よって，f は α で連続である．$\alpha \in \mathbb{R}$ は任意であったから，f は $\mathbb{R}$ 上で連続である．
(2)⇔(3) の証明は演習問題とする． ◆

問題

2.74 上の例題 2.28 の (2)⇒(3) と (3)⇒(2) の証明をしなさい．

　　　[ヒント]　例題 1.13 (5) を用いて，閉集合の問題を開集合の問題に直すとよい．

第3章

ユークリッド空間

n 次元ユークリッド空間は，集合としては実数全体の集合 $\mathbb{R}$ の n 個の直積集合であるが，$\mathbb{R}$ がもっているさまざまな数学的構造を自然な形で引き継ぎ，数学の豊かな舞台となる．また，次章以降の距離空間・位相空間の典型的なモデルでもある．

3.1 ユークリッド空間

数直線：1次元ユークリッド空間　実数全体の集合 $\mathbb{R}$ 上では，四則演算が定義されて基本命題 (第2章定理 2.1) を満たし，大小関係が定義されて順序に関する基本命題 (定理 2.2) を満たし，連続性に関する公理 (2.2節) も満たしている．また $\mathbb{R}$ は座標を定めた直線，すなわち数直線で表される．そこで，実数 x と数直線上で x を座標とする点を同一視する．数直線上では点 x と点 y の間の距離 $d^{(1)}(x,y)$ は，0 (原点) と 1 (単位点) を結ぶ線分の長さ 1 を基準として決めたときの，x と y を結ぶ線分の長さであり，絶対値を使って次のように与えられる：
$$d^{(1)}(x,y) = |x-y| = \sqrt{(x-y)^2}$$

実数のもつ前述の性質に加え，この距離 $d^{(1)}$ も考慮に入れた数直線を $\mathbb{R}^1$ で表し，**1次元ユークリッド空間**といい，距離を強調したいときは $(\mathbb{R}, d^{(1)})$ と表す．

n 次元ユークリッド空間　一般に，自然数 n に関して，n 個の1次元ユークリッド空間 $\mathbb{R}^1$ の直積集合
$$\mathbb{R}^n = \mathbb{R}^1 \times \mathbb{R}^1 \times \cdots \times \mathbb{R}^1 \ (n\ \text{個})$$
$$= \{(x_1, x_2, \cdots, x_n) | x_i \in \mathbb{R}^1 \ (i=1,2,\cdots,n)\}$$
上に，次のようにして2点間の距離 $d^{(n)}$ を定めたとき，これを **n 次元ユークリッド空間**といい，距離を強調したいときには $(\mathbb{R}, d^{(n)})$ ように表す．

2点 $x = (x_1, x_2, \cdots, x_n),\ y = (y_1, y_2, \cdots, y_n) \in \mathbb{R}^n$ の間の距離：
$$d^{(n)}(x,y) = \sqrt{(x_1-y_1)^2 + (x_2-y_2)^2 + \cdots + (x_n-y_n)^2}$$

第3章 ユークリッド空間

★ 次の第 4 章で，一般の「距離空間」を学ぶ．集合 $\mathbb{R}^n$ 上には，ここで定義した距離の他にもいくつもの距離が定義できる．前ページで定義した距離 $d^{(n)}$ は最も自然で多く用いられ，**ユークリッドの距離**，または**通常の距離**などとよばれる．この章では，$\mathbb{R}^n$ では通常の距離 $d^{(n)}$ のみを考えるので，混乱が生じない限り，これを単に d で示す．

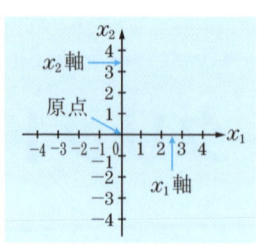

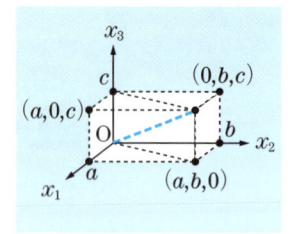

定理 3.1 $\mathbb{R}^n$ の通常の距離 d に関して，次が成り立つ：
[D1] $\forall x, y \in \mathbb{R}^n (d(x,y) \geqq 0)$．特に，$d(x,y) = 0 \Leftrightarrow x = y$．
[D2] $\forall x, y \in \mathbb{R}^n (d(x,y) = d(y,x))$．
[D3] $\forall x, y, z \in \mathbb{R}^n (d(x,z) \leqq d(x,y) + d(y,z))$ （**三角不等式**）

証明 通常の距離の定義から，[D1] と [D2] が成り立つことをは明らかである．[D3] は次の補題を用いると容易に証明される． ◆

補題 3.1 （**シュワルツの不等式**） 任意の実数 $a_1, a_2, \cdots, a_n, b_1, b_2, \cdots, b_n$ に関して，次の不等式が成り立つ：
$$\left(\sum_{i=1}^n a_i^2\right)\left(\sum_{i=1}^n b_i^2\right) \geqq \left(\sum_{i=1}^n a_i b_i\right)^2$$

証明
$$\left(\sum_{i=1}^n a_i^2\right)\left(\sum_{i=1}^n b_i^2\right) - \left(\sum_{i=1}^n a_i b_i\right)^2$$
$$= \sum_{i<j}(a_i^2 b_j^2 + a_j^2 b_i^2 - 2a_i b_i a_j b_j) = \sum_{i<j}(a_i b_j - a_j b_i)^2 \geqq 0$$ ◆

問 題

3.1 定理 3.1 の [D3] の証明を完成させなさい．

3.2 $n = 1, n = 2$ の場合に，上で与えた距離 $d^{(2)}, d^{(3)}$ の定義式を改めて書き上げ，2 点 x と y の間の距離は，これら 2 点を結ぶ線分の長さであることを確認しなさい．

3.3 定理 3.1 の [D3] と次の命題 [D3′] とは同値であることを証明しなさい．
[D3′] $\forall x, y, z \in \mathbb{R}^n (|d(x,z) - d(x,y)| \leqq d(y,z))$ （**三角不等式**）

★ [D3] は，「三角形の 2 辺の和は残りの 1 辺より大きい」に対応する．[D3′] は，「三角形の 2 辺の差は残りの 1 辺より小さい」に対応するもので，これも三角不等式とよばれ，よく使われる．

3.1 ユークリッド空間

ベクトル空間としての $\mathbb{R}^n$　n 次元ユークリッド空間 $\mathbb{R}^n$ の点 $(x_1, x_2, \cdots, x_n)$（の座標）をそのまま (n 次行) ベクトルとみなすと，$\mathbb{R}^n$ は，
$$e_1 = (1, 0, 0, \cdots, 0, 0), \quad e_2 = (0, 1, 0, \cdots, 0, 0), \quad \cdots, \quad e_n = (0, 0, 0, \cdots, 0, 1)$$
を標準基底としてもつ n 次元実ベクトル空間となる．

このベクトル空間 $\mathbb{R}^n$ 上では，2 点 x, y の**内積** (inner product) $\langle x, y \rangle$ が次のように定義される：$x = (x_1, x_2, \cdots, x_n), y = (y_1, y_2, \cdots, y_n)$ について，
$$\langle x, y \rangle = x_1 y_1 + x_2 y_2 + \cdots + x_n y_n$$

したがって，これらの 2 点間の距離を内積を用いて表せば，次のようになる：
$$d(x, y) = \sqrt{\langle x - y, x - y \rangle}$$

内積を用いて，ベクトル $x = (x_1, x_2, \cdots, x_n) \in \mathbb{R}^n$ の**大きさ**（**ノルム** (norm)，長さともいう）$\|x\|$ を，次式で定義する：
$$\|x\| = \sqrt{\langle x, x \rangle}$$

★ 今後，n 次元ユークリッド空間 $\mathbb{R}^n$ を n 次元実ベクトル空間ともみなすことにする．

例題 3.1 ───────────────── 内積の性質 ─

$\mathbb{R}^n$ 上の内積 $\langle \ , \ \rangle$ について，次が成り立つことを証明しなさい：
(1) $\forall x \in \mathbb{R}^n (\langle x, x \rangle \geqq 0)$．特に，$\langle x, x \rangle = 0 \Leftrightarrow x = (0, 0, \cdots, 0)$．
(2) $\forall x_1, x_2, x, y \in \mathbb{R}^n, \forall \lambda \in \mathbb{R}$：
$$\langle x_1 + x_2, y \rangle = \langle x_1, y \rangle + \langle x_2, y \rangle, \quad \langle \lambda x, y \rangle = \lambda \langle x, y \rangle$$
(3) $\forall x, y \in \mathbb{R}^n (\langle x, y \rangle = \langle y, x \rangle)$

[解答]　(1)　$x = (x_1, x_2, \cdots, x_n)$ について，$\langle x, x \rangle = x_1^2 + x_2^2 + \cdots + x_n^2 \geqq 0$．また，$\langle x, x \rangle = 0$ ならば $x_1^2 + x_2^2 + \cdots + x_n^2 = 0$ より，$x_1 = x_2 = \cdots = x_n = 0$．逆は明らか．

(2)　$x_1 = (x_{11}, x_{12}, \cdots, x_{1n}), x_2 = (x_{21}, x_{22}, \cdots, x_{2n}), y = (y_1, y_2, \cdots, y_n)$ とすると，
$$\langle x_1 + x_2, y \rangle = \sum (x_{1i} + x_{2i}) y_i = \sum x_{1i} y_i + \sum x_{2i} y_i = \langle x_1, y \rangle + \langle x_2, y \rangle$$
$$\langle \lambda x, y \rangle = \sum \lambda x_i y_i = \lambda \sum x_i y_i = \lambda \langle x, y \rangle$$

(3)　$\langle x, y \rangle = \sum x_i y_i = \sum y_i x_i = \langle y, x \rangle$　◆

▊▊▊ **問　題** ▊▊

3.4　ベクトルのノルムに関して，次が成り立つことを証明しなさい：
[N1]　$\forall x \in \mathbb{R}^n (\|x\| \geqq 0)$．特に，$\|x\| = 0 \Leftrightarrow x = (0, 0, \cdots, 0)$．
[N2]　$\forall x \in \mathbb{R}^n, \forall \lambda \in \mathbb{R} (\|\lambda x\| = |\lambda| \, \|x\|)$
[N3]　$\forall x, y \in \mathbb{R}^n (\|x + y\| \leqq \|x\| + \|y\|)$

3.5　$x = (x_1, x_2, \cdots, x_n), y = (y_1, y_2, \cdots, y_n) \in \mathbb{R}^n$ について，次を証明しなさい：
(1)　$|x_1 - y_1| + |x_2 - y_2| + \cdots + |x_n - y_n| \geqq \|x - y\|$
(2)　$|x_1 - y_1| + |x_2 - y_2| + \cdots + |x_n - y_n| \leqq n \|x - y\|$

3.2 $\mathbb{R}^n$ の開集合・閉集合

開集合 まず，点 $a \in \mathbb{R}^1$ の ε-近傍 $N(a;\varepsilon) = (a-\varepsilon, a+\varepsilon)$ を，次のように一般化する．点 $a \in \mathbb{R}^n$ と実数 $\varepsilon > 0$ に対して，点 a を**中心**とする**半径** ε の**開球体** (open n-ball)
$$N(a;\varepsilon) = \{x \in \mathbb{R}^n \mid d(x,a) < \varepsilon\}$$
を，点 a の **ε-近傍** (ε-neighborhood) という．

部分集合 $U \subset \mathbb{R}^n$ が（$\mathbb{R}^n$ の）**開集合** (open set, open subset) であるとは，命題

(**O**) $\quad\quad\quad\quad \forall x \in U, \exists \varepsilon > 0 \, (N(x;\varepsilon) \subset U)$

が成り立つ場合をいう．

例 3.1 空集合 $\emptyset$ および $\mathbb{R}^n$ は $\mathbb{R}^n$ の開集合である．(cf. 例 2.3)

----**例題 3.2**------------------------**開球体は開集合**----

任意の点 $a \in \mathbb{R}^n$ と任意の実数 $r > 0$ について，開球体 $N(a;r)$ は $\mathbb{R}^n$ の開集合であることを証明しなさい．

[解答] 点 $x \in N(a;r)$ に対して，$\varepsilon = r - d(a,x)$ とすると，$d(a,x) < r$ より，$\varepsilon > 0$ である．

このとき，任意の点 $y \in N(x;\varepsilon)$ について，$d(x,y) < \varepsilon$ だから，三角不等式より，次が得られる：
$$d(a,y) \leqq d(a,x) + d(x,y) < d(a,x) + \varepsilon = r$$
よって，$y \in N(a;r)$ が成り立ち，
$$N(x;\varepsilon) \subset N(a;r)$$
が結論される．ゆえに，$N(a;r)$ は開集合である． ◆

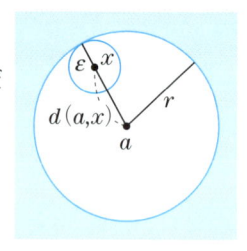

問 題

3.6 任意の点 $a \in \mathbb{R}^n$ と任意の $r > 0$ について，$X = \{x \in \mathbb{R}^n \mid d(a,x) > r\}$ は $\mathbb{R}^n$ の開集合であることを証明しなさい．

3.7 任意の点 $a \in \mathbb{R}^n$ について，$\mathbb{R}^n - \{a\}$ は $\mathbb{R}^n$ の開集合であることを証明しなさい．

3.8 次の (1), (2) の証明をしなさい：
(1) 集合 $H^2 = \{(x,y) \in \mathbb{R}^2 \mid y > 0\}$ は $\mathbb{R}^2$ の開集合である．
(2) 集合 $H^n = \{(x_1, x_2, \cdots, x_{n-1}, x_n) \in \mathbb{R}^n \mid x_n > 0\}$ は $\mathbb{R}^n$ の開集合である．

3.9 集合 $H = \{(x,y) \in \mathbb{R}^2 \mid y > x\}$ は $\mathbb{R}^2$ の開集合であることを証明しなさい．
ヒント 点 $x = (x_1, y_1) \in H$ と直線 $y = x$ の距離は $|x_1 - y_1|/\sqrt{2}$ で与えられる．

3.2 $\mathbb{R}^n$ の開集合・閉集合

定理 3.2 (1) $U_1, U_2, \cdots, U_m$ を $\mathbb{R}^n$ の開集合とすると，共通集合
$$U_1 \cap U_2 \cap \cdots \cap U_m$$
もまた $\mathbb{R}^n$ の開集合である．

(2) 集合 Λ を添え字集合とする $\mathbb{R}^n$ の開集合族 $\{U_\lambda | \lambda \in \Lambda\}$ について，和集合 $\bigcup_{\lambda \in \Lambda} U_\lambda$ も $\mathbb{R}^n$ の開集合である．

証明 (1) は例題 2.27 と同じようにできるので，ここでは省略する．

(2) 任意の $x \in \bigcup U_\lambda$ に対して，ある $\mu \in \Lambda$ が存在して，$x \in U_\mu$ となる．U_μ は開集合だから，$\varepsilon > 0$ が存在して，$N(x; \varepsilon) \subset U_\mu$ が成り立つ．すると，$N(x; \varepsilon) \subset U_\mu \subset \bigcup U_\lambda$ が成り立つ．よって，$\bigcup U_\lambda$ は $\mathbb{R}^n$ の開集合である． ◆

例題 3.3 ──────────── 連続関数で囲まれる領域 ──
$f : (a, b) \to \mathbb{R}^1$, $g : (a, b) \to \mathbb{R}^1$ を連続関数とするとき，集合
$$A = \{(x, y) \in \mathbb{R}^2 | a < x < b, f(x) < y < g(x)\}$$
は $\mathbb{R}^2$ の開集合であることを証明しなさい．

解答 任意の点 $(x, y) \in B$ に対して，
$$\varepsilon_1 = (1/2) \min\{y - f(x), g(x) - y\} > 0$$
とおくと，f, g は連続関数だから，次が成り立つ：
$\exists \delta_f > 0 \, (\forall x' \in (a, b), |x' - x| < \delta_f \Rightarrow |f(x') - f(x)| < \varepsilon_1)$,
$\exists \delta_g > 0 \, (\forall x' \in (a, b), |x' - x| < \delta_g \Rightarrow |g(x') - g(x)| < \varepsilon_1)$.
そこで，$\delta = \min\{\delta_f, \delta_g\}$ とおくと，この δ に関して，次が成り立つ：
$$|x' - x| < \delta \quad \Rightarrow \quad (|f(x') - f(x)| < \varepsilon_1) \wedge (|g(x') - g(x)| < \varepsilon_1)$$
ここで，$\varepsilon = \min\{x - a, b - x, \delta, \varepsilon_1\}$ とおけば，次が成り立つ：
$$\forall (x', y') \in N((x, y); \varepsilon)((x', y') \in B)$$
よって，$N((x, y); \varepsilon) \subset A$ が成り立つ． ◆

問題

3.10 (1) 開区間の直積
$B^2 = (a_1, b_1) \times (a_2, b_2)$
$= \{(x_1, x_2) \in \mathbb{R}^2 | a_1 < x_1 < b_1, a_2 < x_2 < b_2\}$
は $\mathbb{R}^2$ の開集合であることを証明しなさい．

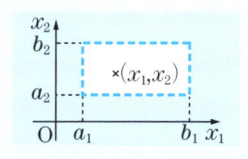

(2) 一般に，開区間の直積 $B^n = (a_1, b_1) \times (a_2, b_2) \times \cdots \times (a_n, b_n)$ は $\mathbb{R}^n$ の開集合であることを証明しなさい．

閉集合　部分集合 $F \subset \mathbb{R}^n$ が（$\mathbb{R}^n$ の）**閉集合** (closed set, closed subset) であるとは，その補集合 $F^c = \mathbb{R}^n - F$ が $\mathbb{R}^n$ の開集合である場合をいう．

開集合に関する定理 3.2 に対応して，閉集合に関して，次が成り立つ：

> **定理 3.3**　(1)　$F_1, F_2, \cdots, F_m$ を $\mathbb{R}^n$ の閉集合とすると，和集合
> $$F_1 \cup F_2 \cup \cdots \cup F_m$$
> もまた $\mathbb{R}^n$ の閉集合である．
> (2)　集合 Λ を添え字集合とする $\mathbb{R}^n$ の閉集合族 $\{F_\lambda | \lambda \in \Lambda\}$ について，共通集合 $\bigcap_{\lambda \in \Lambda} F_\lambda$ もまた $\mathbb{R}^n$ の閉集合である．

[証明]　いずれも容易なので，演習問題とする．　◆

問題

3.11　定理 3.3 を証明しなさい．

[ヒント]　(1) は例題 1.2 (2) を，(2) は例題 1.7 (2) を使い定理 3.2 に帰着させる．

―― **例題 3.4** ――――――――――――――――――――― 閉球体は閉集合 ――

任意の点 $a \in \mathbb{R}^n$ と任意の $\varepsilon > 0$ について，a を中心とする半径 ε の**閉球体** (closed n-ball, n-ball)
$$D(a; \varepsilon) = \{x \in \mathbb{R}^n | d(x, a) \leqq \varepsilon\}$$
は $\mathbb{R}^n$ の閉集合であることを証明しなさい．

[解答]　$D(a; \varepsilon)$ の補集合は，$D(a; \varepsilon)^c = \{x \in \mathbb{R}^n | d(x, a) > \varepsilon\}$ であり，問題 3.6 より，これは $\mathbb{R}^n$ の開集合である．　◆

問題

3.12　任意の点 $a \in \mathbb{R}^n$ について，1 点集合 $\{a\}$ は $\mathbb{R}^n$ の閉集合であることを証明しなさい．

3.13　集合 $H_0^2 = \{(x, y) \in \mathbb{R}^2 | y \geqq 0\}$ は $\mathbb{R}^2$ の閉集合であることを証明しなさい．集合 $H_0^n = \{(x_1, x_2, \cdots, x_{n-1}, x_n) \in \mathbb{R}^n | x_n \geqq 0\}$ は $\mathbb{R}^n$ の閉集合であることを証明しなさい．

3.14　集合 $F = \{(x, y) \in \mathbb{R}^2 | y \leqq x\}$ は $\mathbb{R}^2$ の閉集合であることを証明しなさい．

3.15　(1)　閉区間の直積 $C^2 = [a_1, b_1] \times [a_2, b_2]$ は $\mathbb{R}^2$ の閉集合であることを証明しなさい．
(2)　一般に，直積 $C^n = [a_1, b_1] \times [a_2, b_2] \times \cdots \times [a_n, b_n]$ は $\mathbb{R}^n$ の閉集合であることを証明しなさい．

例 3.2 定理 3.2 (1) は，無限個の開集合族に置き換えることはできない．
実際，可算無限の開区間の族

$$\left\{U_n = \left(-\frac{1}{n}, \frac{1}{n}\right) \subset \mathbb{R}^1 \,\middle|\, n \in \mathbb{N}\right\}$$

について，その共通集合は，例題 1.6 で示したように，$\bigcap U_n = \{0\}$ となる．問題 3.12 でみたように，1 点集合 $\{0\}$ は閉集合であり，$\mathbb{R}^1$ の開集合ではない．

例題 3.5 ──────────────────────────── 閉集合の和集合 ─

可算無限の閉区間の族

$$\left\{F_n = \left[-1+\frac{1}{n}, 1-\frac{1}{n}\right] \subset \mathbb{R}^1 \,\middle|\, n \in \mathbb{N}\right\}$$

について，その和集合は $\bigcup F_n = (-1, 1)$（開区間）であることを証明しなさい．

解答 〔$\bigcup F_n \subset (-1, 1)$ の証明〕 $x \in \bigcup F_n$ とすると，$m \in \mathbb{N}$ が存在して，$x \in F_m$ となる．よって，$|x| \leqq 1 - 1/m$ だから，$x \in (-1, 1)$ である．

〔$\bigcup F_n \supset (-1, 1)$ の証明〕 $x \in (-1, 1)$ とすると，$0 \leqq |x| < 1$．$x = 0$ ならば，任意の $n \in \mathbb{N}$ について，$x \in F_n$ だから，$x \in \bigcup F_n$ である．$|x| \neq 0$ ならば，$0 < 1 - |x| < 1$ だから，アルキメデスの原理 (問題 2.33) により，$m \in \mathbb{N}$ が存在して，$1 < (1-|x|)m$ を満たす．よって，$|x| < 1 - 1/m$ が成り立ち，$x \in F_m$ が結論される．ゆえに，$x \in \bigcup F_n$ である． ◆

★ 開区間 $(-1, 1)$ は $\mathbb{R}^1$ の開集合であるから (例題 2.26)，この例題により，定理 3.3 (1) も無限個の閉集合族に置き換えることはできないことがわかる．

問 題

3.16 上の例 3.2 および例題 3.5 に相当する例を，n 次元ユークリッド空間 $\mathbb{R}^n$ で作りなさい．

3.17 次に挙げる $\mathbb{R}^n$ の部分集合について，開集合か閉集合か，あるいはいずれでもないかを判定しなさい．

(1) $H(t) = \{(x_1, x_2, \cdots, x_n) \in \mathbb{R}^n \,|\, x_n = t\}$ （$t \in \mathbb{R}$ は定数）

(2) $S[a, b] = \{(x_1, x_2, \cdots, x_n) \in \mathbb{R}^n \,|\, a \leqq x_n \leqq b\}$

(3) $S[a, b) = \{(x_1, x_2, \cdots, x_n) \in \mathbb{R}^n \,|\, a \leqq x_n < b\}$

(4) $S(a, b) = \{(x_1, x_2, \cdots, x_n) \in \mathbb{R}^n \,|\, a < x_n < b\}$

(5) $B^+ = \{(x_1, x_2, \cdots, x_n) \in \mathbb{R}^n \,|\, x_1^2 + x_2^2 + \cdots + x_n^2 \leqq 1, x_n \geqq 0\}$

(6) $B = \{(x_1, x_2, \cdots, x_n) \in \mathbb{R}^n \,|\, x_1^2 + x_2^2 + \cdots + x_n^2 < 1, x_n \geqq 0\}$

(7) $B_0^+ = \{(x_1, x_2, \cdots, x_n) \in \mathbb{R}^n \,|\, x_1^2 + x_2^2 + \cdots + x_n^2 < 1, x_n > 0\}$

内点・外点・境界点 ユークリッド空間 $\mathbb{R}^n$ の部分集合と点の位置関係について，いくつかの新しい用語を導入する．

部分集合 $A \subset \mathbb{R}^n$ と点 $x \in \mathbb{R}^n$ について，次のように定める：

(i) 点 x が A の**内点** $\equiv \exists \varepsilon > 0 \, (N(x;\varepsilon) \subset A)$
(e) 点 x が A の**外点** $\equiv \exists \varepsilon > 0 \, (N(x;\varepsilon) \subset A^c = \mathbb{R}^n - A)$
(f) 点 x が A の**境界点** $\equiv \forall \varepsilon > 0 \, (N(x;\varepsilon) \cap A \neq \emptyset \wedge N(x;\varepsilon) \cap A^c \neq \emptyset)$

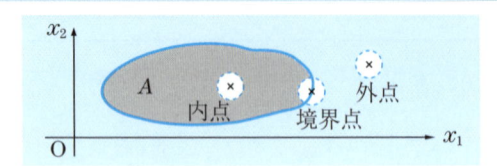

点 $x \in \mathbb{R}^n$ が $A \subset \mathbb{R}^n$ の内点ならば，$x \in N(x;\varepsilon) \subset A$ であるから，必然的に $x \in A$ である．A の**内点** (interior point) の全体を A^i で表し，A の**内部**または**開核** (interior) という；

$$A^i = \{x \in A \mid \exists \varepsilon > 0 \, (N(x;\varepsilon) \subset A)\} \subset A$$

点 $x \in \mathbb{R}^n$ が $A \subset \mathbb{R}^n$ の外点ならば，$x \in N(x;\varepsilon) \subset A^c$ であるから，$x \in A^c$ であり，x は A^c の内点である．A の**外点** (exterior point) の全体を A^e で表し，A の**外部** (exterior) という；

$$A^e = \{x \in A^c \mid \exists \varepsilon > 0 \, (N(x;\varepsilon) \subset A^c)\} = (A^c)^i \subset A^c$$

部分集合 $A \subset \mathbb{R}^n$ の**境界点** (frontier point, boundary point) の全体を A^f で表し，A の**境界** (frontier, boundary) という；

$$A^f = \{x \in \mathbb{R}^n \mid \forall \varepsilon > 0 \, (N(x;\varepsilon) \cap A \neq \emptyset \wedge N(x;\varepsilon) \cap A^c \neq \emptyset)\}$$

A の境界点は，A の内点ではなくかつ外点でもない点であり，A に属する場合も属さない場合もあり得る．

上の定義を比べると，任意の点 $x \in \mathbb{R}^n$ は，部分集合 $A \subset \mathbb{R}^n$ の内点・外点・境界点のいずれか 1 つであることがわかるから，次のようにまとめられる：

定理 3.4 部分集合 $A \subset \mathbb{R}^n$ について，次が成り立つ：
$$\mathbb{R}^n = A^i \cup A^e \cup A^f; \quad A^i \cap A^e = A^e \cap A^f = A^f \cap A^i = \emptyset$$

次は，開集合の定義を，内点という用語を用いて書き直したものである：

定理 3.5 部分集合 $A \subset \mathbb{R}^n$ について，次が成り立つ：
A が $\mathbb{R}^n$ の開集合 $\Leftrightarrow$ すべての点 $x \in A$ が A の内点 $\equiv A^i = A$

★ 部分集合 $A \subset \mathbb{R}^n$ について，$A^i \subset A$ は常に成り立つから，A が開集合であることを示すには，$A^i \supset A$ を示せば十分である．

3.2 $\mathbb{R}^n$ の開集合・閉集合

---**例題 3.6**--開核は開集合---

次を証明しなさい：
(1) 部分集合 $A, B \subset \mathbb{R}^n$ について，$A \subset B \Rightarrow A^i \subset B^i$.
(2) 部分集合 $A \subset \mathbb{R}^n$ の開核 A^i は開集合である；$(A^i)^i = A^i$.

[解答] (1) $x \in A^i$ とすると，定義から，$\varepsilon > 0$ が存在して，$N(x; \varepsilon) \subset A$ を満たす．条件 $A \subset B$ より，この ε について，$N(x; \varepsilon) \subset B$ である．これは $x \in B^i$ を示す．

(2) 定義より，$(A^i)^i \subset A^i$ は常に成り立つので，$(A^i)^i \supset A^i$ を証明する．$x \in A^i$ とすると，内点の定義より，$\varepsilon > 0$ が存在して，$N(x; \varepsilon) \subset A$ を満たす．任意の点 $y \in N(x; \varepsilon)$ に対して，$\delta = \varepsilon - d(x, y) > 0$ とおけば，$N(y; \delta) \subset N(x; \varepsilon) \subset A$ が成り立つので，$y \in A^i$ である．$y \in N(x; \varepsilon)$ は任意であるから，$N(x; \varepsilon) \subset A^i$ が成り立つ．したがって，x は A^i の内点である；$x \in (A^i)^i$. ◆

問 題

3.18 部分集合 $A \subset \mathbb{R}^n$ について，次を証明しなさい：
  (1) 開核 A^i は，A に含まれる最大の開集合である．
  (2) 外部 A^e は，A^c に含まれる最大の開集合である．

3.19 任意の部分集合 $A \subset \mathbb{R}^n$ について，その境界 A^f は $\mathbb{R}^n$ の閉集合であることを証明しなさい．

---**例題 3.7**--共通集合の開核---

任意の部分集合 $A, B \subset \mathbb{R}^n$ について，次が成り立つことを証明しなさい：
$$(A \cap B)^i = A^i \cap B^i$$

[解答] 〔$(A \cap B)^i \supset A^i \cap B^i$ の証明〕 $A^i \subset A, B^i \subset B$ だから，$A^i \cap B^i \subset A \cap B$ である．定理 3.2 (1) と上の例題 3.6 (2) より，$A^i \cap B^i$ は開集合である．一方，上の問題 3.18 (1) より，$(A \cap B)^i$ は $A \cap B$ に含まれる最大の開集合である．よって，$(A \cap B)^i \supset A^i \cap B^i$ が結論される．

〔$(A \cap B)^i \subset A^i \cap B^i$ の証明〕 問題 3.18 (1) より，A^i は A に含まれる最大の開集合で，$A \cap B \subset A$ だから，$(A \cap B)^i \subset A^i$ が成り立つ．全く同様にして，$(A \cap B)^i \subset B^i$ も成り立つ．よって，$(A \cap B)^i \subset A^i \cap B^i$ が結論される． ◆

問 題

3.20 任意の部分集合 $A, B \subset \mathbb{R}^n$ について，次が成り立つことを証明しなさい：
$$(A \cup B)^i \supset A^i \cup B^i$$
また，$(A \cup B)^i \neq A^i \cup B^i$ となる例を挙げなさい．

─ 例題 3.8 ──────────────────── $\mathbb{Q} \subset \mathbb{R}^1$ の開核・外部・境界 ─

有理数全体の集合 $\mathbb{Q} \subset \mathbb{R}^1$ について,次を証明しなさい:
(1) $\mathbb{Q}^i = \varnothing$ (2) $\mathbb{Q}^e = \varnothing$ (3) $\mathbb{Q}^f = \mathbb{R}^1$

[解答] 任意の点 $x \in \mathbb{R}^1$ と任意の $\varepsilon > 0$ について,$N(x;\varepsilon) = (x-\varepsilon, x+\varepsilon)$(開区間)であるが,有理数・無理数の稠密性から,この開区間は有理数も無理数も含む;
$$N(x;\varepsilon) \cap \mathbb{Q} \neq \varnothing, \quad N(x;\varepsilon) \cap \mathbb{Q}^c \neq \varnothing$$
よって,x は $\mathbb{Q}$ の境界点であるから,$\mathbb{Q}^f = \mathbb{R}^1$ が成り立つ.定理 3.3 より,$\mathbb{Q}^i = \varnothing = \mathbb{Q}^e$ である.

★ 部分集合 $A \subset \mathbb{R}^n$ が与えられると,定理 3.4 で示したように,$\mathbb{R}^n$ は A^i, A^e, A^f の 3 つに分割されるが,この例題のように,いくつかが空集合になる場合もある.70 ページの内点・外点・境界点のイメージ図は,あくまでイメージ図である.

問 題

3.21 半開区間 $A = [0,1) \subset \mathbb{R}^1$ について,次を証明しなさい:
  (1) $A^i = (0,1)$ (2) $A^e = (-\infty, 0) \cup (1, \infty)$ (3) $A^f = \{0, 1\}$
  ヒント いずれも結論が与えられているので,$\subset$ と $\supset$ の包含関係を示すとよい.

3.22 次の $\mathbb{R}^1$ の部分集合の開核・外部・境界を求めなさい:
  (1) 開区間 $(0,1) \subset \mathbb{R}^1$ (2) $A = \{1/n \mid n \in \mathbb{N}\} \subset \mathbb{R}^1$
  (3) $\mathbb{N}^c = \mathbb{R}^1 - \mathbb{N} \subset \mathbb{R}^1$

3.23 部分集合 $\mathbb{Q}^n = \{(x_1, x_2, \cdots, x_n) \in \mathbb{R}^n \mid x_i \in \mathbb{Q} \ (i = 1, 2, \cdots, n)\} \subset \mathbb{R}^n$ について,次を証明しなさい:
  (1) $\mathbb{Q}^n$ は可算集合である.
  (2) $(\mathbb{Q}^n)^i = \varnothing, \ (\mathbb{Q}^n)^e = \varnothing, \ (\mathbb{Q}^n)^f = \mathbb{R}^n$
  ヒント (1) では,問題 2.44 と問題 2.46 (2) を使う.(2) では,例題 3.8 と同じように,$(\mathbb{Q}^n)^f = \mathbb{R}^n$ を証明すれば十分である.
  ★ $\mathbb{Q}^n$ の要素は,その座標がすべて有理数であるような点であり,**有理点**とよばれる.

3.24 部分集合 $\mathbb{Q}^{n+} = \{(x_1, x_2, \cdots, x_n) \in \mathbb{Q}^n \mid x_n \geq 0\} \subset \mathbb{R}^n$ について,次を証明しなさい:
  (1) $(\mathbb{Q}^{n+})^i = \varnothing$
  (2) $(\mathbb{Q}^{n+})^e = \{(x_1, x_2, \cdots, x_n) \in \mathbb{R}^n \mid x_n < 0\}$
  (3) $(\mathbb{Q}^{n+})^f = \{(x_1, x_2, \cdots, x_n) \in \mathbb{R}^n \mid x_n \geq 0\} \ (= H_0^n : 問題 3.8)$
  ヒント (2) と (3) を示せば,定理 3.4 より,(1) が得られる.

3.2 $\mathbb{R}^n$ の開集合・閉集合

触点・集積点・孤立点 ユークリッド空間 $\mathbb{R}^n$ の部分集合と点の位置関係について，さらにいくつかの新しい用語を導入する．

部分集合 $A \subset \mathbb{R}^n$ と点 $x \in \mathbb{R}^n$ について，次のように定める：

> (イ) 点 x が A の**触点** $\equiv \forall \varepsilon > 0 \, (N(x;\varepsilon) \cap A \neq \emptyset)$
> (ロ) 点 x が A の**集積点** $\equiv \forall \varepsilon > 0 \, (N(x;\varepsilon) \cap (A - \{x\}) \neq \emptyset)$
> (ハ) 点 x が A の**孤立点** $\equiv \exists \varepsilon > 0 \, (N(x;\varepsilon) \cap A = \{x\})$

この定義から，A の点はすべて A の触点である．また，内点・外点・境界点の定義と比較してみると，x が A の触点であることと，x が A の内点または境界点であることは同じである．A の**触点** (adherent point) 全体の集合を A^a で表し，A の**閉包** (closure) という；$A^a = \{x \in \mathbb{R}^n \,|\, \forall \varepsilon > 0 \, (N(x;\varepsilon) \cap A \neq \emptyset)\} = A^i \cup A^f$．

部分集合 A の**集積点** (accumulation point) 全体の集合を A の**導集合** (derived set) といい，A^d で表す．上の定義 (イ) と (ロ) を比べると，$x \in A^c$ である場合には，x が A の触点であることと集積点であることは同等である．また，$A - A^d$ の点が A の**孤立点** (isolated point) であり，$A^a = A^d \cup \{A \text{ の孤立点}\}$ が成り立つ．

★ 触点・集積点・孤立点については，3.4 節で点列を用いて，再考する．

例題 3.9 ――――――――――――――――――――― 閉集合と閉包 ――

任意の部分集合 $A \subset \mathbb{R}^n$ について，閉包 A^a は，A を含む $\mathbb{R}^n$ の最小の閉集合であることを証明しなさい．

[解答] まず，A^a が $\mathbb{R}^n$ の閉集合であることを証明する．
$$(A^a)^c = \mathbb{R}^n - A^a = \mathbb{R}^n - (A^i \cup A^f) = A^e$$
で，問題 3.18 (2) より，A^e は $\mathbb{R}^n$ の開集合だから，A^a は $\mathbb{R}^n$ の閉集合である．

次に A^a の最小性を証明する．つまり，$B \subset \mathbb{R}^n$ が $\mathbb{R}^n$ の閉集合であって，$B \supset A$ であるならば，$B \supset A^a$ であることを証明する．そのためには，$B^c \subset (A^a)^c$ を示せば十分である．いま，$x \in B^c$ とすると，B^c は開集合なので，次が成り立つ：
$$\exists \varepsilon > 0 \, (N(x;\varepsilon) \subset B^c)$$
ところが，$B \supset A$ であるから，$B^c \subset A^c$ が成り立つので，$\exists \varepsilon > 0 \, (N(x;\varepsilon) \subset A^c)$ も成り立つ．これは A の外点の定義そのものであるから，$x \in A^e = (A^a)^c$ が得られる．よって，$B^c \subset (A^a)^c$ である． ◆

問 題

3.25 部分集合 $A \subset \mathbb{R}^n$ について，次を証明しなさい：
(1) A が $\mathbb{R}^n$ の閉集合 $\Leftrightarrow$ A の触点はすべて A の点 $\equiv A = A^a$
(2) $A^a = (A^a)^a$

例題 3.10 ──────────────────────── 部分集合の閉包 ──

任意の部分集合 $A, B \subset \mathbb{R}^n$ について，次が成り立つことを証明しなさい：
$$A \subset B \quad \Rightarrow \quad A^a \subset B^a$$

[解答] $x \in A^a$ ならば，触点の定義より，任意の $\varepsilon > 0$ について，$N(x; \varepsilon) \cap A \neq \emptyset$ が成り立つ．ところで，$A \subset B$ だから，$N(x; \varepsilon) \cap A \subset N(x; \varepsilon) \cap B \neq \emptyset$ が成り立つ．よって，$x \in B^a$ である． ◆

▌問 題

3.26 任意の部分集合 $A, B \subset \mathbb{R}^n$ について，次が成り立つことを証明しなさい：
$$A \subset B \quad \Rightarrow \quad A^d \subset B^d$$

例題 3.11 ──────────────────────── 和集合の閉包 ──

任意の部分集合 $A, B \subset \mathbb{R}^n$ について，次が成り立つことを証明しなさい：
$$(A \cup B)^a = A^a \cup B^a$$

[解答] 〔$(A \cup B)^a \supset A^a \cup B^a$ の証明〕 $A \cup B \supset A, A \cup B \supset B$ だから，例題 3.10 より，$(A \cup B)^a \supset A^a, (A \cup B)^a \supset B^a$ が成り立つので，$(A \cup B)^a \supset A^a \cup B^a$ である．
〔$(A \cup B)^a \subset A^a \cup B^a$ の証明〕 閉包の定義より，一般に，$A \subset A^a, B \subset B^a$ だから，$A \cup B \subset A^a \cup B^a$ が成り立つ．例題 3.9 より，A^a と B^a は閉集合であるから，定理 3.3 (1) より，$A^a \cup B^a$ は閉集合である．再び例題 3.9 より，$(A \cup B)^a$ は $A \cup B$ を含む最小の閉集合であるから，$(A \cup B)^a \subset A^a \cup B^a$ が成り立つ． ◆

▌問 題

3.27 次に挙げる $\mathbb{R}^1$ の部分集合の閉包と導集合を求めなさい．
  (1) 開区間 $(0, 1) \subset \mathbb{R}^1$ (2) 半開区間 $(0, 1] \subset \mathbb{R}^1$
  (3) $A = \{1/n \mid n \in \mathbb{N}\} \subset \mathbb{R}^1$ (4) $\mathbb{N}^c = \mathbb{R}^1 - \mathbb{N} \subset \mathbb{R}^1$

3.28 任意の部分集合 $A, B \subset \mathbb{R}^n$ について，次が成り立つことを証明しなさい：
$$(A \cap B)^a \subset A^a \cap B^a$$
また，$(A \cap B)^a \neq A^a \cap B^a$ となる例を挙げなさい．

3.29 任意の部分集合 $A, B \subset \mathbb{R}^n$ について，次が成り立つことを証明しなさい：
$$(A \cup B)^d = A^d \cup B^d$$

3.30 部分集合 $U, V \subset \mathbb{R}^n$ について，次が成り立つことを証明しなさい：
  U, V が開集合で，$U \cap V = \emptyset \quad \Rightarrow \quad U^a \cap V = \emptyset, U \cap V^a = \emptyset$

3.2 $\mathbb{R}^n$ の開集合・閉集合

部分集合の距離 部分集合 $A, B \subset \mathbb{R}^n (A \neq \varnothing \neq B)$ について，A と B の間の**距離** (distance) を
$$\mathrm{dist}(A, B) = \inf\{d(a, b) | a \in A, b \in B\}$$
と定義する．特に，$A = \{a\}$（1 点集合）の場合には，集合を表す括弧を省略して，$\mathrm{dist}(\{a\}, B)$ を $\mathrm{dist}(a, B)$ と書き，a と B の距離ともいう．

$d(a, b) \geqq 0$ だから，$\mathrm{dist}(A, B) \geqq 0$ であり，距離 $\mathrm{dist}(A, B)$ は一意的に定まる．

例題 3.12 ─────────────────── 部分集合の距離 ─

部分集合 $A \subset \mathbb{R}^n (A \neq \varnothing)$ と点 $x, y \in \mathbb{R}^n$ について，次が成り立つことを証明しなさい：
$$|\mathrm{dist}(x, A) - \mathrm{dist}(y, A)| \leqq d(x, y)$$

[解答] 三角不等式（定理 3.1）により，次が成り立つ：
$$\forall a \in A : d(x, a) \leqq d(x, y) + d(y, a)$$
$$\therefore \quad \mathrm{dist}(x, A) = \inf\{d(x, a) | a \in A\} \leqq d(x, y) + d(y, a)$$
$$\therefore \quad \mathrm{dist}(x, A) - d(x, y) \leqq d(y, a)$$
ゆえに，$\mathrm{dist}(x, A) - d(x, y)$ は集合 $\{d(y, a) | a \in A\}$ の 1 つの下界である．
$$\therefore \quad \mathrm{dist}(x, A) - d(x, y) \leqq \mathrm{dist}(y, A) \quad \cdots \text{①}$$
また，三角不等式
$$\forall a \in A : d(y, a) \leqq d(x, y) + d(x, a)$$
も成り立つから，全く同様にして，次が得られる：
$$\mathrm{dist}(y, A) - d(y, x) \leqq \mathrm{dist}(x, A) \quad \cdots \text{②}$$
① と ② より，次が得られる：
$$-d(y, x) \leqq \mathrm{dist}(x, A) - \mathrm{dist}(y, A) \leqq d(x, y)$$
ここで，$d(x, y) = d(y, x) \geqq 0$ だから，この式を書き換えて，証明すべき式を得る．◆

▌ 問　題

3.31 上の例題 3.12 は，3 点 $x, y, z \in \mathbb{R}^n$ に関する三角不等式において，点 z を部分集合 A に置き換えて得られる不等式である．以下の命題が成り立つ場合は証明を，成り立たない場合は反例を与えなさい：

(1) 部分集合 $A, B \subset \mathbb{R}^n (A \neq \varnothing \neq B)$ と点 $x \in \mathbb{R}^n$ について，
$$\mathrm{dist}(A, B) \leqq \mathrm{dist}(x, A) + \mathrm{dist}(x, B)$$

(2) 部分集合 $A, B, C \subset \mathbb{R}^n (A \neq \varnothing, B \neq \varnothing, C \neq \varnothing)$ について，
$$\mathrm{dist}(A, C) \leqq \mathrm{dist}(A, B) + \mathrm{dist}(B, C)$$

3.32 部分集合 $A \subset \mathbb{R}^n (A \neq \varnothing)$ と点 $x \in \mathbb{R}^n$ について，次の (1), (2) が成り立つことを証明しなさい：

(1) $x \in A^a \Leftrightarrow \mathrm{dist}(x, A) = 0$　　(2) $x \in A^i \Leftrightarrow \mathrm{dist}(x, A^c) > 0$

3.3 $\mathbb{R}^n$ 上の連続写像

部分集合 $X \subset \mathbb{R}^n$ について，写像 $f: X \to \mathbb{R}^m$ が点 $\alpha \in X$ で **連続** (continuous) であるとは，次の命題 (**) が成り立つ場合であると定義する：

(**) $\forall \varepsilon > 0, \exists \delta > 0 (\forall x \in X, \|x - \alpha\| < \delta \Rightarrow \|f(x) - f(\alpha)\| < \varepsilon)$

ここで，$\|x - \alpha\|$ のノルムは $\mathbb{R}^n$ でのノルムであり，$\|f(x) - f(\alpha)\|$ のノルムは $\mathbb{R}^m$ でのノルムであることに注意する．条件 $\|x - \alpha\| < \delta$ は $d(x, \alpha) < \delta$ と同じであり，$\|f(x) - f(\alpha)\| < \varepsilon$ は $d(f(x), f(\alpha)) < \varepsilon$ と同じであるから，上の ε-δ 論法による定義は，距離を使って，

(**) $\quad \forall \varepsilon > 0, \exists \delta > 0 (\forall x \in X, d(x, \alpha) < \delta \Rightarrow d(f(x), f(\alpha)) < \varepsilon)$

としても同じである．すると，近傍を使って次のように言い換えることができる：

(***) $\qquad \forall \varepsilon > 0, \exists \delta > 0 (f(N(\alpha; \delta)) \subset N(f(\alpha); \varepsilon))$

写像 $f: X \to \mathbb{R}^m$ がすべての点 $\alpha \in X$ で連続であるとき，f は X で連続である，あるいは X 上の **連続写像** (continuous map, continuous function) であるという．

例題 3.13 ─────────────────────── 実数倍は連続 ─

任意の $\lambda \in \mathbb{R}$ について，写像 $f: \mathbb{R}^n \to \mathbb{R}^n, f(x) = \lambda x$，は $\mathbb{R}^n$ 上の連続写像であることを証明しなさい．

解答 $\lambda \neq 0$ の場合：任意の点 $\alpha \in \mathbb{R}^n$ と任意の $\varepsilon > 0$ に対して，$\delta = \varepsilon / |\lambda| > 0$ とすると，$\|x - \alpha\| < \delta$ ならば，

$$\|f(x) - f(\alpha)\| = \|\lambda x - \lambda \alpha\| = |\lambda| \, \|x - \alpha\| < |\lambda| \delta = |\lambda| \cdot (\varepsilon / |\lambda|) = \varepsilon$$

となるので，f は α で連続である．$\alpha \in \mathbb{R}^n$ は任意であるから，f は連続写像である．

$\lambda = 0$ の場合：$\forall x \in \mathbb{R}^n (f(x) = 0 \cdot x = \mathbf{0})$ が成り立つから，写像 f は原点 $\mathbf{0} \in \mathbb{R}^n$ に値をもつ定値写像である．すると，(任意の $\delta > 0$ と) 任意の $x \in \mathbb{R}^n$ について，

$$\|f(x) - f(\alpha)\| = \|\mathbf{0} - \mathbf{0}\| = \|\mathbf{0}\| = 0 < \varepsilon$$

が成り立つから，f は連続写像である． ◆

問題

3.33 任意の点 $b \in \mathbb{R}^m$ について，b に値をもつ定値写像 $f: \mathbb{R}^n \to \mathbb{R}^m; f(x) = b$，は連続写像であることを証明しなさい．

3.34 写像 $f: \mathbb{R}^n \to \mathbb{R}^m$ と写像 $g: \mathbb{R}^n \to \mathbb{R}^m$ がともに点 $\alpha \in \mathbb{R}^n$ で連続ならば，次の写像も点 α で連続写像であることを証明しなさい：

(1) $f + g: \mathbb{R}^n \to \mathbb{R}^m; \ (f + g)(x) = f(x) + g(x)$

(2) $cf: \mathbb{R}^n \to \mathbb{R}^m; \ (cf)(x) = cf(x)$ （ただし，$c \in \mathbb{R}$ は定数）

例題 3.14 ──────────────── 合成写像の連続性

写像 $f:\mathbb{R}^n \to \mathbb{R}^m, g:\mathbb{R}^m \to \mathbb{R}^k$ が,それぞれ連続写像ならば,その合成写像 $g \circ f:\mathbb{R}^n \to \mathbb{R}^k$ も連続写像であることを証明しなさい.(cf. 例題 2.23)

[解答] 任意の点 $\alpha \in \mathbb{R}^n$ について,写像 g は点 $f(\alpha)$ で連続だから,次が成り立つ:
$$\forall \varepsilon > 0, \exists \delta' > 0 \, (\forall y \in \mathbb{R}^m, d(y, f(\alpha)) < \delta' \Rightarrow d(g(y), g(f(\alpha))) < \varepsilon)$$
ところで,写像 f は点 α で連続だから,この $\delta' > 0$ に対して,次が成り立つ:
$$\exists \delta > 0 \, (\forall x \in \mathbb{R}^n, d(x, \alpha) < \delta \Rightarrow d(f(x), f(\alpha)) < \delta')$$
これらの命題をあわせると,結局
$$\forall \varepsilon > 0, \exists \delta > 0 \, (\forall x \in \mathbb{R}^n, d(x, \alpha) < \delta \Rightarrow d(g(f(x)), g(f(\alpha))) < \varepsilon)$$
となる.これは $g \circ f$ が点 α で連続であることを示す.α は任意であったから,合成写像 $g \circ f$ は $\mathbb{R}^n$ 上の連続写像である. ◆

問 題

3.35 任意に 1 点 $b \in \mathbb{R}^n$ を定めたとき,写像 $f:\mathbb{R}^n \to \mathbb{R}^1$ を $f(x) = \langle b, x \rangle$(内積)と定義すると,$f$ は $\mathbb{R}^n$ 上の実数値連続関数であることを証明しなさい.

ヒント $b \in \mathbb{R}^n$ が原点 $\mathbf{0}$(つまり,零ベクトル $\mathbf{0}$)である場合には,f は $\mathbf{0}$ に値をもつ定値写像であるから,問題 3.33 により,連続である.$b \neq \mathbf{0}$ の場合,$\varepsilon > 0$ に対して $\delta > 0$ の決定に少々工夫をする.

3.36 部分集合 $A \subset \mathbb{R}^n (A \neq \emptyset)$ に関して,点 $x \in \mathbb{R}^n$ と A の距離を与える写像(75 ページの定義)$f:\mathbb{R}^n \to \mathbb{R}^1;\ f(x) = \mathrm{dist}(x, A)$ は $\mathbb{R}^n$ 上の実数値連続関数であることを証明しなさい.

ヒント 例題 3.12 を使う.

3.37 部分集合 $X \subset \mathbb{R}^n$ と部分集合 $A \subset X$ について,次の命題を証明しなさい: X 上の連続写像 $f:X \to \mathbb{R}^m$ の制限写像 $f|A:A \to \mathbb{R}^n$ は連続写像である.

3.38 $A = \begin{bmatrix} a_{11} & a_{12} & \cdots & a_{1m} \\ a_{21} & a_{22} & \cdots & a_{2m} \\ \vdots & \vdots & & \vdots \\ a_{n1} & a_{n2} & \cdots & a_{nm} \end{bmatrix}$ を n 行 m 列の $\mathbb{R}$ 上の行列とする.

写像 $f:\mathbb{R}^n \to \mathbb{R}^m$ を,$f(x) = xA$ で定義すると,f は $\mathbb{R}^n$ 上の連続写像であることを証明しなさい.ここで $x = (x_1, x_2, \cdots, x_n) \in \mathbb{R}^n$ は n 次行ベクトル,つまり,1 行 n 列の行列とみなし,xA は行列の積である.

ヒント 評価にはシュワルツの不等式が有効である.

★ 線形代数においては,ベクトル $x \in \mathbb{R}^n$ を n 次列ベクトルとして,m 行 n 列の行列 A^t(A の転置行列)を用いて,$f(x) = A^t x$ とすることが多い.

例題 3.15 ──────────────── 射影の連続性 ─

写像 $p_i : \mathbb{R}^n \to \mathbb{R}^1 (i = 1, 2, \cdots, n)$ を次のように定義する：
$$x = (x_1, x_2, \cdots, x_i, \cdots, x_n) \in \mathbb{R}^n \text{について}, p_i(x) = x_i$$
このとき，n 個の写像 p_i は $\mathbb{R}^n$ 上の連続関数であることを証明しなさい．

[解答] 任意の点 $\alpha = (a_1, a_2, \cdots, a_i, \cdots, a_n) \in \mathbb{R}^n$ と任意の $\varepsilon > 0$ に対して $\delta = \varepsilon$ とする．このとき，点 $x = (x_1, x_2, \cdots, x_i, \cdots, x_n) \in \mathbb{R}^n$ について，$d(x, \alpha) < \delta$ ならば，
$$|p_i(x) - p_i(\alpha)| = |x_i - a_i| \leq \sqrt{\sum(x_i - a_i)^2} = d(x, \alpha) < \delta = \varepsilon$$
となるから，p_i は点 α で連続である．α は任意だから，f は連続関数である． ◆

★ 例題 3.15 で定義した写像 p_i を，第 i 座標（または，第 i 因子）への自然な (natural) 射影 (projection) という．

問 題

3.39 写像 $f : \mathbb{R}^n \to \mathbb{R}^m$ と，上の例題 3.15 で与えた第 i 座標への射影 $p_i : \mathbb{R}^m \to \mathbb{R}^1$ との合成写像を f_i で表す；$f_i = p_i \circ f : \mathbb{R}^m \to \mathbb{R}^1 \ (i = 1, 2, \cdots, m)$．このとき，次の命題 (P) が成り立つことを証明しなさい：

(P) 写像 $f : \mathbb{R}^n \to \mathbb{R}^m$ が連続
　　⇔ 関数 $f_1, f_2, \cdots, f_m : \mathbb{R}^n \to \mathbb{R}^1$ がすべて連続

[ヒント] (⇒) の証明には例題 3.14 を使う．(⇐) の証明には問題 3.5 (1) を使う．

★ 関数 $f_i : \mathbb{R}^n \to \mathbb{R}^1 \ (i = 1, 2, \cdots, m)$ は，$x \in \mathbb{R}^n$ に対して $f(x) = (y_1, y_2, \cdots, y_m) \in \mathbb{R}^m$ とするとき $(y_1, y_2, \cdots, y_m) = (f_1(x), f_2(x), \cdots, f_m(x))$ と形式的において，$f_i(x) = y_i$ によって定まる関数である．上の例題によって，$\mathbb{R}^m$ を値域とする写像の連続性に関する議論は，m 個の実数値関数の連続性の議論に置き換えることができることになる．

3.40 写像 $f : \mathbb{R}^n \to \mathbb{R}^m$ が点 $\alpha \in \mathbb{R}^n$ で連続であり，問題 3.39 で定義した関数 f_i について $f_i(\alpha) > 0 \ (i = 1, 2, \cdots, m)$ であるとする．次が成り立つことを証明しなさい：

(1) $\exists \delta > 0 \, (\forall x \in \mathbb{R}^n, x \in N(\alpha; \delta) \Rightarrow f_i(x) > 0)$

(2) 写像 $g_i : N(\alpha; \delta) \to \mathbb{R}^1 \ (i = 1, 2, \cdots, m)$ を，
$$g_i(x) = 1/f_i(x); x \in N(\alpha; \delta)$$
と定義すると，各 g_i は点 α で連続である．

(3) 写像 $g : N(\alpha; \delta) \to \mathbb{R}^m$ を，
$$g(x) = (g_1(x), g_2(x), \cdots, g_m(x)); \quad x \in N(\alpha; \delta)$$
と定義すると，g は点 α で連続である．

[ヒント] 問題 2.59 を参考にするとよい．

3.3 $\mathbb{R}^n$ 上の連続写像

―― 例題 3.16 ――――――――――――――――― 開集合による連続写像の特徴付け ――

写像 $f: \mathbb{R}^n \to \mathbb{R}^m$ について，次の 3 条件は同値であることを証明しなさい：
(1) f は $\mathbb{R}^n$ 上の連続写像である．
(2) $\mathbb{R}^m$ の任意の開集合 U について，逆像 $f^{-1}(U)$ は $\mathbb{R}^n$ の開集合である．
(3) $\mathbb{R}^m$ の任意の閉集合 F について，逆像 $f^{-1}(F)$ は $\mathbb{R}^n$ の閉集合である．

解答 〔(1)⇒(2) の証明〕 任意の点 $a \in f^{-1}(U)$ について，$f(a) \in U$ である．U は $\mathbb{R}^m$ の開集合だから，次が成り立つ：$\exists \varepsilon > 0 \, (N(f(a);\varepsilon) \subset U)$.
条件 (1) より，f は点 a で連続であるから，この $\varepsilon > 0$ に対して，次が成り立つ：
$$\exists \delta > 0 \, (f(N(a;\delta)) \subset N(f(a);\varepsilon))$$
よって，$f(N(a;\delta) \subset U)$ が得られる．したがって，$N(a;\delta) \subset f^{-1}(U)$ が成立するから，$f^{-1}(U)$ は $\mathbb{R}^n$ の開集合である．

〔(2)⇒(1) の証明〕 任意の点 $a \in \mathbb{R}^n$ と任意の $\varepsilon > 0$ について，点 $f(a)$ の ε-近傍 $N(f(a);\varepsilon)$ は例題 3.2 により $\mathbb{R}^m$ の開集合である．条件 (2) により，逆像 $f^{-1}(N(f(a);\varepsilon))$ は $\mathbb{R}^n$ の開集合であり，$f(a) \in N(f(a);\varepsilon)$ より，$a \in f^{-1}(N(f(a);\varepsilon))$ である．よって，次が成り立つ：
$$\exists \delta > 0 \, (N(a;\delta) \subset f^{-1}(N(f(a);\varepsilon))) \quad \therefore \quad f(N(a;\delta)) \subset N(f(a);\varepsilon)$$
よって，f は任意の点 $a \in \mathbb{R}^n$ において連続である．

〔(2)⇒(3) の証明〕 任意の閉集合 $F \subset \mathbb{R}^m$ について，第 1 章の例題 1.13 (5) より，$(f^{-1}(F))^c = f^{-1}(F^c)$ が成り立つ．いま，F^c は $\mathbb{R}^m$ の開集合であるから，条件 (2) より，$f^{-1}(F^c)$ は $\mathbb{R}^n$ の開集合である．よって，$f^{-1}(F)$ は $\mathbb{R}^n$ の閉集合である．

(3)⇒(2) の証明は，演習問題とする． ◆

問題

3.41 上の例題 3.16 において，(3)⇒(2) を証明しなさい．

 ヒント (2)⇒(3) の証明にならって，例題 1.13 (5) を用いて，閉集合の議論を開集合の議論に置き換えればよい．

3.42 写像 $f: \mathbb{R}^n \to \mathbb{R}^m$ が連続写像であることと，次の条件 (4) が成り立つこととは同値であることを証明しなさい：
(4) $\mathbb{R}^n$ の任意の部分集合 A について，$f(A^a) \subset (f(A))^a$ が成り立つ．

 ヒント 例題 3.16 と問題 3.41 から，条件 (4) が例題 3.16 の条件 (1), (2), (3) について，(4) ⇒ (i), (j) ⇒ (4) $(i, j \in \{1, 2, 3\})$ のいずれか 1 つを示せばよい．

3.43 部分集合 $X \subset \mathbb{R}^n, Y \subset \mathbb{R}^m$，1 点 $b \in Y$ について，次のように定義される写像 f が X 上で連続であることを証明しなさい：
$$f: X \to X \times Y; \quad f(x) = (x, b) \quad (\forall x \in X)$$

3.4 $\mathbb{R}^n$ の点列

$\mathbb{R}^n$ の点列　自然数全体の集合 $\mathbb{N}$ から集合 $X \subset \mathbb{R}^n$ への写像 $x : \mathbb{N} \to X$ を X の**点列**という．通常，各 $i \in \mathbb{N}$ について像 $x(i)$ を x_i で表し，点列 x を $[x_i]_{i \in \mathbb{N}}$ で表す．また，これを点列 $[x_i]$ と略記する．また，各 x_i をこの点列の**項**という．

順序を保つ写像 $\iota : \mathbb{N} \to \mathbb{N}$ について，合成写像 $x \circ \iota : \mathbb{N} \to X$ を点列 x の**部分列**といい，$[x_{\iota(i)}]_{i \in \mathbb{N}}$，または部分列 $[x_{\iota(i)}]$ などで表す．

$X \subset \mathbb{R}^n$ の点列 $[x_i]$ が点 $\alpha \in \mathbb{R}^n$ に**収束する**とは，次が成り立つ場合である：
$$\forall \varepsilon > 0, \exists N \in \mathbb{N}(\forall k \in \mathbb{N}, k \geq N \Rightarrow \|x_k - \alpha\| < \varepsilon)$$
このとき，α をこの点列の**極限**または**極限点**といい，次のように表す：
$$\alpha = \lim_{i \to \infty} x_i \quad \text{または} \quad x_i \to \alpha \quad (i \to \infty)$$
ここで「$\|x_k - \alpha\| < \varepsilon$」は距離を使って「$d(x_k, \alpha) < \varepsilon$」と置き換えられる．収束の定義は，$\varepsilon$-近傍を使って，次のようにも表すことができる：
$$\forall \varepsilon > 0, \exists N \in \mathbb{N}(\forall k \in \mathbb{N}, k \geq N \Rightarrow x_k \in N(\alpha; \varepsilon))$$

★　$\lim_{i \to \infty} x_i$ を証明の中などで，$\lim x_i$ と略記することも多い．

$X \subset \mathbb{R}^n$ の点列 $[x_i]$ に対して，次の命題が成り立つとき，**有界**であるという：
$$\exists M \in \mathbb{R}, M > 0 (\forall i \in \mathbb{N}, \|x_i\| \leq M)$$

―― 例題 3.17 ――――――――――――――――――――― 極限点の一意性 ――

$X \subset \mathbb{R}^n$ の点列 $[x_i]$ が収束するならば，その極限点は一意的であることを証明しなさい．

[解答]　点列 $[x_i]$ が α と β に収束し，$\alpha \neq \beta$ であるとする．$\varepsilon = d(\alpha, \beta)/2 > 0$ に対して，収束の定義より，次が成り立つ：
$$\exists N_1 \in \mathbb{N}(\forall k \in \mathbb{N}, k \geq N_1 \Rightarrow d(x_k, \alpha) < \varepsilon)$$
$$\exists N_2 \in \mathbb{N}(\forall k \in \mathbb{N}, k \geq N_2 \Rightarrow d(x_k, \beta) < \varepsilon)$$
ここで，$N = \max\{N_1, N_2\}$ とおくと，$d(x_N, \alpha) < \varepsilon, d(x_N, \beta) < \varepsilon$ が成り立つから，
$$d(\alpha, \beta) \leq d(\alpha, x_N) + d(x_N, \beta) < \varepsilon + \varepsilon = 2\varepsilon = d(\alpha, \beta)$$
となるが，これは矛盾である．よって，$\alpha = \beta$ でなければならない．　◆

問題

3.44　$X \subset \mathbb{R}^n$ の点列 $[x_i]$ が点 $\alpha \in \mathbb{R}^n$ に収束するならば，任意の部分列 $[x_{\iota(i)}]$ もまた α に収束することを証明しなさい．

3.45　$X \subset \mathbb{R}^n$ の点列 $[x_i]$ が収束するならば，有界であることを証明しなさい．

3.4 $\mathbb{R}^n$ の点列

基本列 $X \subset \mathbb{R}^n$ の点列 $[x_i]$ が**基本列**であるとは,次が成り立つ場合をいう:
$$\forall \varepsilon > 0, \exists N \in \mathbb{N}(\forall k \in \mathbb{N}, \forall h \in \mathbb{N}, k \geqq N, h \geqq N \Rightarrow \|x_k - x_h\| < \varepsilon)$$

例題 3.18 ────────────────────── $\mathbb{R}^n$ の点列と実数列 ──

$X \subset \mathbb{R}^n$ の点列 $[x_i]$ について,各項 x_i を $\mathbb{R}^n$ の座標を用いて
$$x_i = (x_{i1}, x_{i2}, \cdots, x_{in})$$
と表したとき,座標ごとに n 個の実数列 $[x_{hi}]$ ($h = 1, 2, \cdots, n$) が得られる.

次の (1), (2) は同値であることを証明しなさい:
(1) 点列 $[x_i]$ が点 $\alpha = (\alpha_1, \alpha_2, \cdots, \alpha_n)$ に収束する.
(2) n 個の数列 $[x_{hi}]$ ($h = 1, 2, \cdots, n$) が α_h に収束する.

解答 〔(1)⇒(2) の証明〕 収束の定義から,次が成り立つ:
$$\forall \varepsilon > 0, \exists N \in \mathbb{N}(\forall k \in \mathbb{N}, k \geqq N \Rightarrow \|x_k - \alpha\| < \varepsilon)$$
ところが,各 $h \in \{1, 2, \cdots, n\}$ について,$|x_{hk} - \alpha_h| \leqq \|x_k - \alpha\|$ だから,この $\varepsilon > 0$ と $N \in \mathbb{N}$ について,$|x_{hk} - \alpha_h| < \varepsilon$ が成り立つので各数列 $[x_{hi}]$ は α_h に収束する.

〔(2)⇒(1) の証明〕 収束の定義から,各 $h \in \{1, 2, \cdots, n\}$ について,次が成り立つ:
$$\forall \varepsilon > 0, \exists N_h \in \mathbb{N}(\forall k \in \mathbb{N}, k \geqq N_h \Rightarrow |x_{hk} - \alpha_h| < \varepsilon/n)$$
ここで,$N = \max\{N_1, N_2, \cdots, N_n\}$ とおけば,各 $h \in \{1, 2, \cdots, n\}$ について,
$$\forall k \in \mathbb{N}, k \geqq N \quad \Rightarrow \quad |x_{hk} - \alpha_h| < \varepsilon/n$$
が成り立っている.すると,問題 3.5 (1) より,この $\varepsilon > 0$ と $N \in \mathbb{N}$ に関して,
$$k \geqq N \quad \Rightarrow \quad \|x_k - \alpha\| \leqq |x_{1k} - \alpha_1| + |x_{2k} - \alpha_2| + \cdots + |x_{nk} - \alpha_n| < \varepsilon$$
が成り立つから,点列 $[x_i]$ は α に収束する. ◆

★ この例題により,前章の実数列に関する性質は,$\mathbb{R}^n$ における点列についてもほとんどそのまま成立する.以下に,そのうちの基本的なものを問題として挙げる.

問題

3.46 $X \subset \mathbb{R}^n$ の点列 $[x_i]$ が収束するならば,この点列は基本列であることを証明しなさい.

3.47 $X \subset \mathbb{R}^n$ の点列 $[x_i]$ が基本列ならば,この点列は有界であることを証明しなさい.

3.48 $X \subset \mathbb{R}^n$ の点列 $[x_i]$ が基本列で,そのある部分列 $[x_{\iota(i)}]$ が α に収束するならば,点列 $[x_i]$ 自身も α に収束することを証明しなさい.

3.49 ($\mathbb{R}^n$ の完備性) $X \subset \mathbb{R}^n$ の点列 $[x_i]$ が基本列ならば,この点列は収束することを証明しなさい.

3.50 $[x_i]$ を $\mathbb{R}^n$ の点列とし,$f: \mathbb{R}^n \to \mathbb{R}^m$ を連続写像とすると,次が成り立つことを証明しなさい:$x_i \to \alpha \ (i \to \infty) \Rightarrow f(x_i) \to f(\alpha) \ (i \to \infty)$.

集積点・触点 ここで，点列の観点から，集積点・導集合・触点を見直しておく．これは，点列を議論する際に重要なことである．

部分集合 $A \subset \mathbb{R}^n$ の点列 $[x_i]_{i \in \mathbb{N}}$ に対して，その項全体の集合 $\{x_i | i \in \mathbb{N}\} \subset A$ が定まる．

(1) $\{x_i | i \in \mathbb{N}\}$ が有限集合の場合，点列 $[x_i]_{i \in \mathbb{N}}$ を 〈有限型〉点列とよぶことにする．ここで，$\#\{x_i | i \in \mathbb{N}\} = m$ とし，改めて $\{x_i | i \in \mathbb{N}\} = \{a_1, a_2, \cdots, a_m\}$ とおくと，少なくとも 1 つの元 a_k が存在して，$x_j = a_k$ となる x_j が可算無限個でてくる；$\#\{x_j | x_j = a_k\} = \aleph_0$．この集合の元を添え字番号の小さい順に並べることによって，点列 $[x_i]_{i \in \mathbb{N}}$ の部分列 $[x_{\iota(i)}]_{i \in \mathbb{N}}$ が得られる．そのすべての項 $x_{\iota(i)}$ は a_k だから，$x_{\iota(i)} \to a_k (i \to \infty)$，である；つまり，$[x_i]$ の収束する部分列で，極限点がその項の 1 つであるものがいつでも存在する．

　　また，〈有限型〉点列を利用することにより，任意の点 $a \in A$ に対して，a に収束する A の点列を作ることができる．

(2) $\{x_i | i \in \mathbb{N}\}$ が無限集合の場合，点列 $[x_i]_{i \in \mathbb{N}}$ を 〈無限型〉点列とよぶことにする．もし，〈無限型〉点列 $[x_i]_{i \in \mathbb{N}}$ が点 α に収束するならば，集合 $\{x_i | i \in \mathbb{N}\}$ の要素として重複する項を取り除くことによって，次の性質 $\langle \infty \rangle$ を満たす〈無限型〉部分列 $[x_{\iota(i)}]_{i \in \mathbb{N}}$ が存在する：

$\langle \infty \rangle$ $\forall i, j \in \mathbb{N}, i \neq j \Rightarrow (x_{\iota(i)} \neq x_{\iota(j)}) \wedge (x_{\iota(i)} \neq \alpha) \wedge (x_{\iota(i)} \to \alpha (i \to \infty))$

　　この性質 $\langle \infty \rangle$ を簡単にいうと，すべての項が互いに相異なり，またすべての項が極限点 α と相異なり，しかも α に収束する点列となる．

★ 〈有限型〉点列，〈無限型〉点列といういい方は一般的ではない．

例題 3.19 ────────────── **集積点の特徴付け** ─

部分集合 $A \subset \mathbb{R}^n$ について，次が成り立つことを証明しなさい：
$$A^d = \{x \in \mathbb{R}^n | \exists \langle 無限型 \rangle 点列 [x_i](\forall i \in \mathbb{N}(x_i \in A, x_i \to x(i \to \infty)))\}$$
つまり，A の集積点は，A の〈無限型〉点列の極限点である．

[解答] 証明すべき命題の右辺の集合を A^* とおく．

$[A^d \supset A^*$ の証明] $x \in A^*$ とすると，A の〈無限型〉点列 $[x_i]$ で，x に収束するものが存在する．ここで，上の考察より，性質 $\langle \infty \rangle$ を満たすとしてよい．収束の定義より，次が成り立つ：

$$\forall \varepsilon > 0, \exists N \in \mathbb{N}(\forall k \in \mathbb{N}, k \geqq N \Rightarrow x_k \in N(x; \varepsilon))$$

性質 $\langle \infty \rangle$ より，$x_k \neq x$ で $x_k \in A$ であるから，$N(x; \varepsilon) \cap (A - \{x\}) \neq \varnothing$ が成り立つ．よって，$x \in A^d$ である．

3.4 $\mathbb{R}^n$ の点列

〔$A^d \subset A^*$ の証明〕 $x \in A^d$ とすると，A^d の定義より，次が成り立つ：
$$\forall i \in \mathbb{N}(N(x; 1/i) \cap (A - \{x\}) \neq \varnothing)$$
そこで，各 $i \in \mathbb{N}$ に対して，点 $x_i \in N(x; 1/i) \cap (A - \{x\})$ を選ぶことができる．この際，$i \neq j$ に対して，$x_i \neq x_j$ とすることができる．これで A の〈無限型〉点列〔x_i〕が得られた．任意の $\varepsilon > 0$ に対して，アルキメデスの原理より，(十分大きな) $N \in \mathbb{N}$ が存在して，$\varepsilon > 1/N$ を満たす．すると，
$$\forall k \in \mathbb{N}, k \geq N \;\Rightarrow\; d(x_k, x) < 1/k \leq 1/N < \varepsilon$$
が成り立つので，点列〔x_i〕は点 x に収束する．よって，$x \in A^*$ である．◆

★ 元来，「集積点」という用語は，〈無限型〉点列の極限点に由来する．この例題の証明で用いた A^* の記法は，A^d と一致するので，他では使用しない．

問題

3.51 (触点の特徴付け) $A \subset \mathbb{R}^n$ について，次が成り立つことを確認しなさい：
$$A^a = \{x \in \mathbb{R}^n \mid \exists 点列〔x_i〕(\forall i \in \mathbb{N}(x_i \in A), x_i \to x\,(i \to \infty))\}$$

3.52 $A \subset \mathbb{R}^n$ の点列〔x_i〕が点 $\alpha \in \mathbb{R}^n$ に収束するとき，次が成り立つことを確認しなさい： A が $\mathbb{R}^n$ の閉集合 $\Rightarrow$ $\alpha \in A$

∽ 数学の用語と日本語 ✱

　数学で用いる用語の基本的なものは，明治時代に決められたが，源流は 2 つある．1 つは当然ながら，代数 (=algebra)，解析 (=analysis) など日本人が考えて訳したり，創作したものである．もう 1 つは，中国大陸で訳されたものを輸入して日本語流に読むもので，幾何 (=geometry)，函数 (=function, 現代では函の文字が当用漢字でなくなったので関数) などがある．幾何は〈geo (土地)〉の，函は〈fun〉の，いずれも音訳とのことである．そのせいか，原義がないため覚えが悪く，数学を専攻する大学生の中にも「幾可」や「機可」などと書く者がいて，苦笑させられる．

　用語は 2 文字熟語が圧倒的に多く，あまり長いのや 1 文字は嫌われる．専門家同士ではほとんど英語のまま使用することが多いが，近傍 (=neighbourhood) のように適切で短い用語は日本語が優先する．一方，なかなか適切な訳ができない用語もたくさんある．次節で登場する〈compact〉などが代表的なもので，いくつか訳が提案されたが，定着せずに消えてしまい，片仮名のコンパクトが定着してしまった．

　日本語は元来論理的な文章を書くのには適さないなどと言われるが，それは使い方の問題であって，本質的ではないように思われる．それよりも英語の，alphabet の 26 文字 ×2 (大文字+小文字) の存在は，日本語で数学を書く場合に如何に有効かは，本書を眺めるまでもなく，明らかであろう．簡単な 2 次方程式「$ax^2 + bx + c = 0$」を alphabet を使わずに書こうとすると難題である．中学校で英語を学び始めて，教科書の中に alphabet が登場して算数から数学に変化する．

3.5 コンパクト性

点列コンパクト集合 部分集合 $A \subset \mathbb{R}^n$ が点列コンパクト (sequentially compact) であるとは，A の任意の点列が必ず A の点に収束する部分列をもつ場合をいう．

> **例 3.3** $\mathbb{R}^1$ は点列コンパクトではない．実際，$x_i = i$ $(i \in \mathbb{N})$ として得られる $\mathbb{R}^1$ の点列 $\{x_i\}$ は，上に有界でないからどの部分列も収束しない．同様にして，一般に $\mathbb{R}^n$ は点列コンパクトではないことがわかる．

例題 3.20 ─────────────── 閉区間は点列コンパクト ──

任意の閉区間 $[a, b]$，$a < b$，は点列コンパクトであることを証明しなさい．

[解答] $\{x_i\}$ を区間 $[a, b]$ の点列とする．区間 $[a, (a+b)/2]$ と区間 $[(a+b)/2, b]$ のうち，少なくとも一方は $\{x_i\}$ の部分列を含む．部分列を含む方を $A_1 = [a_1, b_1]$ とし（両方とも含む場合はどちらでも可），A_1 からこの部分列の項を 1 つ選んで $x_{\iota(1)}$ とする．

次に，区間 $[a_1, (a_1 + b_1)/2]$ と区間 $[(a_1 + b_1)/2, b_1]$ のうち，少なくとも一方は $\{x_i\}$ の部分列を含む．部分列を含む方を $A_2 = [a_2, b_2]$ とし，A_2 から部分列の 1 項 $x_{\iota(2)}$ を $\iota(1) < \iota(2)$ となるように選ぶ．

この操作を反復することにより，閉区間の列 $A_1 \supset A_2 \supset \cdots \supset A_i \supset A_{i+1} \supset \cdots$ と $\{x_i\}$ の部分列 $\{x_{\iota(i)}\}$ を得る．しかも，閉区間の作り方から，次が成り立つ：
$$b_i - a_i = (b-a)/2^i, \quad a \leq a_i \leq x_{\iota(i)} \leq b_i \leq b$$
カントールの区間縮小定理（実数の連続性に関する公理 [IV]）により，$\exists \alpha \in \bigcap_{i \in \mathbb{N}} A_i$ が成り立つ．2 つの数列 $\{a_i\}$，$\{b_i\}$ は，それぞれ，単調増加有界，単調減少有界数列であるから，実数の連続性に関する公理 [III] により，いずれも収束するが，
$$\lim(b_i - a_i) = \lim(b-a)/2^i = 0$$
であるから，同一の極限 $\alpha \in [a, b]$ をもち (問題 2.30)，部分列 $\{x_{\iota(i)}\}$ も $\alpha \in [a, b]$ に収束する．収束部分列が得られたので，閉区間 $[a, b]$ は点列コンパクトである．◆

問題

3.53 n 次元の直方体 $[a_1, b_1] \times [a_2, b_2] \times \cdots \times [a_n, b_n] \subset \mathbb{R}^n$ は点列コンパクトであることを証明しなさい．

3.54 $X, Y \subset \mathbb{R}^n$ がともに点列コンパクトならば，次を証明しなさい：
(1) $X \cup Y$ は点列コンパクト　　(2) $X \cap Y$ は点列コンパクト

3.5 コンパクト性

有界集合　これまで，順序集合における部分集合の有界 (30 ページ)，したがって $\mathbb{R}^1$ の部分集合の有界，数列の有界 (38 ページ)，$\mathbb{R}^n$ の点列の有界 (80 ページ) などが登場したが，ここで $\mathbb{R}^n$ の部分集合に対する「有界」を導入する．

部分集合 $X \subset \mathbb{R}^n$ が**有界** (bounded) であるとは，X がある n 次元直方体に含まれる場合をいう．つまり，次が成り立つ場合である：

$$\forall k \in \{1, 2, \cdots, n\}, \exists M_k \in \mathbb{R}, \exists L_k \in \mathbb{R} :$$
$$X \subset [L_1, M_1] \times [L_2, M_2] \times \cdots \times [L_n, M_n]$$

例題 3.21　　　　　　　　　　　　　　　　　　　　　　　　部分集合の有界性 (1)

部分集合 $X \subset \mathbb{R}^n$ について，次の 2 条件は同値であることを証明しなさい：
(1) X は有界である．
(2) X が原点 $\mathbf{0}$ を中心とするある開球体に含まれる；$\exists R \in \mathbb{R} (X \subset N(\mathbf{0}; R))$．

解答

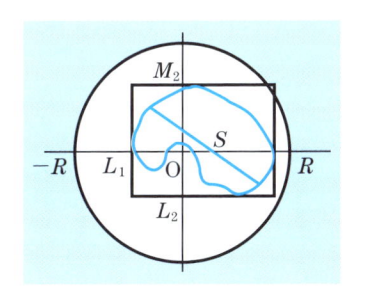

〔(1)⇒(2) の証明〕　$x = (x_1, x_2, \cdots, x_n) \in X$ とすると，各 $k \in \{1, 2, \cdots, n\}$ について $L_k \leqq x_k \leqq M_k$ であるから，次が成り立つ：

$$\|x\| = \sqrt{x_1^2 + x_2^2 + \cdots + x_n^2} \leqq \sqrt{L_1^2 + L_2^2 + \cdots + L_n^2 + M_1^2 + \cdots M_n^2}$$

この右辺を R とおけば，R は部分集合 $\{\|x\| \mid x \in X\} \subset \mathbb{R}^1$ の上界の 1 つである．よって，$X \subset N(\mathbf{0}; R)$ が成り立つ．

〔(2)⇒(1) の証明〕　$X \subset N(\mathbf{0}; R)$ のとき，$L_k = -R, M_k = R \, (k \in \{1, 2, \cdots, n\})$ とすれば，

$$X \subset N(\mathbf{0}; R) \subset [-R, R] \times [-R, R] \times \cdots \times [-R, R] \subset \mathbb{R}^n$$

◆

問題

3.55　$X \subset \mathbb{R}^n$ の点列 $\langle x_i \rangle$ について，$\{x_i \mid i \in \mathbb{N}\} \subset \mathbb{R}^n$ をその項からなる集合とする．次が成り立つことを確認しなさい：

点列 $\langle x_i \rangle$ が有界　⇔　部分集合 $\{x_i \mid i \in \mathbb{N}\} \subset \mathbb{R}^1$ が有界

部分集合の直径 部分集合 $X \subset \mathbb{R}^n$ について,
$$\mathrm{diam}(X) = \sup\{d(x,y) \mid x, y \in X\}$$
を X の**直径** (diameter) という.

例題 3.22 ──────────────────────── 部分集合の有界性 (2) ──

部分集合 $X \subset \mathbb{R}^n$ について,次の 2 条件は同値であることを証明しなさい:
(1) X は有界である.
(2) X が原点 $\mathbf{0}$ を中心とするある開球体に含まれる;$\exists R \in \mathbb{R}\,(X \subset N(\mathbf{0}; R))$.
(3) X の直径が有限の値をもつ;$\exists S \in \mathbb{R}\,(\mathrm{diam}(X) \leqq S)$.

解答 (1)⇔(2) は例題 3.21 で示したので,(2)⇔(3) を証明すれば十分である.
(2)⇒(3) の証明は演習問題とする.
〔(3)⇒(2) の証明〕 ある実数 $S > 0$ について,$\mathrm{diam}(X) \leqq S$ とする.1 点 $a \in X$ を選んで固定する.ノルムに関する三角不等式 (問題 3.5) より,次が成り立つ:
$$\forall x \in X\,(\|x\| \leqq \|a\| + \|x - a\|)$$
直径の定義より,$\|x - a\| = d(x, a) \leqq \mathrm{diam}(X) \leqq S$ であるから,$R = \|a\| + S$ とすれば,$\|x\| \leqq R$ が成り立ち,$X \subset N(\mathbf{0}; R)$ が結論される. ◆

問題

3.56 例題 3.22 において,(2)⇒(3) の証明をしなさい.

例題 3.23 ──────────────────── 点列コンパクト集合の特徴付け ──

部分集合 $X \subset \mathbb{R}^n$ について,次の (1), (2) は同値であることを証明しなさい:
(1) X は点列コンパクトである. (2) X は有界かつ閉集合である.

解答 〔(1)⇒(2) の証明〕 まず,X が有界であることを,背理法で示す.X が有界でないとすると,次が成り立つ: $\forall i \in \mathbb{N}, \exists x_i \in X\,(\|x\| \geqq i)$.
こうして得た点列 $[x_i]$ のどんな部分列も有界ではないから,したがって収束しない (問題 3.45).よって,X は点列コンパクトではない.ゆえに,X は有界である.
次に,X が閉集合であることを背理法で示す.X が閉集合でないとすると,例題 3.9 より $X \neq X^a$ で,一般に $X \subset X^a$ だから,$X \subsetneq X^a$ が成り立つ.よって,$\exists \alpha \in \mathbb{R}^n\,(\alpha \in X^a \wedge \alpha \notin X)$ が成り立つから,各 $i \in \mathbb{N}$ について,$X \cap N(\alpha; 1/i) \neq \emptyset$ である.そこで,各 $i \in \mathbb{N}$ に対して,点 x_i を $d(x_i, \alpha) < 1/i$ となるように選ぶことができる.この点列 $[x_i]$ は α に収束するから,その任意の部分列も α に収束する.X は点列コンパクトだから,$[x_i]$ の部分列で X の点に収束するものが存在する.ところが,$\alpha \notin X$ であったので,これは矛盾である.よって,X は閉集合である.
(2)⇒(1) の証明は演習問題とする. ◆

3.5 コンパクト性

問題

3.57 上の例題 3.23 において，(2)⇒(1) を証明しなさい．

例題 3.24 ─────────────── 点列コンパクトの位相不変性 ─

部分集合 $X \subset \mathbb{R}^n$ について，$f: X \to \mathbb{R}^m$ を連続写像とする．X が点列コンパクトならば，$f(X)$ も $\mathbb{R}^m$ で点列コンパクトであることを証明しなさい．

[解答] $[y_i]$ を $f(X)$ の点列とすると，次が成り立つ：$\forall y_i, \exists x_i \in X(f(x_i) = y_i)$．
X は点列コンパクトだから，点列 $[x_i]$ の部分列 $[x_{\iota(i)}]$ が存在して，ある点 $\alpha \in X$ に収束する．f は連続写像だから，問題 3.50 により，点列 $[f(x_{\iota(i)})] = [y_{\iota(i)}]$ は点 $f(\alpha) \in f(X)$ に収束する．ここで，点列 $[y_{\iota(i)}]$ は点列 $[y_i]$ の部分列であるから，$f(X)$ が点列コンパクトであることが結論される． ◆

問題

3.58 (**最大値・最小値の存在**) $X \subset \mathbb{R}^n (X \neq \emptyset)$ を点列コンパクト集合とし，$f: X \to \mathbb{R}^1$ を実数値連続関数とすると，f は X 上で最大値と最小値をもつことを証明しなさい．

[ヒント] 例題 3.24 により，$f(X) \subset \mathbb{R}^1$ は点列コンパクトである．例題 3.23 により，$f(X)$ は有界で閉集合である．この後は，問題 2.63 と本質的に同じである．

3.59 写像 $f: [-1, 5) \to \mathbb{R}^1$ を，次のように定義する：

$$f(x) = \begin{cases} 2x + 1 & (-1 \leqq x \leqq 1/2) \\ 1/x & (1/2 \leqq x \leqq 2) \\ -x^2 + 6x - 15/2 & (2 \leqq x < 5) \end{cases}$$

(1) f は連続関数であることをグラフを描いて確かめなさい．

(2) 次の集合の最大値と最小値を求めなさい．

　(ア) $f([-1, 1])$ 　(イ) $f([-1, 2])$ 　(ウ) $f([-1, 4])$
　(エ) $f([-1, 5))$ 　(オ) $f((0, 1])$ 　(カ) $f((0, 2])$
　(キ) $f((0, 4])$ 　(ク) $f((0, 5))$ 　(ケ) $f([1, 2])$
　(コ) $f([1, 3])$ 　(サ) $f([1, 4))$ 　(シ) $f([1, 5))$

3.60 連続関数 $f: \mathbb{R}^1 \to \mathbb{R}^1$ と部分集合 $X \subset \mathbb{R}^1$ で，次の条件を満たす例を挙げなさい．また，その例について，$f(X)$ の最大値と最小値を求めなさい．

(1) X が開区間で，$f(X)$ が半開区間．
(2) X が半開区間で，$f(X)$ が閉区間．
(3) X が開区間で，$f(X)$ が閉区間．

コンパクト集合 $\mathbb{R}^n$ の部分集合族 $\boldsymbol{C} = \{U_\lambda | \lambda \in \Lambda\}$ が部分集合 $A \subset \mathbb{R}^n$ の**被覆** (covering) であるとは，次が成り立つ場合をいう：

$$\bigcup \boldsymbol{C} = \bigcup_{\lambda \in \Lambda} U_\lambda \supset A$$

このとき，$\boldsymbol{C}$ は A を**被覆する** (cover) ともいう．

A の被覆 $\boldsymbol{C}$ の部分集合 $\boldsymbol{C}'$ がまた A の被覆であるとき，つまり，$\bigcup \boldsymbol{C}' \supset A$ が成り立つとき，$\boldsymbol{C}'$ を $\boldsymbol{C}$ の**部分被覆** (subcovering) といい，$\boldsymbol{C}$ は部分被覆 $\boldsymbol{C}'$ をもつという．

特に，A の被覆 $\boldsymbol{C}$ の要素 U_λ がすべて $\mathbb{R}^n$ の開集合であるとき，$\boldsymbol{C}$ を A の**開被覆** (open covering) という．

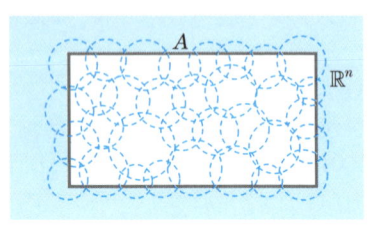

部分集合 $A \subset \mathbb{R}^n$ が**コンパクト** (compact) であるとは，A の任意の開被覆 $\boldsymbol{C}$ が有限個の要素からなる部分被覆をもつ場合をいう．

★ この定義で大事なことは，「任意の」開被覆 $\boldsymbol{C}$ という点である．$\mathbb{R}^n$ は $\mathbb{R}^n$ の開集合であるから，任意の部分集合 $A \subset \mathbb{R}^n$ は「与えられた開被覆 $\boldsymbol{C}$」と無関係ならば，いつでも有限個の要素からなる開被覆をもつ．また，上の定義における「有限個の要素からなる部分被覆」は一般に一意的ではない．

例 3.4 $\mathbb{R}^n$ の開被覆 $\boldsymbol{C} = \{N(\boldsymbol{0};i) | i \in \mathbb{N}, \boldsymbol{0} \text{ は } \mathbb{R}^n \text{の原点} \}$ は有限部分被覆をもたないので，$\mathbb{R}^n$ はコンパクトではない．

─── **例題 3.25** ───────────────── コンパクト集合の和集合 ───
有限個のコンパクト集合 $A_1, A_2, \cdots, A_k \subset \mathbb{R}^n$ の和集合 $A = A_1 \cup A_2 \cup \cdots \cup A_k$ はコンパクト集合であることを証明しなさい．

[解答] $\boldsymbol{C}$ を A の開被覆とすると，$\boldsymbol{C}$ は各 $j \in \{1, 2, \cdots, k\}$ について，A_j の開被覆でもある．A_j がコンパクトだから，$\boldsymbol{C}$ の有限部分 $\boldsymbol{C}_j$ が存在する；$\bigcup \boldsymbol{C}_j \supset A_j$．すると，$\boldsymbol{C}' = \boldsymbol{C}_1 \cup \boldsymbol{C}_2 \cup \cdots \cup \boldsymbol{C}_k$ は A に対する $\boldsymbol{C}$ の有限部分被覆である． ◆

問題

3.61 $A \subset \mathbb{R}^n$ をコンパクト集合とする．部分集合 $B \subset A$ が $\mathbb{R}^n$ の閉集合ならば，B もまた $\mathbb{R}^n$ のコンパクト集合であることを証明しなさい．

ヒント B^c は開集合であり，$B^c \cap B = \emptyset$ である．

3.5 コンパクト性

例題 3.26 ──────────── ハイネ-ボレル (Heine-Borel) の被覆定理 ──

任意の閉区間 $[a,b] \subset \mathbb{R}$ はコンパクトであることを証明しなさい．

[解答] 背理法で証明する．$\boldsymbol{C}$ を区間 $[a,b]$ の開被覆とし，$\boldsymbol{C}$ が有限部分被覆をもたないと仮定する．$\boldsymbol{C}$ は，$[a,b]$ を 2 等分した閉区間 $[a,(a+b)/2]$ と $[(a+b)/2,b]$ の開被覆であるが，これらの区間のうちの少なくとも一方は $\boldsymbol{C}$ の有限部分被覆をもたない (例題 3.25)；有限部分被覆をもたない方を $[a_1,b_1]$ とする (両方とももたないときはどちらでも可).

同様にして，$[a_1,b_1]$ を 2 等分した閉区間 $[a_1,(a_1+b_1)/2]$, $[(a_1+b_1)/2,b_1]$ の少なくとも一方は $\boldsymbol{C}$ の有限部分被覆をもたない；もたない方を $[a_2,b_2]$ とする．

この操作を反復することにより，$\boldsymbol{C}$ の有限部分被覆をもたない閉区間の減少列

$$[a_1,b_1] \supset [a_2,b_2] \supset \cdots \supset [a_i,b_i] \supset [a_{i+1},b_{i+1}] \supset \cdots$$

が得られる．作り方から，$b_i - a_i = (b-a)/2^i \to 0 \ (i \to \infty)$ となるから，カントールの区間縮小定理により，次が成り立つ： $\exists \alpha \in \bigcap [a_i,b_i] \subset [a,b]$．

ところで，$\boldsymbol{C}$ は $[a,b]$ の開被覆であるから，$\boldsymbol{C}$ の要素 U で，$\alpha \in U$ となるものが存在する．U は開集合であるから，$\varepsilon > 0$ が存在して，$N(\alpha;\varepsilon) \subset U$ を満たす．

いま，$\lim a_i = \lim b_i = \alpha$ であるから，この $\varepsilon > 0$ に対して，次が成り立つ：
$$\exists N \in \mathbb{N}(\forall k \in \mathbb{N}, k \geqq N \Rightarrow [a_k,b_k] \subset N(\alpha;\varepsilon))$$

よって，この閉区間 $[a_k,b_k]$ は $\boldsymbol{C}$ のただ 1 つの要素からなる部分被覆 $\boldsymbol{C}' = \{U\}$ によって被覆されたことになる．これは閉区間 $[a_k,b_k]$ の作り方に矛盾する．

したがって，閉区間 $[a,b]$ は $\boldsymbol{C}$ の有限部分被覆をもつことになる． ◆

問 題

3.62 n 次元直方体 $[a_1,b_1] \times [a_2,b_2] \times \cdots \times [a_n,b_n] \subset \mathbb{R}^n$ はコンパクトであることを証明しなさい．

[ヒント] 背理法で上の例題 3.26 と同じように証明する．$\boldsymbol{C}$ を直方体の開被覆とし，有限部分被覆をもたないと仮定する．各区間 $[a_j,b_j]$ を 2 等分して，直方体を 2^n 個の直方体に分割し，上の例題の証明と同じ論法で，$\boldsymbol{C}$ の有限部分被覆をもたない直方体の減少列を作り，矛盾を導くとよい．

3.63 $f : [a,b] \to \mathbb{R}^1$ を閉区間 $[a,b]$ 上の連続関数とする．任意の $\varepsilon > 0$ に対して，次の条件を満たす $\delta > 0$ が存在することを証明しなさい：

$$(\text{☆}) \quad \forall x,y \in [a,b], |x-y| < \delta \quad \Rightarrow \quad |f(x) - f(y)| < \varepsilon$$

★ f は連続関数であるから，各点 $x \in [a,b]$ に対して，(☆) を満たす $\delta > 0$ が存在する．この「δ が点 x に依存せずに選べる」というのが問題である．

---例題 3.27--- ―――コンパクト集合の特徴付け―

部分集合 $X \subset \mathbb{R}^n$ について，次の (1), (2), (3) は同値であることを証明しなさい：
(1) X は点列コンパクトである．
(2) X は有界で閉集合である．
(3) X はコンパクトである．

[解答] (1)⇔(2) は例題 3.23 であるから，(2)⇔(3) を証明する．

〔(2)⇒(3) の証明〕 X を有界で閉集合とする．定義より，X はある n 次元直方体に含まれる．問題 3.62 より，この直方体はコンパクトである．X は閉集合であるから，問題 3.61 により，X はコンパクトである．

〔(3)⇒(2) の証明〕 まず，X が有界であることを示す．1 点 $a \in X$ を選び，固定する．$\boldsymbol{C} = \{N(a;k) | k \in \mathbb{N}\}$ は X の開被覆である．X がコンパクトであるから，$\boldsymbol{C}$ の有限部分被覆 $\boldsymbol{C}'$ が存在する．$\boldsymbol{C}'$ の要素のうちで半径が最大のものを $N(a;m)$ とすれば，$X \subset N(a;m)$ であるから，$\mathrm{diam}(X) \leqq 2m$ となる．例題 3.22 により，X は有界である．

次に，X が閉集合であることを示す．定義により，補集合 X^c が開集合であることを示せばよい．任意の点 $y \in X^c$ に関して，開集合族
$$\boldsymbol{D}^c = \{D(y;1/k)^c | k \in \mathbb{N}\}$$
は X の開被覆である．X がコンパクトだから，$\boldsymbol{D}^c$ の有限部分被覆 $\boldsymbol{D}'$ が存在する．
$$\boldsymbol{D}' = \{D(y;1/m_1)^c, D(y;1/m_2)^c, \cdots, D(y;1/m_j)^c\}$$
とし，$m = \max\{m_1, m_2, \cdots, m_j\}$ とすれば，$X \subset D(y;1/m)^c$ であるから，
$$X^c \supset D(y;1/m) \supset N(y;1/m)$$
が成り立つ．これは点 y が X^c の内点であることを示す．$y \in X^c$ は任意であったから，X^c は開集合であり，したがって X は閉集合である． ◆

★ 別々に導入した点列コンパクトとコンパクトの概念は，ユークリッド空間の部分集合に関しては一致し，有界閉集合で特徴付けられることになった．実際には，これらの特性を生かして使い分けることになる．

問 題

3.64 $f: \mathbb{R}^n \to \mathbb{R}^m$ を連続写像とする．部分集合 $X \subset \mathbb{R}^n$ がコンパクトならば，$f(X)$ もコンパクトであることを証明しなさい．

3.65 $X \subset \mathbb{R}^n$ をコンパクト集合とし，$X \neq \emptyset$ とする．X 上の連続関数 $f: X \to \mathbb{R}^1$ は X 上で最大値と最小値をもつことを証明しなさい．

3.66 $A \subset \mathbb{R}^n$ が点列コンパクト集合で，部分集合 $B \subset A$ が $\mathbb{R}^n$ の閉集合ならば，B も点列コンパクト集合であることを証明しなさい．

3.6 連 結 性

部分集合 $X \subset \mathbb{R}^n$ に対して，次の 3 条件を満たす開集合 U, V が存在するとき，X は**連結でない** (disconnected)，または**非連結**であるという：

(DC1)　$X \subset U \cup V$
(DC2)　$U \cap V = \emptyset$
(DC3)　$U \cap X \neq \emptyset \neq V \cap X$

このような U と V を，X を**分離する**開集合という．条件 (DC3) より，$U \neq \emptyset \neq V$ も条件に含まれることに注意する．

部分集合 $X \subset \mathbb{R}^n$ が**連結** (connected) であるとは，上の「連結でない」の否定が成り立つ場合をいう．ところで，「連結でない」の条件は 3 つあるので，否定の仕方はいくつも考えられる．例えば，

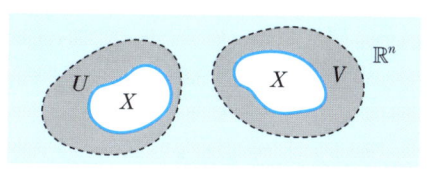

(イ)　(DC1), (DC2) を満たす開集合 U, V は (DC3) を満たさない．
(ロ)　(DC2), (DC3) を満たす開集合 U, V は (DC1) を満たさない．
(ハ)　(DC1), (DC2), (DC3) を満たす 2 つの集合 $U, V \subset \mathbb{R}^n$ があれば，少なくとも一方は開集合ではない．

などがある．しかし，「連結」というのは，直観的には「つながっている」ことであり，「分離する開集合が存在しない」というのが本質的である．

---**例題 3.28**---------------------------**1 点集合は連結**---

1 点集合 $\{a\} \subset \mathbb{R}^n$ は連結であることを証明しなさい．

[解答] $\mathbb{R}^n$ の開集合 U, V で，$U \cup V \supset \{a\}, U \cap V = \emptyset, U \neq \emptyset \neq V$ を満たすものが存在したとする．$U \cup V \supset \{a\}$ より，$U \cup V \ni a$ だから，$a \in U$ または $a \in V$ が成り立つ．$a \in U$ とすると，$U \cap V = \emptyset$ より $a \notin V$ であり，同様に，$a \in V$ とすると $a \notin U$ である．　◆

問 題

3.67　部分集合 $X \subset \mathbb{R}^n$ が「連結でない」の否定命題を，上の (イ), (ロ), (ハ) の他にいくつか挙げなさい．

3.68　2 点からなる集合 $\{a, b\} \subset \mathbb{R}^n (a \neq b)$ は連結でないことを証明しなさい．

例題 3.29 ── $\mathbb{Q} \subset \mathbb{R}^1$ は非連結

有理数の全体 $\mathbb{Q} \subset \mathbb{R}^1$ は連結でないことを証明しなさい．

[解答] $\sqrt{2}$ は無理数なので，$\sqrt{2} \in \mathbb{Q}^c$．ここで，$U = (-\infty, \sqrt{2}), V = (\sqrt{2}, \infty)$ とすると，これらは $\mathbb{R}^1$ の開集合である (問題 2.64)．また，次が成り立つ：

(DC1) $U \cup V = \mathbb{R}^1 - \{\sqrt{2}\} \supset \mathbb{Q}$ (DC2) $U \cap V = \varnothing$

ところで，
$0 \in \mathbb{Q}$ かつ $0 \in U$ であるから，$\mathbb{Q} \cap U \neq \varnothing$，
$2 \in \mathbb{Q}$ かつ $2 \in V$ であるから，$\mathbb{Q} \cap V \neq \varnothing$

が成り立つ．すなわち，U, V は (DC3) も満たす．よって，$\mathbb{Q}$ は連結でない． ◆

問題
3.69 無理数の全体 $\mathbb{Q}^c \subset \mathbb{R}^1$ は連結でないことを証明しなさい．

定理 3.6 部分集合 $A \subset \mathbb{R}^1$ について，次が成り立つ：

$$A \text{ は連結} \iff A \text{ は区間}$$

ただし，ここでいう区間とは，

開区間 (a, b)， 半開区間 $(a, b]$， 半開区間 $[a, b)$， 閉区間 $[a, b]$

を意味し，$a = -\infty, b = \infty$ も許すものとする．$(-\infty, \infty) = \mathbb{R}^1$ であり，$a = b$ の場合，$(a, a) = (a, a] = [a, a) = \varnothing, [a, a] = \{a\}$ (1 点集合) とする．

★ 区間の定義から，A を区間とすると，次が成り立つ：
$$\forall a, b \in A, a < b \Rightarrow [a, b] \subset A$$

[解答] 〔($\Rightarrow$) の証明〕 対偶を証明する．A が区間でないとすると，上の注意★から，
$$\exists a, b \in A, a < b ([a, b] \not\subset A)$$
が成り立つ．ところが，$[a, b] \not\subset A \Leftrightarrow \exists c \in (a, b) (c \notin A)$ である．$U = (-\infty, c), V = (c, \infty)$ とすれば，U, V は開集合で (問題 2.64)，
$$U \cup V = \mathbb{R}^1 - \{c\} \supset A, \quad U \cap V = \varnothing$$
が成り立つ．また，$a \in A \cap U, b \in A \cap V$ であるから，$A \cap U \neq \varnothing \neq A \cap V$ である．したがって，U, V は A を分離する開集合であり，A が連結でないことが示された．

〔($\Leftarrow$) の証明〕 背理法で証明する．連結でない区間 A があると仮定する．例題 3.28 より，$A \neq [a, a] = \{a\}$ であるから，A を分離する $\mathbb{R}^1$ の開集合 U, V が存在する．条件 (DC3) より，1 点 $a \in U \cap A$，1 点 $b \in V \cap A$ を選ぶことができる．条件 (DC2) より，$a \neq b$ だから，$a < b$ としてよい．上の注意★より，$[a, b] \subset A$ だから，$c = (a+b)/2 \in A$ である．よって，条件 (DC1) より，$c \in U$ か $c \in V$ のいずれかが成り立つ．
$$c \in U \text{ のとき}, a_1 = c, b_1 = b; \quad c \in V \text{ のとき}, a_1 = a, b_1 = c$$

3.6 連結性

とする．いずれの場合も，$a_1 \in U \cap A, b_1 \in V \cap A$ であることに注意する．注意★より，$[a_1, b_1] \subset A$ だから，$c_1 = (a_1 + b_1)/2 \in A$ であり，また $c_1 \in U$ か $c_1 \in V$ のいずれかが成り立つ．上と同様に，次のように定める：

$$c_1 \in U \text{ のとき，} a_2 = c_1, b_2 = b_1; \quad c_1 \in V \text{ のとき，} a_2 = a_1, b_2 = c_1$$

この場合も，$a_2 \in U \cap A, b_2 \in V \cap A$ である．

こうして，上の操作を反復することにより，閉区間の無限列

$$[a_1, b_1] \supset [a_2, b_2] \supset \cdots \supset [a_i, b_i] \supset [a_{i+1}, b_{i+1}] \supset \cdots$$

が得られる．作り方から，$b_i - a_i = (b-a)/2^i \to 0 \ (i \to \infty)$ であるから，カントールの区間縮小定理（実数の連続性に関する公理 [IV]）により，

$$\exists \alpha \in \bigcap_{i \in \mathbb{N}} [a_i, b_i] \subset [a, b] \subset A$$

が成り立つ．条件 (DC1) と (DC2) より，$\alpha \in U$ か $\alpha \in V$ のいずれか一方が成り立つ．
$\alpha \in U$ とすると，U は開集合だから，$\exists \varepsilon > 0 \ ((\alpha - \varepsilon, \alpha + \varepsilon) \subset U)$ が成り立つ．
いま，$\lim a_i = \lim b_i = \alpha$ であるから，この $\varepsilon > 0$ に対して，次が成り立つ：

$$\exists N \in \mathbb{N} (\forall k \in \mathbb{N}, k \geq N \Rightarrow [a_k, b_k] \subset (\alpha - \varepsilon, \alpha + \varepsilon) \subset U)$$

しかし，b_i の決め方から，$b_k \in V$ であったので，これは (DC2) に矛盾する．
$\alpha \in V$ の場合も，同様にして矛盾が導かれる．

よって，区間 A は連結である． ◆

例題 3.30 ─────────────────────── 和集合の連結性 ───

部分集合 $A, B \subset \mathbb{R}^n$ がともに連結で，$A \cap B \neq \emptyset$ ならば，$A \cup B$ も連結であることを証明しなさい．

解答 背理法で証明する．$A \cup B$ が連結でないとすると，$A \cup B$ を分離する $\mathbb{R}^n$ の開集合 U, V が存在する．1点 $a \in A \cap B$ を選ぶ．$a \in A \cup B \subset U \cup V$ だから，$a \in U$ と仮定してよい．$a \in A \cap U, a \in B \cap U$ だから，$A \cap U \neq \emptyset, B \cap U \neq \emptyset$ である．

$A \cap V \neq \emptyset$ とすると，U, V は A を分離する開集合となり，A が連結であることに反するから，$A \cap V = \emptyset$ である．同様に，$B \cap V \neq \emptyset$ とすると，U, V は B を分離する開集合となり，B が連結であることに反するから，$B \cap V = \emptyset$ である．これは，$V \cap (A \cup B) \neq \emptyset$ であることに矛盾する． ◆

問 題

3.70 $\{A_\lambda | \lambda \in \Lambda\}$ を $\mathbb{R}^n$ の連結な部分集合族とする．$\bigcap_{\lambda \in \Lambda} A_\lambda \neq \emptyset$ ならば，和集合 $A = \bigcup_{\lambda \in \Lambda} A_\lambda$ も連結であることを証明しなさい．

― 例題 3.31 ――――――――――――――――――― 連結集合の連続像も連結 ―

$X \subset \mathbb{R}^n$ を連結な部分集合とし,$f : X \to \mathbb{R}^m$ を連続写像とすると,像 $f(X)$ も連結であることを証明しなさい.

解答　対偶を証明する.$f(X)$ が連結でないとすると,$f(X)$ を分離する $\mathbb{R}^m$ の開集合 U, V が存在する.例題 3.16 (2) より,$f^{-1}(U), f^{-1}(V)$ は $\mathbb{R}^n$ の開集合である.

任意の $x \in X$ について,$f(x) \in f(X) \subset U \cup V$ だから,例題 1.14 (3) とあわせて,
$$x \in f^{-1}(U \cup V) = f^{-1}(U) \cup f^{-1}(V)$$
が成り立つから,(DC1) $X \subset f^{-1}(U) \cup f^{-1}(V)$ が成り立つ.

また,$x \in f^{-1}(U) \cap f^{-1}(V)$ が存在するならば,$f(x) \in U \cap V$ となって,(DC2) に反する.したがって,(DC2) $f^{-1}(U) \cap f^{-1}(V)$ も成立する.

$U \cap f(X) \neq \emptyset$ より,点 $y \in U \cap f(X)$ が存在する.$y \in f(X)$ だから,点 $x \in X$ が存在して,$f(x) = y \in U$ となる.よって,$x \in f^{-1}(U)$ が成り立つから,(DC3) $f^{-1}(U) \cap X \neq \emptyset$ が成り立つ.また,$V \cap f(X) \neq \emptyset$ より,全く同様にして,(DC3) $f^{-1}(V) \cap X \neq \emptyset$ も結論される.

以上により,$f^{-1}(U)$ と $f^{-1}(V)$ は X を分離する $\mathbb{R}^n$ の開集合である.よって,X は連結でないことが示された. ◆

問 題

3.71　(中間値の定理)　部分集合 $X \subset \mathbb{R}^n$ を連結とし,$f : X \to \mathbb{R}^1$ を連続関数とする.次が成り立つことを証明しなさい.
$$\forall \alpha, \beta \in f(X), \alpha < \beta \quad \Rightarrow \quad [\alpha, \beta] \subset f(X)$$

3.72　(中間値の定理)　部分集合 $X \subset \mathbb{R}^n$ を連結とし,$f : X \to \mathbb{R}^1$ を連続関数とする.問題 3.71 の命題は次の命題と同値であることを確かめなさい.

X の 2 点 a, b について,$f(a) < f(b)$ ならば,次が成り立つ:
$$\forall \gamma \in \mathbb{R}^1, f(a) < \gamma < f(b), \exists c \in X (f(c) = \gamma)$$

3.73　$n \in \mathbb{N}$ を奇数とする.実数 $a_0, a_1, a_2, \cdots, a_n$ を係数とする n 次方程式
$$f(x) = a_0 + a_1 x + a_2 x^2 + \cdots + a_n x^n = 0 \quad (a_n \neq 0)$$
は実数解をもつことを証明しなさい.

― 例題 3.32 ――――――――――――――――――― 連結の特徴付け ―

部分集合 $X \subset \mathbb{R}^n$ について,次の (1) と (2) は同値であることを証明しなさい:
(1)　X は連結である.
(2)　X 上の連続関数 $f : X \to \mathbb{R}^1$ で,$f(X)$ が高々 2 点集合となるものは,定値写像に限る.

3.6 連 結 性

[解答] 〔(1)⇒(2) の証明〕 関数 $f: X \to \mathbb{R}^1$ を連続とし, $f(X) \subset \{a, b\}$ とする. X は連結だから, 例題 3.31 により, $f(X)$ は連結である. 問題 3.68 により, 2点集合 $\{a, b\}$ は連結でないので, $f(X) = \{a\}$ または $f(X) = \{b\}$ であり, f は定値写像である.

〔(2)⇒(1) の証明〕 対偶を証明する. X が連結でないとすると, X を分離する $\mathbb{R}^n$ の開集合 U, V が存在する. そこで, 写像 $f: X \to \mathbb{R}^1$ を次のように定義する:

$$f(x) = \begin{cases} 0 & (x \in X \cap U) \\ 1 & (x \in X \cap V) \end{cases}$$

この関数 f が X 上で連続であることを示す. $x \in X \cap U$ のとき, U は開集合だから, $\exists \delta > 0 \, (N(x; \delta) \subset U)$ が成り立つ. $\varepsilon = 1/2$ に対して, $f(N(x; \delta)) = \{f(y) \mid y \in N(x; \delta)\} = \{0\} \subset N(0; 1/2)$ であるから, f は $x \in X \cap U$ で連続である.

全く同様にして, f が $x \in X \cap V$ で連続であることも示される.

$X \cap U \neq \emptyset \neq X \cap V$ だから, $f(X) = \{0, 1\}$ (2点集合) であって f は連続である. ◆

問 題

3.74 集合 $X \subset \mathbb{R}^n$ について, 次の (1), (2) は同値であることを証明しなさい:
(1) X は連結である.
(2) $(X = A \cup B) \wedge (A^a \cap B = \emptyset) \wedge (A \cap B^a = \emptyset) \Rightarrow (A = \emptyset) \vee (B = \emptyset)$

例題 3.33 ─────────────── 連結集合の閉包 ─

部分集合 $A \subset \mathbb{R}^n$ が連結で, $A \subset B \subset A^a$ ならば, B も連結であることを証明しなさい.

[解答] 対偶を証明する. B が連結でないとすると, B を分離する $\mathbb{R}^n$ の開集合 U, V が存在する. (DC3) $U \cap B \neq \emptyset \neq V \cap B$ より, 点 $x \in U \cap B$ が存在するが, $B \subset A^a$ より, $x \in A^a$ である. よって, x に収束する A の点列 $\{x_i\}$ が存在する. U は開集合だから, $\varepsilon > 0$ が存在して, $N(x; \varepsilon) \subset U$ を満たす.

いま, $x_i \to x \, (i \to \infty)$ であるから, この $\varepsilon > 0$ に対して,
$$\exists N \in \mathbb{N} (\forall k \in \mathbb{N}, k \geq N \Rightarrow d(x_k, x) < \varepsilon)$$
が成り立つ. このとき, $x_k \in N(x; \varepsilon) \subset U$ となるから, $x_k \in U \cap A$ である. したがって, $U \cap A \neq \emptyset$ が成り立つ. 全く同様にして, $V \cap A \neq \emptyset$ も示される.

さらに, $A \subset B$ より, $A \subset U \cup V$ だから, U と V は A を分離する開集合でもある. よって, A は連結でない. ◆

問 題

3.75 部分集合 $A \subset \mathbb{R}^n$ が連結ならば, 閉包 A^a も連結であることを証明しなさい.

3.76 部分集合 $A \subset \mathbb{R}^n$ が連結のとき, 開核 A^i は連結であるといえるか.

連結成分　部分集合 $X \subset \mathbb{R}^n$ とその点 $x \in X$ について，x を含むような X の連結集合すべての和集合を $C(x)$ で表し，点 x を含む X の**連結成分** (connected component) という；点 x を含む X の連結集合の全体を $\{A_\lambda | \lambda \in \Lambda\}$ とすると，$C(x) = \bigcup_{\lambda \in \Lambda} A_\lambda$.

例題 3.28 により，1 点集合 $\{x\}$ は連結であるから，常に $C(x) \neq \emptyset$ である．

例題 3.34 ─────────────────── 連結成分の性質 ───

部分集合 $X \subset \mathbb{R}^n$ について，次が成り立つことを証明しなさい：
(1) 点 $x \in X$ について，$C(x)$ は x を含む X の最大の連結集合である．
(2) 点 $x, y \in X$ について，$C(x) \cap C(y) \neq \emptyset \Leftrightarrow C(x) = C(y)$.

[解答] (1) 問題 3.70 より，$C(x)$ は点 x を含む連結集合である．$B \subset X$ を，x を含む連結集合とすると，連結成分の定義より，$B \subset C(x)$ であるから $C(x)$ は最大である．

(2) ($\Rightarrow$) $C(x) \cap C(y) \neq \emptyset$ とすると，例題 3.30 より，$C(x) \cup C(y)$ は連結である．(1) の連結成分の最大性により，$C(x) = C(x) \cup C(y) = C(y)$ が成り立つ．

逆向き ($\Leftarrow$) は明らかである．　◆

★ 例題 3.34 (2) から，X 上の 2 項関係 $\boldsymbol{R} \subset X \times X$ を，
$$(x, y) \in \boldsymbol{R} \quad \Leftrightarrow \quad C(x) = C(y)$$
と定義すると，これは同値関係であることがわかる；
$$X = \bigcup_{x \in X} C(x), \qquad X/\boldsymbol{R} = \{C(x) | x \in X\}$$

問題

3.77 整数全体の集合 $\mathbb{Z} \subset \mathbb{R}^1$ について，点 $x \in \mathbb{Z}$ を含む連結集合 $C(x)$ は 1 点集合 $\{x\}$ であることを証明しなさい．

★ 上の問題の $\mathbb{Z} \subset \mathbb{R}^1$ のように，各点 $x \in X$ の連結成分がすべて 1 点集合，つまり $C(x) = \{x\}$ であるような部分集合 $X \subset \mathbb{R}^n$ を**完全不連結** (totally disconnected) であるという．

3.78 有理数全体の集合 $\mathbb{Q} \subset \mathbb{R}^1$ は完全不連結であることを証明しなさい．

ヒント　相異なる任意の $p, q \in \mathbb{Q}$ に対して，これらを同時に含む $\mathbb{Q}$ の部分集合は連結でないことを証明すれば十分である．

3.79 無理数全体の集合 $\mathbb{Q}^c \subset \mathbb{R}^1$ は完全不連結であることを証明しなさい．

ヒント　上の問題 3.78 と同じ方針で証明する．

3.80 $\mathbb{R}^n$ の点で，そのすべての座標が整数であるような点を**格子点**という．格子点全体の集合 $\mathbb{Z}^n \subset \mathbb{R}^n$ は完全不連結であることを証明しなさい．

3.81 $\mathbb{R}^n$ の点で，そのすべての座標が有理数であるような点を**有理点**という．有理点全体の集合 $\mathbb{Q}^n \subset \mathbb{R}^n$ は完全不連結であることを証明しなさい．

3.6 連結性

例題 3.35 ────────────────── 連結集合の直積も連結 ──

部分集合 $X \subset \mathbb{R}^n, Y \subset \mathbb{R}^m$ がともに連結ならば,直積集合
$$X \times Y \subset \mathbb{R}^n \times \mathbb{R}^m = \mathbb{R}^{n+m}$$
もまた連結であることを証明しなさい.

解答 $X \times Y$ の任意の 2 点 $a = (x_1, y_1), b = (x_2, y_2)$ について,点 a を含む連結成分 $C(a)$ と点 b を含む連結成分 $C(b)$ が一致することを示せば十分である.

写像 $f : X \to X \times Y, g : Y \to X \times Y$ を,それぞれ,次のように定義する:
$$f(x) = (x, y_1) \quad (x \in X); \qquad g(y) = (x_2, y) \quad (y \in Y)$$

f は X と $X \times \{y_1\} \subset X \times Y$ を同一視する写像で,g は Y と $\{x_2\} \times Y \subset X \times Y$ を同一視する写像であり,問題 3.43 により,いずれも連続写像である.X, Y は連結であるから,例題 3.31 により,$f(X)$ と $g(Y)$ はともに $X \times Y$ の連結集合である.しかも,
$$f(x_1) = (x_1, y_1) = a, \quad f(x_2) = (x_2, y_1) = g(y_1), \quad g(y_2) = (x_2, y_2) = b$$
が成り立つ.よって,$f(X)$ は点 a と点 $c = (x_2, y_1)$ を含む連結集合,$g(Y)$ は点 c と点 b を含む連結集合となるから,$X \times Y$ において,$C(a) = C(c) = C(b)$ が成り立つ. ◆

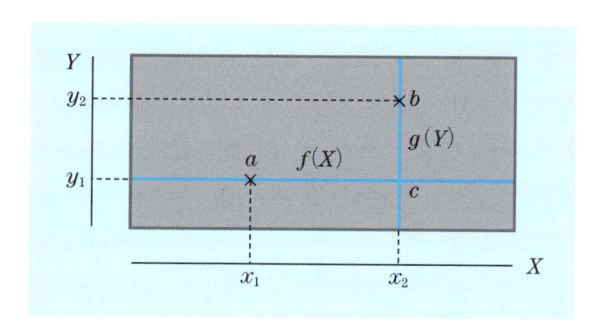

■ **問　題**

3.82 n 次元ユークリッド空間 $\mathbb{R}^n$ は連結であることを証明しなさい.
　　ヒント 定理 3.6 により,$\mathbb{R}^1$ は連結である.

3.83 部分集合 $X \subset \mathbb{R}^n$ が連結でないとする.任意の部分集合 $Y \subset \mathbb{R}^m$ について,直積集合 $X \times Y \subset \mathbb{R}^n \times \mathbb{R}^m = \mathbb{R}^{n+m}$ は連結でないことを証明しなさい.

第4章

距離空間

　n 次元ユークリッド空間 $\mathbb{R}^n$ においては，2点 x,y の間の距離 $d^{(n)}(x,y)$ をそれらを結ぶ線分の長さで定義し，この距離を利用して，点列の収束・ε-近傍・開集合などを定義し，写像の連続の概念を導入した．ところがこの一連の議論において，距離 $d^{(n)}$ が三角不等式を満たすことが本質的で，それ以外のことはほとんど用いていない．そこで，この距離の概念を抽象化し，一般の「距離空間」の概念を導入する．そして，ユークリッド空間で考察した概念や定理の多くが自然に距離空間に拡張されることを学ぶ．

4.1　距離空間の定義と例

　まず距離空間を定義し，その例をたくさん集めた．「距離空間に慣れてほしい」というのが本節の目標である．

　X を空でない集合とする．直積集合 $X \times X$ 上の実数値関数 $d : X \times X \to \mathbb{R}^1$ が次の3つの条件を満足するとき，これを X 上の**距離関数** (distance function, または metric) という：

[D1]　$\forall x,y \in X(d(x,y) \geqq 0)$ 　　　　　　　　　　　　　　　　（正定値性）
　　　特に，$d(x,y) = 0 \iff x = y$
[D2]　$\forall x,y \in X(d(x,y) = d(y,x))$ 　　　　　　　　　　　　　　　（対称性）
[D3]　$\forall x,y,z \in X(d(x,z) \leqq d(x,y) + d(y,z))$ 　　　　　　　　（三角不等式）

　距離関数 d が定義された集合 X を対 (X,d) で表し，**距離空間** (metric space) という．また，2点 $x,y \in X$ について，$d(x,y)$ を x と y の間の**距離** (distance) という．

　★　上の3条件 [D1], [D2], [D3] をまとめて**距離の公理**という．これはユークリッド空間における距離の性質である定理 3.1 を取り上げたものである．

例 4.1　n 次元ユークリッド空間 $(\mathbb{R}^n, d^{(n)})$ は距離空間である（定理 3.1）．実際，ユークリッド空間は距離空間のモデルであり，何かと比較・引用される．

例 4.2 （離散距離空間）X を空でない集合とする．関数 $d: X \times X \to \mathbb{R}^1$ を，
$$d(x,y) = \begin{cases} 0 & (x=y) \\ 1 & (x \neq y) \end{cases}$$
と定義すると，(X,d) は距離空間となる．実際，距離の公理 [D1] と [D2] が成り立つことは直ちに確かめられる．[D3] は，$x,y,z \in X$ について，
$$d(x,z) \leqq d(x,y) + d(y,z)$$
が成り立つことを示すわけであるが，次のようにして確かめられる：
　　左辺 $d(x,z) = 0$ ならば，$d(x,y) + d(y,z) \geqq 0$ だから，左辺 $\leqq$ 右辺．
　　左辺 $d(x,z) = 1$ ならば，$x \neq z$ であり，$x \neq y$ か $y \neq z$ のいずれかが
　　成り立つから，$d(x,y) + d(y,z) \geqq 1$ となり，左辺 $\leqq$ 右辺が成り立つ．

なお，この d の定義において，$x \neq y$ のとき，$d(x,y) = 1$ は本質的ではなく，正の実数ならなんでもよい．この距離空間 (X,d) を **離散距離空間** (discrete metric space) という．すべての点がばらばらに離れているとみる特殊なものだが，どんな集合も距離空間になる簡単な例として，また極端な場合の例として，しばしば使われる．

例 4.3 （部分距離空間）(X,d) を距離空間とするとき，部分集合 $A \subset X, A \neq \emptyset$，に対して，
$$d_A : A \times A \to \mathbb{R}^1; \quad d_A(a,b) = d(a,b)$$
で定義される関数 d_A は自然に A 上の距離関数となる．このようにして定められた距離空間 (A, d_A) を距離空間 (X,d) の **部分距離空間** (metric subspace) という．

★ 集合 A 上にはいろいろな距離関数 d' が定義されるが，$A \subset X$ であっても，$d' \neq d_A$ の場合は，(A, d') は (X,d) の部分距離空間とはいわないことに注意する．

例 4.4 (Y, d_Y) を距離空間とし，集合 X から Y への単射 $f: X \to Y$ が与えられたとする．このとき，
$$d_X : X \times X \to \mathbb{R}^1; \quad d_X(x, x') = d_Y(f(x), f(x'))$$
で定義される関数 d_X は X 上の距離関数である．実際，次が確かめられる：
　[D1]　$d_X(x, x') = d_Y(f(x), f(x')) \geqq 0$.
　　　　$d_X(x, x') = 0 \Leftrightarrow d_Y(f(x), f(x')) = 0 \Leftrightarrow f(x) = f(x') \Leftrightarrow x = x'$
　[D2]　$d_X(x, x') = d_Y(f(x), f(x')) = d_Y(f(x'), f(x)) = d_X(x', x)$
　[D3]　$d_X(x, x'') = d_Y(f(x), f(x''))$
　　　　　　$\leqq d_Y(f(x), f(x')) + d_Y(f(x'), f(x'')) = d_X(x, x') + d_X(x', x'')$

例題 4.1 ─────────────────────────── $\mathbb{R}^n$ 上の別の距離 ─

関数 $d_0 : \mathbb{R}^n \times \mathbb{R}^n \to \mathbb{R}^1$ を，次のように定義する：
$x = (x_1, x_2, \cdots, x_n), y = (y_1, y_2, \cdots, y_n) \in \mathbb{R}^n$ に対して，
$$d_0(x, y) = \max\{|x_1 - y_1|, |x_2 - y_2|, \cdots, |x_n - y_n|\}$$
$(\mathbb{R}^n, d_0)$ は距離空間であることを証明しなさい．

解答 [D1] $\quad \forall i \in \{1, 2, \cdots, n\} \, (|x_i - y_i| \geqq 0)$

が成り立つので，$d_0(x, y) \geqq 0$ である．また，

$$d_0(x, y) = 0 \iff \forall i \in \{1, 2, \cdots, n\} \, (|x_i - y_i| = 0)$$
$$\iff \forall i \in \{1, 2, \cdots, n\} \, (x_i = y_i) \iff x = y$$

[D2] $\quad d_0(x, y) = \max\{|x_1 - y_1|, |x_2 - y_2|, \cdots, |x_n - y_n|\}$
$\qquad\qquad\quad = \max\{|y_1 - x_1|, |y_2 - x_2|, \cdots, |y_n - x_n|\} = d_0(y, x)$

[D3] $\quad x, y, x = (z_1, z_2, \cdots, z_n) \in \mathbb{R}^n$ に対して，
$$d_0(x, z) = \max\{|x_1 - z_1|, |x_2 - z_2|, \cdots, |x_n - z_n|\}$$
だから，
$$\exists k \in \{1, 2, \cdots, n\} \, (d_0(x, z) = |x_k - z_k|)$$
が成り立つ．よって，次が成り立つ：

$d_0(x, z) = |x_k - z_k| = |x_k - y_k + y_k - z_k|$
$\leqq |x_k - y_k| + |y_k - z_k|$
$\leqq \max\{|x_1 - y_1|, |x_2 - y_2|, \cdots, |x_n - y_n|\} + \max\{|y_1 - z_1|, |y_2 - z_2|, \cdots, |y_n - z_n|\}$
$= d_0(x, y) + d_0(y, z)$

これで関数 d_0 が距離の公理 [D1], [D2], [D3] のすべてを満たすことが示されたので，d_0 は $\mathbb{R}^n$ 上の距離関数であり，$(\mathbb{R}^n, d_0)$ は距離空間である． ◆

問 題

4.1 関数 $d_1 : \mathbb{R}^n \times \mathbb{R}^n \to \mathbb{R}^1$ を，$x = (x_1, x_2, \cdots, x_n), y = (y_1, y_2, \cdots, y_n) \in \mathbb{R}^n$ に対して，
$$d_1(x, y) = |x_1 - y_1| + |x_2 - y_2| + \cdots + |x_n - y_n|$$
によって定義すると，$(\mathbb{R}^n, d_1)$ は距離空間であることを証明しなさい．

4.2 次の (1), (2) で与えられる関数 $d_3, d_4 : \mathbb{R} \times \mathbb{R} \to \mathbb{R}^1$ は実数全体の集合 $\mathbb{R}$ 上の距離関数であるかどうかを調べなさい：

(1) $\quad d_3(x, y) = |x^3 - y^3| \qquad$ (2) $\quad d_4(x, y) = |x^4 - y^4|$

―― 例題 4.2 ――――――――――――――――――――実数値連続関数の集合上の距離――

閉区間 $[a,b]$ 上で定義される実数値連続関数全体の集合を $C[a,b]$ で表す．このとき，関数 $d: C[a,b] \times C[a,b] \to \mathbb{R}^1$ を，次のように定義する：
$$d(f,g) = \int_a^b |f(x) - g(x)| dx \quad (f, g \in C[a,b])$$
$(C[a,b], d)$ は距離空間であることを証明しなさい．

[解答] ハイネ-ボレルの被覆定理により，閉区間 $[a,b]$ はコンパクトである．問題 3.64 と例題 3.27 により，$f([a,b])$ と $g([a,b])$ は $\mathbb{R}^1$ の有界閉集合である．よって，
$$\text{関数} \quad f - g : [a,b] \to \mathbb{R}^1; \quad (f-g)(x) = f(x) - g(x)$$
は問題 2.57 (1), (2) より，実数値連続関数であり，$(f-g)([a,b])$ は有界である．よって，
$$\text{関数} \quad |f - g| : [a,b] \to \mathbb{R}^1; \quad |f-g|(x) = |f(x) - g(x)|$$
も有界な連続関数である．よって，$d(f,g)$ の定義は常に意味をもつ．実際，$d(f,g)$ は xy-平面上で，$y = f(x)$, $y = g(x)$ のグラフと 2 直線 $x = a, x = b$ で囲まれた部分の面積を表している．

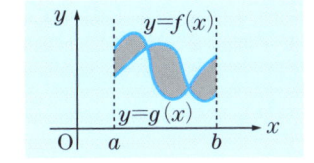

[D1] 任意の $f, g \in C[a,b]$ について，$|f - g|$ は正値関数（すなわち，$\forall x \in [a,b]$ について，$|f(x) - g(x)| \geqq 0$）だから，$d(f,g) \geqq 0$ である．特に，次が成り立つ：
$$d(f,g) = 0 \iff \forall x \in [a,b](f(x) = g(x)) \iff f = g$$
[D2] $|f(x) - g(x)| = |g(x) - f(x)|$ より明らかである．
[D3] $f, g, h \in C[a,b]$ とすると，任意の $x \in [a,b]$ に対して，
$$|f(x) - h(x)| = |f(x) - g(x) + g(x) - h(x)| \leqq |f(x) - g(x)| + |g(x) - h(x)|$$
が成立するから，次が成り立つ：
$$d(f,h) = \int_a^b |f(x) - h(x)| dx$$
$$\leqq \int_a^b |f(x) - g(x)| dx + \int_a^b |g(x) - h(x)| dx = d(f,g) + d(g,h)$$
よって，距離の公理がすべて成立したので，$(C[a,b], d)$ は距離空間である． ◆

問題

4.3 関数 $d' : C[a,b] \times C[a,b] \to \mathbb{R}^1$ を，
$$d'(f,g) = \sup\{|f(x) - g(x)| \,|\, a \leqq x \leqq b\}$$
と定義すると，$(C[a,b], d')$ は距離空間であることを証明しなさい．

―― 例題 4.3 ――――――――――――――――――――――――――― 直積距離空間 ――

$(X, d_X), (Y, d_Y)$ を距離空間とする．直積集合 $X \times Y$ において，関数
$$d^\times : (X \times Y) \times (X \times Y) \to \mathbb{R}^1$$
を，$(x_1, y_1), (x_2, y_2) \in X \times Y$ に対して，
$$d^\times((x_1, y_1), (x_2, y_2)) = \sqrt{d_X(x_1, x_2)^2 + d_Y(y_1, y_2)^2}$$
と定義すると，$(X \times Y, d^\times)$ は距離空間となることを証明しなさい．

[解答] [D1] $d^\times((x_1, y_1), (x_2, y_2)) = \sqrt{d_X(x_1, x_2)^2 + d_Y(y_1, y_2)^2} \geqq 0$
は明らかである．
$$d^\times((x_1, y_1), (x_2, y_2)) = \sqrt{d_X(x_1, x_2)^2 + d_Y(y_1, y_2)^2} = 0$$
$$\Leftrightarrow \quad d_X(x_1, x_2) = 0 \land d_Y(y_1, y_2) = 0$$
$$\Leftrightarrow \quad x_1 = x_2 \land y_1 = y_2 \quad \Leftrightarrow \quad (x_1, y_1) = (x_2, y_2)$$

[D2] $d^\times((x_1, y_1), (x_2, y_2)) = \sqrt{d_X(x_1, x_2)^2 + d_Y(y_1, y_2)^2}$
$= \sqrt{d_X(x_2, x_1)^2 + d_Y(y_2, y_1)^2} = d^\times((x_2, y_2), (x_1, y_1))$

[D3] $(x_1, y_1), (x_2, y_2), (x_3, y_3) \in X \times Y$ とすると，
$$d_X(x_1, x_3) \leqq d_X(x_1, x_2) + d_X(x_2, x_3)$$
$$d_Y(y_1, y_3) \leqq d_Y(y_1, y_2) + d_Y(y_2, y_3)$$

が成り立つ．よって，次式が得られる：
$$d^\times((x_1, y_1), (x_3, y_3))^2 = d_X(x_1, x_3)^2 + d_Y(y_1, y_3)^2$$
$$\leqq \{d_X(x_1, x_2) + d_X(x_2, x_3)\}^2 + \{d_Y(y_1, y_2) + d_Y(y_2, y_3)\}^2$$

ここで，$d_X(x_1, x_2) = a_1, d_Y(y_1, y_2) = a_2, d_X(x_2, x_3) = b_1, d_Y(y_2, y_3) = b_2$ とおいて書き換えて，$a_1 \geqq 0, a_2 \geqq 0, b_1 \geqq 0, b_2 \geqq 0$ を考慮しながら，補題 3.1（シュワルツの不等式）を使うと，

$$= (a_1 + b_1)^2 + (a_2 + b_2)^2$$
$$= a_1^2 + 2a_1 b_1 + b_1^2 + a_2^2 + 2a_2 b_2 + b_2^2$$
$$= a_1^2 + a_2^2 + b_1^2 + b_2^2 + 2(a_1 b_1 + a_2 b_2)$$
$$\leqq a_1^2 + a_2^2 + b_1^2 + b_2^2 + 2\sqrt{(a_1^2 + a_2^2)(b_1^2 + b_2^2)}$$
$$= \left(\sqrt{a_1^2 + a_2^2} + \sqrt{b_1^2 + b_2^2}\right)^2$$
$$= \left(\sqrt{d_X(x_1, x_2)^2 + d_Y(y_1, y_2)^2} + \sqrt{d_X(x_2, x_3)^2 + d_Y(y_2, y_3)^2}\right)^2$$
$$= (d^\times((x_1, y_1), (x_2, y_2)) + d^\times((x_2, y_2), (x_3, y_3)))^2 \quad \blacklozenge$$

★ 次ページの問題 4.5 にみられるように，直積集合 $X \times Y$ 上にはいろいろな距離関数が定義されるが，この例題 4.3 のようにして得られる距離空間 $(X \times Y, d^\times)$ を，距離空間 (X, d_X), (Y, d_Y) の**直積距離空間**という．

4.1 距離空間の定義と例

問題

4.4 n 次元ユークリッド空間 $(\mathbb{R}^n, d^{(n)})$ は，絶対値を使って定義した $\mathbb{R}^1$ の距離 $d^{(1)}$ に関して，n 個の $(\mathbb{R}^1, d^{(1)})$ の直積であることを確かめなさい．

4.5 $(X, d_X), (Y, d_Y)$ を距離空間とする．次の (1), (2) で与えられる関数
$$d_1, d_2 : (X \times Y) \times (X \times Y) \to \mathbb{R}^1$$
は，いずれも直積集合 $X \times Y$ 上の距離関数であることを証明しなさい：

(1) $d_1((x_1, y_1), (x_2, y_2)) = \max\{d_X(x_1, x_2), d_Y(y_1, y_2)\}$

(2) $d_2((x_1, y_1), (x_2, y_2)) = d_X(x_1, x_2) + d_Y(y_1, y_2)$

4.6 次の (1), (2) で与えられる関数 $d_1, d_2 : \mathbb{R}^2 \times \mathbb{R}^2 \to \mathbb{R}^1$ は，直積集合 $\mathbb{R}^2 = \mathbb{R} \times \mathbb{R}$ 上の距離関数であるかどうかを調べなさい：

(1) $d_1((x_1, y_1), (x_2, y_2)) = |x_1 - x_2|$

(2) $d_2((x_1, y_1), (x_2, y_2)) = \alpha|x_1 - x_2| + \beta|y_1 - y_2|$
    ただし，$\alpha, \beta \in \mathbb{R}$ は正の定数とする．

例題 4.4 ───────────── ヒルベルト空間 ─

実数列 $x = [x_i]$ で，$\sum_{i=1}^{\infty} x_i^2 < \infty$ となるものの全体を l^2 で表す．関数 $d : l^2 \times l^2 \to \mathbb{R}^1$ を，l^2 の 2 元 $x = [x_i]$, $y = [y_i]$ に対して，
$$d(x, y) = \sqrt{\sum_{i=1}^{\infty} (x_i - y_i)^2}$$
と定義すると，(l^2, d) は距離空間であることを証明しなさい．

[解答] まず $d(x, y)$ が定まることを示す．任意の $n \in \mathbb{N}$ に対して，シュワルツの不等式を用いると，次の不等式が成り立つ：

$$\sqrt{\sum_{i=1}^{\infty}(x_i - y_i)^2} \leqq \sqrt{\sum_{i=1}^{\infty} x_i^2} + \sqrt{\sum_{i=1}^{\infty} y_i^2} \leqq \sqrt{\sum_{i=1}^{\infty} x_i^2} + \sqrt{\sum_{i=1}^{\infty} y_i^2}$$

$$\therefore \quad \sum_{i=1}^{n}(x_i - y_i)^2 \leqq \sum_{i=1}^{n+1}(x_i - y_i)^2 \leqq \left(\sqrt{\sum_{i=1}^{\infty} x_i^2} + \sqrt{\sum_{i=1}^{\infty} y_i^2}\right)^2$$

$$\therefore \quad \sum_{i=1}^{\infty}(x_i - y_i)^2 = \lim \sum_{i=1}^{n}(x_i - y_i)^2 < \infty$$

よって，$d(x, y)$ が定まる．d が l^2 上の距離関数となることの証明は問題とする． ◆

問題

4.7 例題 4.4 において，d が l^2 上の距離関数となることを証明しなさい．

4.2 距離空間の開集合・閉集合

距離空間においても，距離を用いて ε-近傍を定義し，開集合を導入し，連続写像について議論することができる．

(X, d) を距離空間とする．点 $a \in X$ と実数 $\varepsilon > 0$ に対して，
$$N(a; \varepsilon) = \{x \in X \mid d(x, a) < \varepsilon\}$$
を，点 a の **ε-近傍** (ε-neighborhood) という．なお，$N(a; \varepsilon)$ を，a を中心とする半径 ε の**開球体** (open ball) ともいう．

例 4.5 (1) 平面 $\mathbb{R}^2$ 上の，ユークリッドの距離 $d^{(2)}$，例題 4.1 で与えた距離 d_0，問題 4.1 で取り上げた距離 d_1 に関して，点 $a \in \mathbb{R}^2$ の ε-近傍を図示すれば，それぞれ，下図のようになる．

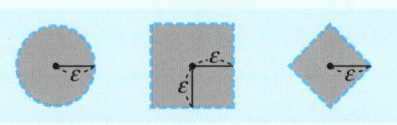

(2) 例 4.2 で取り上げた離散距離空間 (X, d) では，点 a の ε-近傍は，
$$N(a; \varepsilon) = \begin{cases} \{a\} & (\varepsilon \leqq 1) \\ X & (\varepsilon > 1) \end{cases}$$
となる．このように，距離空間で ε-近傍を考える場合には，ユークリッド空間の場合とはかけ離れた近傍が現れることに注意が必要である．

開集合 (X, d) を距離空間とする．部分集合 $U \subset X$ が**開集合** (open set, open subset) であるとは，命題
$$\forall x \in U, \exists \varepsilon > 0 \, (N(x; \varepsilon) \subset U)$$
が真なる場合をいう．

X の開集合の全体を $\boldsymbol{O}_d(X)$ で表す．

─ 例題 4.5 ──────────────── 開球体は開集合 ─

距離空間 (X, d) において，任意の点 $a \in X$ と任意の実数 $\varepsilon > 0$ について，開球体 $N(a; \varepsilon)$ は X の開集合であることを証明しなさい．

解答 点 $x \in N(a; \varepsilon)$ に対して，$\delta = \varepsilon - d(x, a)$ とすると，$\delta > 0$ である．このとき，任意の $y \in N(x; \delta)$ について，$d(x, y) < \delta$ であることに注意すると，三角不等式より，

4.2 距離空間の開集合・閉集合

$$d(a,y) \leqq d(a,x) + d(x,y) < d(x,a) + \delta = \varepsilon$$

が成り立つ．よって，$y \in N(a;\varepsilon)$，したがって，$N(x;\delta) \subset N(a;\varepsilon)$ が成り立つ． ◆

問 題

4.8 (X,d) を距離空間とする．任意の点 $x \in X$ について，$X - \{x\}$ は X の開集合であることを証明しなさい．

4.9 $(X,d_X), (Y,d_Y)$ を距離空間とする．部分集合 $A \subset X, B \subset Y$ が開集合ならば，直積集合 $A \times B$ は直積距離空間 $(X \times Y, d^\times)$ の開集合であることを証明しなさい．

例題 4.6 ――――――――――――――――――――――― 開集合の基本性質 ――

距離空間 (X,d) の開集合の全体 $\boldsymbol{O}_d(X)$ は，次の 3 つの性質をもつことを証明しなさい：

[O1] $X \in \boldsymbol{O}_d(X), \emptyset \in \boldsymbol{O}_d(X)$
[O2] $U_1, U_2, \cdots, U_m \in \boldsymbol{O}_d(X) \Rightarrow U_1 \cap U_2 \cap \cdots \cap U_m \in \boldsymbol{O}_d(X)$
[O3] $\boldsymbol{U} = \{U_\lambda \in \boldsymbol{O}_d(X) | \lambda \in \Lambda\} \Rightarrow \bigcup \boldsymbol{U} = \bigcup_{\lambda \in \Lambda} U_\lambda \in \boldsymbol{O}_d(X)$

解答 [O1] 命題「$\forall x \in X (N(x;1) \subset X)$」は真であるから，$X$ は X の開集合である．$x \in \emptyset$ となる x は存在しないので，命題「$\forall x \in \emptyset, \exists \varepsilon > 0 (N(x;\varepsilon) \subset \emptyset)$」は常に真であるから，$\emptyset$ は X の開集合である．

[O2] 任意の点 $x \in U_1 \cap U_2 \cap \cdots \cap U_m$ について，$x \in U_i$ で U_i は開集合であるから，$\varepsilon_i > 0$ が存在して，$N(x;\varepsilon_i) \subset U_i$ となる；$i = 1, 2, \cdots, m$．そこで，

$$\varepsilon = \min\{\varepsilon_1, \varepsilon_2, \cdots, \varepsilon_m\}$$

とすると，$\varepsilon > 0$ であり，$N(x;\varepsilon) \subset N(x;\varepsilon_i)$ が成り立つ；$i = 1, 2, \cdots, m$．よって，

$$N(x;\varepsilon) \subset U_i;\ i = 1, 2, \cdots, m$$

が成り立つから，

$$N(x;\varepsilon) \subset U_1 \cap U_2 \cap \cdots \cap U_m$$

が成り立つ．よって，$U_1 \cap U_2 \cap \cdots \cap U_m$ は X の開集合である．

[O3] の証明は，問題 2.71，あるいは定理 3.2 (2) と同様であるから，問題とする． ◆

問 題

4.10 例題 4.6 において，[O3] が成り立つことを証明しなさい．

ヒント 定理 3.2 (2) の証明と本質的に同じである．

閉集合 距離空間 (X,d) の部分集合 $F \subset X$ が**閉集合** (closed set, closed subset) であるとは、その補集合 $F^c = X - F$ が X の開集合となる場合をいう.

X の閉集合の全体を $\boldsymbol{A}_d(X)$ で表す.

例題 4.7 ──────────────────────── 閉球体は閉集合 ──

(X,d) を距離空間とする. 点 $a \in X$ と実数 $r > 0$ について,
$$D(a;r) = \{x \in X \mid d(x,a) \leqq r\}$$
を, a を中心とする半径 r の**閉球体** (closed ball) という.

閉球体は X の閉集合であることを証明しなさい.

[解答] 定義より, $X - D(a;r) = \{x \in X \mid d(x,a) > r\}$ である. 任意の点 $y \in X - D(a;r)$ に対して, $\varepsilon = d(a,y) - r > 0$ とおく. このとき, 任意の点 $z \in N(y;\varepsilon)$ について, $d(y,z) < \varepsilon$ であることに注意すると, 三角不等式より,
$$d(a,z) \geqq d(a,y) - d(y,z) > d(a,y) - \varepsilon = r$$
が成り立つ. よって, $z \in X - D(a;r)$, したがって, $N(y;\varepsilon) \subset X - D(a;r)$ が成り立つ. 点 $y \in X - D(a;r)$ は任意であったから, $X - D(a;r)$ は X の開集合である. したがって, 定義より, $D(a;r)$ は閉集合である. ◆

問　題

4.11 距離空間 (X,d) においては, 任意の点 $x \in X$ について, 1 点集合 $\{x\}$ は閉集合であることを証明しなさい.

例題 4.8 ──────────────────────── 閉集合の基本性質 ──

距離空間 (X,d) の閉集合の全体 $\boldsymbol{A}_d(X)$ は, 次の 3 つの性質をもつことを証明しなさい：
(1) $\varnothing \in \boldsymbol{A}_d(X), X \in \boldsymbol{A}_d(X)$
(2) $F_1, F_2, \cdots, F_m \in \boldsymbol{A}_d(X) \Rightarrow F_1 \cup F_2 \cup \cdots \cup F_m \in \boldsymbol{A}_d(X)$
(3) $\boldsymbol{F} = \{F_\lambda \in \boldsymbol{A}_d(X) \mid \lambda \in \Lambda\} \Rightarrow \bigcap \boldsymbol{F} = \bigcap F_\lambda \in \boldsymbol{A}_d(X)$

[解答] (1) $\varnothing^c = X \in \boldsymbol{O}_d(X)$ だから, $\varnothing \in \boldsymbol{A}_d(X)$.
　　　$X^c = \varnothing \in \boldsymbol{O}_d(X)$ だから, $X \in \boldsymbol{A}_d(X)$.
(2) と (3) の証明は問題とする. ◆

問　題

4.12 例題 4.8 の (2) と (3) を証明しなさい.
　　　ヒント ド・モルガンの法則を使う.

4.2 距離空間の開集合・閉集合

内点・外点・境界点 距離空間 (X,d) の部分集合 $A \subset X$ と点 $x \in X$ の位置関係について，ユークリッド空間の場合にならって，次のように定義する：

> (i) 点 x が A の**内点** $\equiv \exists \varepsilon > 0 (N(x;\varepsilon) \subset A)$
> (e) 点 x が A の**外点** $\equiv \exists \varepsilon > 0 (N(x;\varepsilon) \subset A^c = X - A)$
> (f) 点 x が A の**境界点** $\equiv \forall \varepsilon > 0 (N(x;\varepsilon) \cap A \neq \emptyset \land N(x;\varepsilon) \cap A^c \neq \emptyset)$

点 $x \in X$ が $A \subset X$ の**内点** (interior point) ならば，$x \in N(x;\varepsilon) \subset A$ であるから，必然的に $x \in A$ である．A の内点の全体を A^i で表し，A の**開核** (interior) または**内部**という；
$$A^i = \{x \in A \mid \exists \varepsilon > 0 (N(x;\varepsilon) \subset A)\} \subset A$$
点 $x \in X$ が $A \subset X$ の**外点** (exterior point) ならば，$x \in N(x;\varepsilon) \subset A^c$ であるから，$x \in A^c$ であり，x は A^c の内点である．A の外点の全体を A^e で表し，A の**外部** (exterior) という；
$$A^e = \{x \in A^c \mid \exists \varepsilon > 0 (N(x;\varepsilon) \subset A^c)\} = (A^c)^i \subset A^c$$
部分集合 $A \subset X$ の**境界点** (frontier point, boundary point) の全体を A^f で表し，A の**境界** (frontier, boundary) という；
$$A^f = \{x \in X \mid \forall \varepsilon > 0 (N(x;\varepsilon) \cap A \neq \emptyset \land N(x;\varepsilon) \cap A^c \neq \emptyset)\}$$
A の境界点は，A の内点ではなくかつ外点でもない点であり，A に属する場合も属さない場合もあり得る．

上の定義を比べると，任意の点 $x \in X$ は，部分集合 $A \subset X$ の内点・外点・境界点のいずれか1つであることがわかるから，次のようにまとめられる：

> **定理 4.1** 距離空間 (X,d) の部分集合 $A \subset X$ について，次が成り立つ：
> (1) $X = A^i \cup A^e \cup A^f$ (2) $A^i \cap A^e = A^e \cap A^f = A^f \cap A^i = \emptyset$

> **定理 4.2** 距離空間 (X,d) の部分集合 $A \subset X$ について，次が成り立つ：
> A が X の開集合 $\Leftrightarrow$ すべての点 $x \in A$ が A の内点 $\equiv A^i = A$

証明 これは，開集合の定義を，内点という用語を用いて書き換えたものである． ◆

> **定理 4.3** 距離空間 (X,d) の部分集合 $A, B \subset X$ について，次が成り立つ：
> $A \subset B \Rightarrow A^i \subset B^i$

証明 $x \in A^i$ とすると，定義から，$\varepsilon > 0$ が存在して，$N(x;\varepsilon) \subset A$ を満たす．条件 $A \subset B$ より，この ε について，$N(x,\varepsilon) \subset B$ である．これは $x \in B^i$ を示す． ◆

例題 4.9 ─────────────── 開核は開集合 ─

距離空間 (X, d) の任意の部分集合 $A \subset X$ について，A の開核 A^i は X の開集合であること，すなわち，$(A^i)^i = A^i$ が成り立つことを証明しなさい．

[解答] 定義より，$(A^i)^i \subset A^i$ は常に成り立つので，$(A^i)^i \supset A^i$ を証明する．

$x \in A^i$ とすると，内点の定義より，$\varepsilon > 0$ が存在して，$N(x; \varepsilon) \subset A$ を満たす．任意の点 $y \in N(x; \varepsilon)$ に対して，$\delta = \varepsilon - d(x, y) > 0$ とおけば，
$$N(y; \delta) \subset N(x; \varepsilon) \subset A$$
が成り立つので，$y \in A^i$ である．$y \in N(x; \varepsilon)$ は任意であるから，$N(x; \varepsilon) \subset A^i$ が成り立つ．したがって，x は A^i の内点である；$x \in (A^i)^i$. ◆

問題

4.13 距離空間 (X, d) の部分集合 $A \subset X$ について，次を証明しなさい：
(1) 開核 A^i は，A に含まれる最大の開集合である．
(2) 外部 A^e は，A^c に含まれる最大の開集合である．

[ヒント] 問題 3.18 に対応している．

4.14 距離空間 (X, d) の部分集合 $A \subset X$ について，その境界 A^f は X の閉集合であることを証明しなさい．

例題 4.10 ─────────────── 共通集合の開核 ─

距離空間 (X, d) の部分集合 $A, B \subset X$ について，次が成り立つことを証明しなさい：
$$(A \cap B)^i = A^i \cap B^i$$

[解答] 〔$(A \cap B)^i \supset A^i \cap B^i$ の証明〕 $A^i \subset A$, $B^i \subset B$ だから，$A^i \cap B^i \subset A \cap B$ である．例題 4.9 と例題 4.6 [O2] より，$A^i \cap B^i$ は X の開集合である．一方，上の問題 4.13 (1) より，$(A \cap B)^i$ は $A \cap B$ に含まれる最大の開集合である．したがって，$(A \cap B)^i \supset A^i \cap B^i$ が結論される．

〔$(A \cap B)^i \subset A^i \cap B^i$ の証明〕 上の問題 4.13 (1) より，A^i は A に含まれる最大の開集合で，$A \cap B \subset A$ だから，定理 4.3 により，$(A \cap B)^i \subset A^i$ が成り立つ．全く同様にして，$(A \cap B)^i \subset B^i$ も成り立つ．よって，$(A \cap B)^i \subset A^i \cap B^i$ である． ◆

問題

4.15 距離空間 (X, d) の部分集合 $A, B \subset X$ について，次が成り立つことを証明しなさい：
$$(A \cup B)^i \supset A^i \cup B^i$$

4.2 距離空間の開集合・閉集合

触点・集積点・孤立点 距離空間 (X,d) の部分集合と点の位置関係について，ユークリッド空間の場合と同じように，さらにいくつかの用語を導入する．

距離空間 (X,d) の部分集合 $A \subset X$ と点 $x \in X$ について，次のように定める：

(イ) 点 x が A の**触点** $\equiv \forall \varepsilon > 0 \, (N(x;\varepsilon) \cap A \neq \emptyset)$
(ロ) 点 x が A の**集積点** $\equiv \forall \varepsilon > 0 \, (N(x;\varepsilon) \cap (A - \{x\}) \neq \emptyset)$
(ハ) 点 x が A の**孤立点** $\equiv \exists \varepsilon > 0 \, (N(x;\varepsilon) \cap A = \{x\})$

この定義から，A の点はすべて A の触点である．また，内点・外点・境界点の定義と比較してみると，x が A の触点であることと，x が A の内点または境界点であることは同じである．A の触点 (adherent point) 全体の集合を A^a で表し，A の**閉包** (closure) という：

$$A^a = \{x \in X \mid \forall \varepsilon > 0 \, (N(x;\varepsilon) \cap A \neq \emptyset)\} = A^i \cup A^f$$

部分集合 A の**集積点** (accumulation point) 全体の集合を A の**導集合** (derived set) といい，A^d で表す．上の定義 (イ) と (ロ) を比べると，$x \in A^c$ の場合には，x が A の触点であることと集積点であることは同等であることがわかる．また，$A - A^d$ の点が A の**孤立点** (isolated point) であり，次が成り立つこともわかる：

$$A^a = A^d \cup \{A \text{ の孤立点}\}$$

---**例題 4.11**---------------------------------**閉包は閉集合**---

距離空間 (X,d) の部分集合 $A \subset X$ について，次の命題を証明しなさい：
A の閉包 A^a は，A を含む最小の閉集合である．

[解答] 〔A^a が X の閉集合であることの証明〕 定理 4.1 より，次が成り立つ：

$$(A^a)^c = X - A^a = X - (A^i \cup A^f) = A^e$$

問題 4.13 (2) より，A^e は X の開集合であるから，A^a は X の閉集合である．

〔最小性の証明〕 $B \subset X$ を X の閉集合で，$B \supset A$ ならば，$B \supset A^a$ であることを証明する．そのためには，$B^c \subset (A^a)^c$ を示せば十分である．

$x \in B^c$ とすると，B^c は開集合なので，

$$\exists \varepsilon > 0 \, (N(x;\varepsilon) \subset B^c)$$

が成り立つ．ところが，$B \supset A$ だから，$B^c \subset A^c$ が成り立つから，$N(x;\varepsilon) \subset A^c$ が成り立つ．これは A の外点の定義そのものであるから，$x \in A^e = (A^a)^c$ である．◆

問題

4.16 距離空間 (x,d) の部分集合 $A \subset X$ について，次が成り立つことを証明しなさい：

(1) A が X の閉集合 $\Leftrightarrow A = A^a$ (2) $A^a = (A^a)^a$

── 例題 4.12 ──────────────────────────── 部分集合の閉包 ──

距離空間 (x,d) の部分集合 $A, B \subset X$ について,次の命題を証明しなさい:
$$A \subset B \Rightarrow A^a \subset B^a$$

[解答] $x \in A^a$ ならば,触点の定義より,任意の $\varepsilon > 0$ について,
$$N(x;\varepsilon) \cap A \neq \varnothing$$
が成り立つ.ところで,$A \subset B$ だから,
$$N(x;\varepsilon) \cap A \subset N(x;\varepsilon) \cap B \neq \varnothing$$
が成り立つ.よって,$x \in B^a$ である. ◆

問題

4.17 距離空間 (X,d) の部分集合 $A, B \subset X$ について,次の命題を証明しなさい:
$$A \subset B \Rightarrow A^d \subset B^d$$

── 例題 4.13 ──────────────────────────── 和集合の閉包 ──

距離空間 (X,d) の部分集合 $A, B \subset X$ について,次が等号が成り立つことを証明しなさい:
$$(A \cup B)^a = A^a \cup B^a$$

[解答] 〔$(A \cup B)^a \supset A^a \cup B^a$ の証明〕 $A \cup B \supset A, A \cup B \supset B$ だから,例題 4.12 により,$(A \cup B)^a \supset A^a, (A \cup B)^a \supset B^a$ が成り立つので,$(A \cup B)^a \supset A^a \cup B^a$ である.
〔$(A \cup B)^a \subset A^a \cup B^a$ の証明〕 閉包の定義より,一般に,$A \subset A^a, B \subset B^a$ だから,
$$A \cup B \subset A^a \cup B^a$$
が成り立つ.例題 4.11 より,A^a と B^a は閉集合であるから,例題 4.8 (2) より,$A^a \cup B^a$ は閉集合である.再び例題 4.11 より,$(A \cup B)^a$ は $A \cup B$ を含む最小の閉集合であるから,$(A \cup B)^a \subset A^a \cup B^a$ が成り立つ. ◆

問題

4.18 距離空間 (X,d) の部分集合 $A, B \subset X$ について,次が成り立つことを証明しなさい:
$$(A \cap B)^a \subset A^a \cap B^a$$

4.19 距離空間 (X,d) の部分集合 $A, B \subset X$ について,次が成り立つことを証明しなさい:
$$(A \cup B)^d = A^d \cup B^d$$

4.20 距離空間 (X,d) の部分集合 $U, V \subset X$ について,次の命題を証明しなさい:
$$(U, V \in \mathbf{O}_d(X)) \wedge (U \cap V = \varnothing) \Rightarrow (U^a \cap V = \varnothing) \wedge (U \cap V^a = \varnothing)$$

部分集合間の距離 (X,d) を距離空間とする．部分集合 $A, B \subset X$ $(A \neq \emptyset \neq B)$ について，A と B の間の**距離** (distance) を，
$$\mathrm{dist}(A,B) = \inf\{d(a,b) \mid a \in A, b \in B\}$$
で定義する．特に，$A = \{a\}$（1 点集合）の場合には，集合を表す括弧を省略して，$\mathrm{dist}(\{a\}, B)$ を $\mathrm{dist}(a,B)$ と書き，点 a と集合 B の距離という．

$d(a,b) \geqq 0$ だから，$\mathrm{dist}(A,B) \geqq 0$ であり，距離 $\mathrm{dist}(A,B)$ は一意的に定まる．

例題 4.14 ―――――――――――――――――――――― 三角不等式 ――

距離空間 (X,d) の部分集合 $A \subset X$ と 2 点 $x, y \in X$ について，次が成り立つことを証明しなさい：
$$|\mathrm{dist}(x,A) - \mathrm{dist}(y,A)| \leqq d(x,y)$$

[解答] 三角不等式（距離の公理 [D3]）より，次が成り立つ：
$$\forall a \in A: \quad d(x,a) \leqq d(x,y) + d(y,a)$$
$$\therefore \quad \mathrm{dist}(x,A) = \inf\{d(x,a) \mid a \in A\} \leqq d(x,y) + d(y,a)$$
$$\therefore \quad \mathrm{dist}(x,A) - d(x,y) \leqq d(y,a)$$
ゆえに，$\mathrm{dist}(x,A) - d(x,y)$ は，集合 $\{d(y,a) \mid a \in A\}$ の 1 つの下界である．
$$\therefore \quad \mathrm{dist}(x,A) - d(x,y) \leqq \mathrm{dist}(y,A) \quad \cdots ①$$
また，三角不等式
$$\forall a \in A: \quad d(y,a) \leqq d(x,y) + d(x,a)$$
も成り立つから，全く同様にして，次が得られる：
$$\mathrm{dist}(y,A) - d(y,x) \leqq \mathrm{dist}(x,A) \quad \cdots ②$$
① と ② より，次が得られる：
$$-d(y,x) \leqq \mathrm{dist}(x,A) - \mathrm{dist}(y,A) \leqq d(x,y)$$
ここで，$d(y,x) = d(x,y) \geqq 0$ だから，この式を書き換えて，証明すべき式を得る．◆

問 題

4.21 距離空間 (X,d) の部分集合 $A, B \subset X$ $(A \neq \emptyset \neq B)$ と点 $x \in X$ について，次が成り立つことを証明しなさい：
$$\mathrm{dist}(A,B) \leqq \mathrm{dist}(x,A) + \mathrm{dist}(x,B)$$

4.22 距離空間 (X,d) の部分集合 $A \subset X$ $(A \neq \emptyset)$ と点 $x \in X$ について，次の (1), (2) が成り立つことを証明しなさい：
(1) $x \in A^a \Leftrightarrow \mathrm{dist}(x,A) = 0$
(2) $x \in A^i \Leftrightarrow \mathrm{dist}(x,A^c) > 0$

4.3 距離空間上の連続写像

ユークリッド空間の場合にならって，距離空間上の連続写像を次のように定義する．
$(X, d_X), (Y, d_Y)$ を距離空間とする．写像 $f: X \to Y$ が点 $a \in X$ で**連続** (continuous) であるとは，次の命題 (**) が成り立つ場合であると定義する：

(**) $\quad \forall \varepsilon > 0, \exists \delta > 0 \, (\forall x \in X, d_X(x, a) < \delta \Rightarrow d_Y(f(x), f(a)) < \varepsilon)$

この定義は，近傍を使って，次のように言い換えることができる：

(***) $\qquad \forall \varepsilon > 0, \exists \delta > 0 \, (f(N(a; \delta)) \subset N(f(a); \varepsilon))$

ここで，近傍を示すのに同じ N を用いているが，前の N は X での近傍であり，後の N は当然 Y での近傍である．

写像 $f: X \to Y$ がすべての点 $a \in X$ で連続であるとき，f は (X, d_X) で（距離 d_X と d_Y に関して）**連続**である，あるいは (X, d_X) 上の**連続写像** (continuous map) であるという．また，この状態を，

$$\text{連続写像} \quad f: (X, d_X) \to (Y, d_Y)$$

と表現することが多い．ただし，d_X, d_Y が明らかな場合は省略することもある．

距離空間上の連続写像も，例題 3.16 のように，開集合・閉集合を用いて特徴付けることができる．

例題 4.15 ―――――――――――――― 開集合による連続写像の特徴付け ――

$(X, d), (Y, d')$ を距離空間とし，$f: X \to Y$ を写像とする．このとき，次の 3 条件は同値であることを証明しなさい：
(1) f は X 上の連続写像である．
(2) Y の任意の開集合 U について，f による U の逆像 $f^{-1}(U)$ は X の開集合である；
$$\forall U \in \boldsymbol{O}'_d(Y) \, (f^{-1}(U) \in \boldsymbol{O}_d(X))$$
(3) Y の任意の閉集合 F について，f による F の逆像 $f^{-1}(F)$ は X の閉集合である；
$$\forall F \in \boldsymbol{A}'_d(Y) \, (f^{-1}(F) \in \boldsymbol{A}_d(X))$$

解答 〔(1)⇒(2) の証明〕 任意の $a \in f^{-1}(U)$ について，$f(a) \in U$ である．U は Y の開集合であるから，
$$\exists \varepsilon > 0 \, (N(f(a); \varepsilon) \subset U)$$
が成り立つ．条件 (1) から，f は点 a で連続であるから，この ε に対して，
$$\exists \delta > 0 \, (f(N(a; \delta)) \subset N(f(a); \varepsilon))$$
が成り立つ．よって，$f(N(a; \delta)) \subset U$ が成り立つ．したがって，$N(a; \delta) \subset f^{-1}(U)$ で

ある．ゆえに，$f^{-1}(U)$ は X の開集合である．

〔(2)⇒(1) の証明〕 任意の点 $a \in X$ と任意の $\varepsilon > 0$ に対して，点 $f(a)$ の ε-近傍 $N(f(a);\varepsilon)$ は例題 4.5 により，Y の開集合である．条件 (2) から，逆像 $f^{-1}(N(f(a);\varepsilon))$ は X の開集合であり，点 a を含んでいる．よって，次が成り立つ：
$$\exists \delta > 0 \, (N(a;\delta) \subset f^{-1}(N(f(a);\varepsilon)))$$
$$\therefore \quad f(N(a;\delta)) \subset N(f(a);\varepsilon)$$
よって，f は点 $a \in X$ において連続である．

〔(2)⇒(3) の証明〕 Y の任意の閉集合 F について，第 1 章の例題 1.13 (5) より，
$$(f^{-1}(F))^c = f^{-1}(F^c)$$
が成り立つ．いま，F^c は Y の開集合であるから，条件 (2) より，$f^{-1}(F^c)$ は X の開集合である．よって，$f^{-1}(F)$ は X の閉集合である．

〔(3)⇒(2) の証明〕 Y の任意の開集合 U について，再び例題 1.13 (5) より，
$$(f^{-1}(U))^c = f^{-1}(U^c)$$
が成り立つ．いま，U^c は Y の閉集合であるから，条件 (3) より，$f^{-1}(U^c)$ は X の閉集合である．よって，$f^{-1}(U)$ は X の開集合である． ◆

問題

4.23 $(X,d), (Y,d')$ を距離空間とする．写像 $f : X \to Y$ が連続写像であることと，次の条件 (4) が成り立つこととは同値であることを証明しなさい：

(4) 任意の部分集合 $A \subset X$ について，$f(A^a) \subset (f(A))^a$ が成り立つ．

ヒント 問題 3.42 と同様である．

4.24 $(X,d_X), (Y,d_Y)$ を距離空間とする．任意の 1 点 $b \in Y$ について，b に値をもつ定値写像
$$f : X \to Y; \quad f(x) = b \quad (\forall x \in X)$$
は連続写像であることを証明しなさい．

ヒント 問題 3.33 を参照．

4.25 (X,d) を距離空間とする．部分集合 $A \subset X (A \neq \emptyset)$ に関して，次のように定義される写像 f は X 上の連続写像であることを証明しなさい：
$$f : X \to \mathbb{R}^1; \quad f(x) = \text{dist}(x,A)$$

ヒント 問題 3.36 と同様で，例題 4.14 を使う．

4.26 $(X,d_X), (Y,d_Y)$ を距離空間とする．1 点 $b \in Y$ について，次のように定義される写像 f は X 上で連続写像であることを証明しなさい：
$$f : (X,d_X) \to (X \times Y, d^\times); \quad f(x) = (x,b) \quad (\forall x \in X)$$

ヒント 問題 3.43 と同様である．

部分距離空間の開集合・閉集合 今後，部分距離空間に関する話題がいろいろ登場するので，よく利用する補題を用意する．

(X,d) を距離空間とする．部分集合 $A \subset X$ について，部分距離空間 (A, d_A) が定まる（例 4.3）．d_A の定義から，点 $a \in A$ の (A, d_A) における ε-近傍 $N_A(a;\varepsilon)$ は，a の (X,d) における ε-近傍 $N(a;\varepsilon)$ を使って，
$$N_A(a;\varepsilon) = N(a;\varepsilon) \cap A$$
と表される．この事実から，次がわかる：

例題 4.16 ——————————————————————— 部分距離空間の開集合 ———

(X,d) を距離空間とし，$B \subset A \subset X$ とする．次を証明しなさい：
B が部分距離空間 (A, d_A) の開集合であるための必要十分条件は，(X,d) の開集合 U が存在して，$B = U \cap A$ となることである：
$$B \in \boldsymbol{O}_{d_A}(A) \Leftrightarrow \exists U \in \boldsymbol{O}_d(X)(B = U \cap A)$$

[解答] ($\Rightarrow$) B を A の開集合とする．任意の点 $b \in B$ に対して，
$$\exists \varepsilon_b > 0 \, (N_A(b;\varepsilon_b) \subset B)$$
が成り立つ．B が開集合だから，$B = \bigcup_{b \in B} N_A(b;\varepsilon_b)$ である．そこで，
$$U = \bigcup_{b \in B} N(b;\varepsilon_b)$$
とすると，例題 4.6 [O3] により，U は X の開集合である．$N_A(b;\varepsilon_b) = N(b;\varepsilon_b) \cap A$ だから，例題 1.8 (1) を用いて，次が得られる：
$$B = \bigcup_{b \in B} N_A(b;\varepsilon_b) = \bigcup_{b \in B} (N(b;\varepsilon_b) \cap A) = \left(\bigcup_{b \in B} N(b;\varepsilon_b)\right) \cap A = U \cap A$$

($\Leftarrow$) X の開集合 U が存在して，$B = U \cap A$ であるとする．任意の点 $b \in U \cap A$ について，次が成り立つ：
$$\exists \varepsilon_b > 0 \, (N(b;\varepsilon_b) \subset U)$$
$$\therefore \quad N_A(b;\varepsilon_b) = N(b;\varepsilon_b) \cap A \subset U \cap A = B$$
したがって，B は A の開集合である． ◆

問題

4.27 (X,d) を距離空間とし，$B \subset A \subset X$ とする．次を証明しなさい：
B が部分距離空間 (A, d_A) の閉集合であるための必要十分条件は，(X,d) の閉集合 F が存在して，$B = F \cap A$ となることである：
$$B \in \boldsymbol{A}_{d_A}(A) \Leftrightarrow \exists F \in \boldsymbol{A}_d(X)(B = F \cap A)$$

ヒント 例題 4.16 を活用する．

例題 4.17 ─────────────────── 合成写像の連続性

$(X, d_X), (Y, d_Y), (Z, d_Z)$ を距離空間とする．写像
$$f : (X, d_X) \to (Y, d_Y), \quad g : (Y, d_Y) \to (Z, d_Z)$$
が連続ならば，合成写像
$$g \circ f : (X, d_X) \to (Z, d_Z)$$
も連続であることを証明しなさい．

[解答] 任意の点 $\alpha \in X$ について，写像 g は点 $f(\alpha) \in Y$ において連続であるから，次が成り立つ：
$$\forall \varepsilon > 0, \exists \gamma > 0 \,(\forall y \in Y, d_Y(y, f(\alpha)) < \gamma \Rightarrow d_Z(g(y), g(f(\alpha))) < \varepsilon)$$
一方，f は点 $\alpha \in X$ において連続であるから，この $\gamma > 0$ に対して，次が成り立つ：
$$\exists \delta > 0 \,(\forall x \in X, d_X(x, \alpha) < \delta \Rightarrow d_Y(f(x), f(\alpha)) < \gamma)$$
$$\therefore \quad \forall \varepsilon > 0, \exists \delta > 0 \,(\forall x \in X, d_X(x, \alpha) < \delta \Rightarrow d_Z(g(f(x)), g(f(\alpha))) < \varepsilon$$
よって，$g \circ f$ が点 α で連続であることが示された． ◆

問題

4.28 (X, d) を距離空間とする．写像 $f : X \to \mathbb{R}^n$ と $g : X \to \mathbb{R}^n$ が連続ならば，次の写像も連続であることを証明しなさい．

(1) $f + g : X \to \mathbb{R}^n;\quad (f+g)(x) = f(x) + g(x)$

(2) $cf : X \to \mathbb{R}^n;\quad (cf)(x) = cf(x) \quad (c \in \mathbb{R},\ 定数)$

(3) $f \cdot g : X \to \mathbb{R}^n;\quad (f \cdot g)(x) = f(x) \cdot g(x)$

4.29 (X, d) を距離空間とする．写像 $f : X \to \mathbb{R}^1$ が連続で，すべての点 $x \in X$ で $f(x) \neq 0$ ならば，関数 $\dfrac{1}{f} : X \to \mathbb{R}^1;\ \left(\dfrac{1}{f}\right)(x) = \dfrac{1}{f(x)}$, も連続であることを証明しなさい．

ヒント 問題 2.59，問題 3.40 を参考にするとよい．

4.30 $(X, d_X), (Y, d_Y)$ を距離空間とする．写像 $f : X \to \mathbb{R}^1,\ g : Y \to \mathbb{R}^1$ がともに連続ならば，次の写像 φ, ψ も直積距離空間 $(X \times Y, d^\times)$ 上で連続であることを証明しなさい：

(1) $\varphi : X \times Y \to \mathbb{R}^1;\quad \varphi(x, y) = f(x) + g(y)$

(2) $\psi : X \times Y \to \mathbb{R}^1;\quad \psi(x, y) = f(x) \cdot g(y)$

4.31 $(X, d), (X_1, d_1), (X_2, d_2)$ を距離空間とする．直積距離空間 $(x_1 \times x_2, d^\times)$ に関して，次が射影はいずれも連続であることを証明しなさい：

$$射影 \quad p_1 : X_1 \times X_2 \to X_1;\quad p_1(x_1, x_2) = x_1$$
$$ p_2 : X_1 \times X_2 \to X_2;\quad p_2(x_1, x_2) = x_2$$

制限写像と拡張 X, Y を集合とし，$A \subset X$ を部分集合とする．写像 $f : X \to Y$ に対して，f の定義域を A に制限することによって得られる A 上の写像 $A \to Y$ を，f の A への**制限写像** (restriction) といい，$f|A$ で表す；
$$f|A(x) = f(x) \quad (\forall x \in A)$$

X, Y を集合とし，$A, B \subset X$ を部分集合とする．写像
$$f_A : A \to Y, \quad f_B : B \to Y$$
が与えられていて，
$$f_A|A \cap B = f_B|A \cap B$$
であるとき，次のように定義される写像
$$f : A \cup B \to Y; \quad f(x) = \begin{cases} f_A(x) & (x \in A) \\ f_B(x) & (x \in B) \end{cases}$$
を，f_A と f_B の（$A \cup B$ への）**共通の拡張** (common extension) という．

★ f_A と f_B の $A \cup B$ への共通の拡張 f について，$f|A = f_A, f|B = f_B$ である．また，制限写像と共通の拡張は，いずれも当然一意的である．

例題 4.18 ─────────────────── 連続写像の制限写像は連続 ─

$(X, d), (Y, d')$ を距離空間とし，$A \subset X$ を部分集合とする．写像 $f : (X, d) \to (Y, d')$ が連続ならば，制限写像 $f|A : (A, d_A) \to (Y, d')$ も連続写像であることを証明しなさい．

ここで，(A, d_A) は例 4.3 の意味での (X, d) の部分距離空間である．

解答 $U \subset Y$ を開集合とすると，制限写像の定義から，
$$(f|A)^{-1}(U) = f^{-1}(U) \cap A$$
が成り立つ．f が連続であるから，例題 4.15 より，$f^{-1}(U)$ は X の開集合である．部分距離空間 (A, d_A) の定義から，$f^{-1}(U) \cap A$ は A の開集合である．したがって，再び例題 4.15 により，写像 $f|A$ は連続である． ◆

問題

4.32 (X, d) を距離空間とし，$A \subset X (A \neq \emptyset)$ を部分集合とする．このとき，包含写像
$$i : (A, d_A) \to (X, d)$$
は連続写像であることを証明しなさい．

★ この結果，特に恒等写像 $I_X : (X, d) \to (X, d)$ は連続写像である．

例題 4.19 ──────────────── 共通の拡張の連続性 ──

$(X,d), (Y,d')$ を距離空間とし，$A, B \subset X$ を $A \cup B = X$ を満たす部分集合とする．さらに，$f_A : (A, d_A) \to (Y, d')$, $f_B : (B, d_B) \to (Y, d')$ を連続写像で，
$$f_A | A \cap B = f_B | A \cap B$$
を満たすとする．

A, B がともに X の開集合ならば，f_A と f_B の共通の拡張 $f : X \to Y$ も連続写像であることを証明しなさい．

[解答] f_A, f_B は連続写像であるから，例題 4.15 より，任意の開集合 $U \subset Y$ について，
$$f_A^{-1}(U) = f^{-1}(U) \cap A \text{ は } A \text{ の開集合},$$
$$f_B^{-1}(U) = f^{-1}(U) \cap B \text{ は } B \text{ の開集合}$$
である．例題 4.16 より，X の開集合 V, W が存在して，
$$f_A^{-1}(U) = V \cap A, \quad f_B^{-1}(U) = W \cap B$$
となる．A, B は X の開集合だから，例題 4.6 [O2] により，$f_A^{-1}(U)$ と $f_B^{-1}(U)$ は X の開集合である．したがって，例題 4.6 [O3] により，$f^{-1}(U) = f_A^{-1}(U) \cup f_B^{-1}(U)$ も X の開集合である．例題 4.15 より，f は連続写像である． ◆

問題

4.33 上の例題 4.19 において，「A, B がともに X の閉集合」としても，f_A と f_B の共通の拡張 $f : X \to Y$ は連続写像であることを証明しなさい．

[ヒント] 例題 4.19 の証明において，開集合を閉集合とし，例題 4.16 の代わりに問題 4.27 を，例題 4.6 の代わりに例題 4.8 を使えばよい．

4.34 (X, d) を距離空間とする．部分集合 $A, B \subset X (A \neq \emptyset \neq B)$ がともに閉集合で，$A \cap B = \emptyset$ であるとする．次で定義される写像 $f : X \to \mathbb{R}^1$ は連続であることを証明しなさい：
$$f(x) = \frac{\operatorname{dist}(x, A)}{\operatorname{dist}(x, A) + \operatorname{dist}(x, B)}$$

4.35 $(X_1, d_1), (X_2, d_2), (Y, d_Y), (Y_1, e_1), (Y_2, e_2)$ を距離空間とする．次の命題を証明しなさい．

(1) 写像 $f : (Y, d_Y) \to (X_1 \times X_2, d^\times)$ が連続 $\Leftrightarrow$ $p_1 \circ f$ と $p_2 \circ f$ が連続．ただし，$p_i : X_1 \times X_2 \to X_i$ は射影 $(i = 1, 2)$．

(2) $f_1 : (X_1, d_1) \to (Y_1, e_1)$, $f_2 : (X_2, d_2) \to (Y_2, e_2)$ が連続写像
$\Rightarrow f_1 \times f_2 : (X_1 \times X_2, d^\times) \to (Y_1 \times Y_2, d^\times)$;
$(f_1 \times f_2)(x_1, x_2) = (f_1(x_1), f_2(x_2))$, も連続写像．

部分集合の直径 (X,d) を距離空間とする．部分集合 $A \subset X$ について，
$$\mathrm{diam}(A) = \sup\{d(x,y)\,|\,x,y \in A\}$$
を，A の **直径** (diameter) という．

直径が有限の値をもつとき，A は **有界** (bounded) であるという．

例題 4.20 ───────────────────────── 球体は有界 ─

(X,d) を距離空間とする．次が成り立つことを証明しなさい：
(1) 任意の点 $a \in X$ と任意の $\varepsilon > 0$ について，
$$\mathrm{diam}(N(a;\varepsilon)) \leqq 2\varepsilon,$$
$$\mathrm{diam}(D(a;\varepsilon)) \leqq 2\varepsilon$$
(2) 部分集合 $A \subset X$ について，
$$A \text{ が有界} \iff \forall a \in X, \exists R \in \mathbb{R}\,(A \subset N(a;R))$$

解答 (1) 任意の $x,y \in N(a;\varepsilon)$ について，三角不等式より，
$$d(x,y) \leqq d(x,a) + d(a,y) \leqq 2\varepsilon$$
$D(a;\varepsilon)$ についても，同様である．

(2) ($\Rightarrow$) $\mathrm{diam}(A) = S < \infty$ とする．1 点 $y \in A$ を選び，固定する．任意の点 $x \in A$ に対して，
$$d(a,x) \leqq d(a,y) + d(y,x) \leqq d(a,y) + S$$
が成り立つ．したがって，$R > d(a,y) + S$ とすれば，$A \subset N(a;R)$ である．

($\Leftarrow$) $A \subset N(a;R)$ ならば，明らかに
$$\mathrm{diam}(A) \leqq \mathrm{diam}(N(a;R))$$
だから，前半の (1) より，$\mathrm{diam}(A) \leqq 2R$ が成り立つ． ◆

問題

4.36 距離空間 (X,d) の部分集合 A,B に関して，次の式が成り立つことを証明しなさい：
$$\mathrm{diam}(A \cup B) \leqq \mathrm{diam}(A) + \mathrm{diam}(B) + \mathrm{dist}(A,B)$$

4.4 距離空間のコンパクト性

距離空間の点列　2.2 節において一般の点列を定義し，実数列について考察した．また，3.4 節と 3.5 節においてユークリッド空間の点列について考察した．ここでは，距離空間の点列について考察する．重複するが定義から始める．

(X,d) を距離空間とし，$A \subset X$ を部分集合とする．$\mathbb{N}$ から A への写像 $x : \mathbb{N} \to A$ を A の点列といい，通常，像 $x(i)$ を x_i で表し，点列を $[x_i]_{i \in \mathbb{N}}$，あるいは点列 $[x_i]$ で表す．

$x : \mathbb{N} \to A$ を点列とする．$\iota : \mathbb{N} \to \mathbb{N}$ を順序を保つ写像とする；すなわち，$h, k \in \mathbb{N}, h < k$ ならば，$\iota(h) < \iota(k)$ が成り立つとする．このとき，合成写像 $x \circ \iota : \mathbb{N} \to A$ を点列 x の部分列といい，$[x_{\iota(i)}]_{i \in \mathbb{N}}$，部分列 $[x_{\iota(i)}]$ などで示す．

$A \subset X$ の点列 $[x_i]$ が点 $\alpha \in X$ に収束するとは，
$$\forall \varepsilon > 0, \exists N \in \mathbb{N} \, (\forall k \in \mathbb{N}, k \geq N \Rightarrow d(x_k, \alpha) < \varepsilon)$$
が成立する場合をいい，α をこの点列の極限または極限点といい，
$$\alpha = \lim_{i \to \infty} x_i \quad \text{または} \quad x_i \to \alpha \quad (i \to \infty)$$
のように表す．なお，「$d(x_k, \alpha) < \varepsilon \Leftrightarrow x_k \in N(\alpha; \varepsilon)$」である．

$A \subset X$ の点列 $[x_i]$ が有界であるとは，次が成り立つ場合をいう：
$$\exists a \in A, \exists M \in \mathbb{R} \, (\forall i \in \mathbb{N}, d(x_i, a) \leq M)$$

基本列　$A \subset X$ の点列 $[x_i]$ が基本列であるとは，次が成り立つ場合をいう：
$$\forall \varepsilon > 0, \exists N \in \mathbb{N} \, (\forall m \in \mathbb{N}, \forall n \in \mathbb{N}, m \geq N, n \geq N \Rightarrow d(x_m, x_n) < \varepsilon)$$

距離空間 (X, d) が完備 (complete) であるとは，そのすべての基本列が収束する場合をいう．

実数の連続性に関する公理 [VI] より，実数列あるいは一般に $\mathbb{R}^n$ の基本列は収束するが (問題 3.49)，距離空間では必ずしも収束しない．この点を除けば，上の定義からわかるように，距離空間の点列は $\mathbb{R}^n$ の点列とほとんど同じ性質をもっている．

問題

4.37　(X, d) を距離空間，$[x_i]$ を $A \subset X$ の点列とする．次を証明しなさい：
(1) $[x_i]$ が収束するならば，極限点は一意的である．
(2) $[x_i]$ が $\alpha \in X$ に収束するならば，部分列 $[x_{\iota(i)}]$ も α に収束する．
(3) $[x_i]$ が収束するならば，$[x_i]$ は有界である．

> **定理 4.4** $(X, d_X), (Y, d_Y)$ を距離空間とし，$[x_i]$ を部分集合 $A \subset X$ の点列とする．$f: X \to Y$ が連続写像ならば，次が成り立つ：
> $$x_i \to \alpha \ (i \to \infty) \quad \Rightarrow \quad f(x_i) \to f(\alpha) \ (i \to \infty)$$

[証明] 写像 f が点 α で連続であるから，
$$\forall \varepsilon > 0, \exists \delta > 0 \, (f(N(\alpha; \delta)) \subset N(f(\alpha); \varepsilon))$$
が成り立つ．$x_i \to \alpha \, (i \to \infty)$ より，この δ に対して，次が成り立つ：
$$\exists N \in \mathbb{N} \, (\forall k \in \mathbb{N}, k \geqq N \Rightarrow x_k \in N(\alpha; \delta))$$
$$\therefore \quad k \geqq N \quad \Rightarrow \quad f(x_k) \in N(f(\alpha); \varepsilon))$$
これは，$f(x_i) \to f(\alpha) \, (i \to \infty)$ を示している． ◆

集積点・触点 ユークリッド空間の場合 (82 ページ) にならって，集積点と触点を点列の観点から見直すことにする．

(X, d) を距離空間とし，$A \subset X$ とする．A の点列 $[x_i]_{i \in \mathbb{N}}$ に対して，その項全体の集合 $\{x_i \mid i \in \mathbb{N}\} \subset A$ が定まる．

集合 $\{x_i \mid i \in \mathbb{N}\}$ が有限集合の場合，点列 $[x_i]$ を〈**有限型**〉といい，無限集合の場合，〈**無限型**〉という．

〈有限型〉点列は，常に収束する部分列をもつ．

〈無限型〉点列は，もしも点 $\alpha \in X$ に収束するならば，すべての項が α とは異なるような部分列で，α に収束するものをもつ．これらの性質から，次が得られる：

> **定理 4.5** (X, d) を距離空間とし，$A \subset X$ とする．次が成り立つ．
> A の集積点は，A の〈無限型〉点列の極限点である：
> $$A^d = \{x \in X \mid \exists \langle 無限型 \rangle \text{ 点列 } [x_i] \, (\forall i \in \mathbb{N} \, (x_i \in A, x_i \to x \, (i \to \infty)))\}$$

[証明] 例題 3.19 と同様であるから，省略する． ◆

問 題

4.38 (X, d) を距離空間とし，$A \subset X$ とする．次が成り立つことを確認しなさい．
 (1) A の触点は，A の点列の極限点である；
 $$A^a = \{x \in X \mid \exists \text{ 点列 } [x_i] \, (\forall i \in \mathbb{N} \, (x_i \in A, x_i \to x \, (i \to \infty)))\}$$
 (2) A の点列 $[x_i]$ が点 $\alpha \in X$ に収束するとき，A が閉集合ならば $\alpha \in A$ である．

4.39 (X, d) を距離空間，$A \subset X$，$[x_i]$ を A の基本列とする．$[x_i]$ が点 α に収束する部分列 $[x_{\iota(i)}]$ をもつならば，$[x_i]$ も α に収束することを証明しなさい．

4.4 距離空間のコンパクト性

点列コンパクト 距離空間 (X,d) の部分集合 $A \subset X$ が点列コンパクトであるとは，A の任意の点列が A の点に収束する部分列をもつ場合をいう．

例題 4.21 ─────────────────────点列コンパクト集合の有界性─

(X,d) を距離空間とする．部分集合 $A \subset X$ が点列コンパクトならば，A は有界な閉集合であることを証明しなさい．

解答 〔A が有界であることの証明〕 背理法で証明する．A が有界でないとすると，例題 4.20 (2) から，次が成り立つ：
$$\exists a \in X \, (\forall i \in \mathbb{N} \, (A \not\subset N(a;i)))$$
したがって，次が成り立つ：
$$\forall i \in \mathbb{N}, \exists x_i \in A \, (d(x_i, a) \geq i)$$
こうして得た点列 $\{x_i\}$ のどんな部分列も有界ではなく，したがって収束しないので，A は点列コンパクトではない．よって，A は有界である．

〔A が閉集合であることの証明〕 これも背理法で証明する．A が閉集合でないとすると，$A \neq A^a$ (問題 4.16 (1)) で，一般に $A \subset A^a$ であるから，次がわかる：
$$\exists \alpha \in X \, (\alpha \in A^a \wedge \alpha \notin A)$$
$$\therefore \quad \forall i \in \mathbb{N} \, (A \cap N(\alpha; 1/i) \neq \emptyset)$$
そこで，各 $i \in \mathbb{N}$ に対して，点 $x_i \in A$ を，$d(x_i, \alpha) < 1/i$ となるように選ぶことができる．こうして得られた A の点列 $\{x_i\}$ は点 α に収束するから，問題 4.37 (2) により，その任意の部分列も α に収束する．ところで A は点列コンパクトであるから，$\{x_i\}$ の部分列で，A の点に収束するものが存在する．ところが，$\alpha \notin A$ であったので，これは矛盾である．よって，A は閉集合である． ◆

問題

4.40 (X,d) を距離空間とする．部分集合 $A, B \subset X$ がともに点列コンパクトならば，次が成り立つことを証明しなさい：

(1) $A \cup B$ は点列コンパクト　　(2) $A \cap B$ は点列コンパクト

4.41 $(X, d_X), (Y, d_Y)$ を距離空間とし，$f: X \to Y$ を連続写像とする．部分集合 $A \subset X$ が点列コンパクトならば，$f(A)$ も点列コンパクトであることを証明しなさい．

　　ヒント　例題 3.24 と基本的に同じである．

4.42 (X,d) を距離空間，$A \subset X \, (A \neq \emptyset)$ を点列コンパクト集合とするとき，任意の連続写像 $f: X \to \mathbb{R}^1$ は最大値と最小値をもつことを証明しなさい．

　　ヒント　問題 3.58 と基本的に同じである．

コンパクト集合 (X,d) を距離空間とする．X の部分集合族
$$\boldsymbol{C} = \{U_\lambda | \lambda \in \Lambda\} \subset 2^X$$
が部分集合 $A \subset X$ の**被覆**であるとは，
$$\bigcup \boldsymbol{C} = \bigcup_{\lambda \in \Lambda} U_\lambda \supset A$$
が成り立つ場合をいう．このとき，$\boldsymbol{C}$ は A を**被覆する**ともいう．

$A \subset X$ の被覆 $\boldsymbol{C}$ の部分集合 $\boldsymbol{C}'$ がまた A の被覆であるとき，つまり，$\bigcup \boldsymbol{C}' \supset A$ が成り立つとき，$\boldsymbol{C}'$ を $\boldsymbol{C}$ の**部分被覆**といい，$\boldsymbol{C}$ は部分被覆 $\boldsymbol{C}'$ をもつともいう．

特に，A の被覆 $\boldsymbol{C}$ の要素 U_λ がすべて X の開集合である場合，$\boldsymbol{C}$ を A の**開被覆**という．

$A \subset X$ の任意の開被覆 $\boldsymbol{C} = \{U_\lambda | \lambda \in \Lambda\}$ について，$\boldsymbol{C}$ の有限個の要素からなる部分被覆 $\boldsymbol{C}' = \{U_1, U_2, \cdots, U_m\}$ が存在するとき，A は**コンパクト**であるという．特に，X 自身がコンパクトのとき，(X,d) を**コンパクト距離空間**という．

例題 4.22 ───────────────────── コンパクト集合の閉集合 ─

(X,d) を距離空間とし，$A \subset X$ をコンパクト集合とする．部分集合 $B \subset A$ が X の閉集合ならば，B もコンパクトであることを証明しなさい．

[解答] $\boldsymbol{C}$ を B の開被覆とする．$\boldsymbol{C}^* = \boldsymbol{C} \cup \{B^c\}$ とすると，B^c は開集合だから，$\boldsymbol{C}^*$ はコンパクト集合 A の開被覆である．よって，$\boldsymbol{C}^*$ の有限部分被覆 $\boldsymbol{C}^{**}$ が存在する；
$$\bigcup \boldsymbol{C}^{**} \supset A \supset B$$
$B^c \cap B = \emptyset$ だから，$\boldsymbol{C}^{**} - \{B^c\}$ は B に関する $\boldsymbol{C}$ の有限部分被覆である． ◆

問題

4.43 (X,d) を距離空間とする．部分集合 $A \subset X$ がコンパクトならば，A は有界な閉集合であることを証明しなさい．

 ヒント 例題 3.27 の (3)⇒(2) の証明とほとんど同じでよい．

4.44 $(X, d_X), (Y, d_Y)$ を距離空間とし，$f: X \to Y$ を連続写像とする．部分集合 $A \subset X$ がコンパクトならば，$f(A) \subset Y$ もコンパクトであることを証明しなさい．

 ヒント 問題 3.64 と同じである．$f(A)$ の開被覆 $\boldsymbol{C}$ の要素の f による逆像は X の開集合である (例題 4.15 (2)) ことを利用する．

4.45 (X,d) を距離空間とし，$A \subset X (A \neq \emptyset)$ を部分集合とする．A がコンパクトならば，A 上の連続写像 $f: A \to \mathbb{R}^1$ は，A 上で最大値と最小値をもつことを証明しなさい．

ヒント 問題 3.65 と同様である．

例題 4.23 ──────────────────── 集積点定理 ──

(X,d) を距離空間とし，$A \subset X$ をコンパクトな部分集合とする．$B \subset A$ を無限部分集合とすると，B は少なくとも 1 つの集積点をもつことを証明しなさい．

解答 背理法で証明する．B に集積点がないと仮定する．任意の点 $a \in A$ について，a は B の集積点ではないから，
$$\exists \varepsilon_a > 0 \, (N(a; \varepsilon_a) \cap (B - \{a\}) = \emptyset)$$
が成り立つ．このような開近傍の全体
$$\boldsymbol{C} = \{N(a; \varepsilon_a) \mid a \in A\}$$
は A の開被覆である．A がコンパクトだから，A に対する $\boldsymbol{C}$ の有限部分被覆が存在する；つまり，次が成り立つ：
$$\exists a_1, a_2, \cdots, a_n \in A \, (A \subset N(a_1; \varepsilon_1) \cup N(a_2; \varepsilon_2) \cup \cdots \cup N(a_n; \varepsilon_n))$$
ところで，各 $N(a_i; \varepsilon_i)$ に属する B の点は高々 1 点 a_i であり，$B \subset A$ であるから，$B \subset \{a_1, a_2, \cdots, a_n\}$ が成り立つ．これは B が無限集合であることに反する．よって，B は集積点をもつ．◆

系 4.1 (X,d) をコンパクト距離空間とし，$A \subset X$ を部分集合とする．A が無限集合ならば，A は集積点をもつ．

問題

4.46 (X,d) を距離空間とし，$A \subset X$ を部分集合とする．A がコンパクトならば，A は点列コンパクトであることを証明しなさい．

ヒント A の任意の点列 $\{x_i\}$ を考える．〈有限型〉ならば，条件に無関係に収束する部分列をもつので，〈無限型〉の場合を考察すればよい．

全有界 距離空間 (X,d) において，部分集合 $A \subset X$ が**全有界** (totally bounded) であるとは，任意の $\varepsilon > 0$ に対して，A の有限被覆 $\{B_1, B_2, \cdots, B_m\}$ で，$\mathrm{diam}(B_i) < \delta \ (i=1,2,\cdots,m)$ となるものが存在する場合をいう；

$$\forall \varepsilon > 0, \exists \{B_1, B_2, \cdots, B_m | B_i \subset X \ (i=1,2,\cdots,m)\}:$$
$$B_1 \cup B_2 \cup \cdots \cup B_m \supset A, \mathrm{diam}(B_i) < \varepsilon \ (i=1,2,\cdots,m)$$

―― 例題 4.24 ―――――――――――――――――――――― 全有界は有界 ――

距離空間 (X,d) において，部分集合 $A \subset X$ が全有界ならば，有界であることを証明しなさい．

[解答] 定義により，X の有限個の部分集合 $B_1, B_2, \cdots, B_m$ が存在して，
$$B_1 \cup B_2 \cup \cdots \cup B_m \supset A, \quad \mathrm{diam}(B_i) < 1 \ (i=1,2,\cdots,m)$$
を満たす．このとき，問題 4.36 より，次が得られる：
$$\mathrm{diam}(A) \leqq \mathrm{diam}(B_1 \cup B_2 \cup \cdots \cup B_m)$$
$$\leqq \sum_{i=1}^{m} \mathrm{diam}(B_i) + \sum_{j \neq k} \mathrm{dist}(B_j, B_k) < \infty \qquad ◆$$

▮▮▮ 問 題 ▮▮

4.47 ユークリッド空間 $(\mathbb{R}^n, d^{(n)})$ においては，部分集合 A が有界であることと，全有界であることは，同値であることを証明しなさい．

―― 例題 4.25 ―――――――――――――――――― コンパクト性の特徴付け ――

距離空間 (X,d) の部分集合 $A \subset X$ について，次の (1), (2), (3) は同値であることを証明しなさい：
(1) A はコンパクトである．
(2) A は点列コンパクトである．
(3) 部分空間 (A, d_A) は完備で，A は全有界である．

[解答] 〔(1)⇒(2) の証明〕 これは問題 4.46 である．

〔(2)⇒(3) の証明〕 $\{x_i\}$ を A の任意のコーシー列とする．条件 (2) より，A の点に収束する部分列 $\{x_{\iota(i)}\}$ が存在する；$x_{\iota(i)} \to \alpha \ (i \to \infty), \alpha \in A$ とする．問題 4.39 より，$x_i \to \alpha \ (i \to \infty)$ である．よって，(A, d_A) は完備である．

次に A が全有界であることを背理法で証明する．A が全有界でないとすると，$\delta > 0$ が存在して，A は直径が 2δ より小さい集合の有限個では被覆できない．このとき，1 点 $x_1 \in A$ を選べば，点 $x_2 \in A - N(x_1; \delta)$ を選ぶことができる．この操作を反復して，A の点列 $\{x_i\}$ を，次のように選ぶ：

$$x_{i+1} \in A - \{N(x_1;\delta) \cup N(x_2;\delta) \cup \cdots \cup N(x_i;\delta)\}$$

このとき，$d(x_j, x_k) \geqq \delta \ (j \neq k)$ であるから，点列 $[x_i]$ は収束する部分列をもたない．これは，条件 (2) に反する．

〔(3)⇒(1) の証明〕 背理法で証明する．A の開被覆 $\boldsymbol{C}$ で，有限部分被覆をもたないものが存在したと仮定する．A が全有界であるから，$(\varepsilon =)1/2$ に対して，X の部分集合 $B_1^1, B_2^1, \cdots, B_{m(1)}^1$ が存在して，次を満たす：

$$B_1^1 \cup B_2^1 \cup \cdots \cup B_{m(1)}^1 \supset A, \quad \text{diam}(B_j^1) < 1/2 \quad (1 \leqq j \leqq m(1))$$

すると，$B_1^1, B_2^1, \cdots, B_{m(1)}^1$ のなかには少なくとも 1 つ，$\boldsymbol{C}$ の有限個の元では被覆できないものがある；これを B_1^1 とする．$B_1^1 \cap A \neq \emptyset$ と仮定してよい．B_1^1 も全有界であるから，$(\varepsilon =)1/2^2$ に対して，B_1^1 の部分集合 $B_1^2, B_2^2, \cdots, B_{m(2)}^2$ が存在して，次を満たす：

$$B_1^2 \cup B_2^2 \cup \cdots \cup B_{m(2)}^2 \supset B_1^1, \quad \text{diam}(B_j^2) < 1/2^2 \quad (1 \leqq j \leqq m(2))$$

すると，$B_1^2, B_2^2, \cdots, B_{m(2)}^2$ のなかには少なくとも 1 つ，$\boldsymbol{C}$ の有限個の元では被覆できないものがある；これを B_1^2 とおく．$B_1^2 \cap A \neq \emptyset, B_1^2 \cap B_1^1 \neq \emptyset$ と仮定してよい．$B_1^2 \cap B_1^1$ を改めて B_1^2 とおく．この操作を反復することにより，X の部分集合の列

$$B_1^1 \supset B_1^2 \supset B_1^3 \supset \cdots \supset B_1^k \supset B_1^{k+1} \supset \cdots$$

が得られ，作り方から，次を満たす：

(イ) $\text{diam}(B_1^k) < 1/2^k \quad (k = 1, 2, 3, \cdots)$

(ロ) B_1^k は $\boldsymbol{C}$ の有限個の元では被覆できない．

(ハ) $B_1^k \cap A \neq \emptyset$.

ここで，点 $x_k \in B_1^k \cap A$ を選ぶと，$\{x_i | i \geqq k\} \subset B_1^k \ (i \in \mathbb{N})$ が成り立つ．よって，点列 $[x_i]$ は，基本列である．仮定から，(A, d_A) は完備であるから，$\alpha \in A$ が存在して，$x_i \to \alpha \ (i \to \infty)$ である．$\boldsymbol{C}$ は A の開被覆であるから，$U \in \boldsymbol{C}$ が存在して，$\alpha \in U$ となる．すると，$N \in \mathbb{N}$ が存在して，$N(\alpha; 1/2^N) \subset U$ が成り立つ．また，点列 $[x_i]$ が α に収束することから，$n > N$ が存在して，$x_n \in N(\alpha; 1/2^{N+1})$ が成り立つ．よって，任意の $a \in B_1^n$ について，次が成り立つ：

$$d(a, \alpha) \leqq d(a, x_n) + d(x_n, \alpha) < \text{diam}(B_1^n) + 1/2^{N+1} < 1/2^N$$

よって，$B_1^n \subset N(\alpha; 1/2^N) \subset U$ が成立し，B_1^n の選び方 (ロ) に矛盾する． ◆

問題

4.48 (X, d) を距離空間とし，$A, B \subset X$ を部分集合とする．A, B がコンパクトならば，次の命題が成り立つことを証明しなさい：

(1) $\forall b \in X, \exists a \in A \, (\text{dist}(b, A) = d(b, a))$

(2) $\exists a \in A, \exists b \in B \, (\text{dist}(A, B) = d(a, b))$

一様連続性 $(X, d_X), (Y, d_Y)$ を距離空間とする．写像 $f: X \to Y$ が点 $a \in X$ において連続であることの定義は，

$$(*) \quad \forall \varepsilon > 0, \exists \delta > 0 \, (\forall x \in X, d_X(x, a) < \delta \Rightarrow d_Y(f(x), f(a)) < \varepsilon)$$

が成り立つというものであった．この定義によると，δ は，f と ε は勿論，点 a にも依存する．δ が，f と ε のみに依存し，a には依存しないで定まるとき，f は X 上で**一様連続** (uniformly continuous) であるという．

つまり，f が X 上で一様連続であるとは，次の命題 $(**)$ が成り立つ場合をいう：

$$(**) \quad \forall \varepsilon > 0, \exists \delta > 0 (\forall x, x' \in X, d_X(x, x') < \delta \Rightarrow d_Y(f(x), f(x')) < \varepsilon)$$

例題 4.26 ──────────────── コンパクト空間上の連続写像 ──

$(X, d_X), (Y, d_Y)$ を距離空間とし，$f: X \to Y$ を連続写像とする．X が（点列）コンパクトならば，f は一様連続であることを証明しなさい．

解答 f が一様連続ではないとして，背理法で証明する．

$\varepsilon > 0$ に対して，$\delta = 1/i, i \in \mathbb{N}$，とすると，

$$\exists x_i, y_i \in X (d_X(x_i, y_i) < 1/i \wedge d_Y(f(x_i), f(y_i)) \geqq \varepsilon)$$

が成り立ち，2つの点列 $\{x_i\}, \{y_i\}$ が得られる．X が（点列）コンパクトであるから，$\{x_i\}$ の収束する部分列 $\{x_{\iota(i)}\}$ が存在する；$x_{\iota(i)} \to \alpha \, (i \to \infty)$ とする．このとき，対応する $\{y_i\}$ の部分列 $\{y_{\iota(i)}\}$ について，$d_X(x_{\iota(i)}, y_{\iota(i)}) < 1/i$ であるから，$y_{\iota(i)} \to \alpha \, (i \to \infty)$ となる．f が連続写像であるから，定理 4.4 により，

$$f(x_{\iota(i)}) \to f(\alpha) \, (i \to \infty), \quad f(y_{\iota(i)}) \to f(\alpha) \, (i \to \infty)$$

である．したがって，実数列 $\{d_Y(f(x_{\iota(i)}), f(y_{\iota(i)}))\}$ は 0 に収束する．よって，最初の $\varepsilon > 0$ に対して，

$$\exists N \in \mathbb{N} \, (\forall k \in \mathbb{N}, \iota(k) \geqq N \Rightarrow d_Y(f(x_{\iota(k)}), f(y_{\iota(k)})) < \varepsilon)$$

が成り立つ．これは最初の条件 $d_Y(f(x_i), f(y_i)) \geqq \varepsilon$ に矛盾する． ◆

問題

4.49 $(X, d_X), (Y, d_Y)$ を距離空間とし，$f: X \to Y$ を写像とする．次の命題が成り立つならば，f は一様連続であることを証明しなさい：

$$\exists \alpha \in \mathbb{R} \, (\forall a, b \in X, d_Y(f(a), f(b)) \leqq \alpha d_X(a, b))$$

4.50 次の写像は一様連続であることを証明しなさい：

(1) $f: \mathbb{R}^2 \to \mathbb{R}^1; \quad f(x, y) = x + y$

(2) $g: \mathbb{R}^2 \to \mathbb{R}^1; \quad g(x, y) = x - y$

例題 4.27 ──────────────────────── ルベーグ数

(X, d) をコンパクト距離空間とし，$\boldsymbol{C}$ を X の開被覆とする．このとき，次の性質を満たす実数 $\delta(\boldsymbol{C})$ が存在することを証明しなさい：
$$\forall A \subset X, \mathrm{diam}(A) < \delta(\boldsymbol{C}) \quad \Rightarrow \quad \exists U \in \boldsymbol{C}\, (U \supset A)$$

[解答] X がコンパクトだから，$\boldsymbol{C}$ の有限部分被覆 $\boldsymbol{C}' = \{U_1, U_2, \cdots, U_m\}$ が存在する．そこで m 個の連続写像 $f_i : X \to \mathbb{R}^1$ $(i = 1, 2, \cdots, m)$ を次のように定義する：
$$f_i(x) = \mathrm{dist}(x, U_i^c)$$
問題 4.25 より，各 f_i は連続写像である．これらを利用して，写像 $f : X \to \mathbb{R}^1$ を
$$f(x) = f_1(x) + f_2(x) + \cdots + f_m(x)$$
と定義する．問題 4.28(1) により，f は連続写像である．

写像 f_i の定義より，
$$f_i(x) \geqq 0 \quad (i = 1, 2, \cdots, m)$$
であり，被覆の定義より，各点 $x \in X$ に対して $x \in U_i$ となる番号 $i \in \{1, 2, \cdots, m\}$ が少なくとも 1 つ存在し，$f_i(x) > 0$ となるから，$f(x) > 0$ である．f はコンパクト集合 X 上の実数値連続写像であるから，問題 4.45 より，最小値 $L > 0$ をもつ．

そこで，$\delta(\boldsymbol{C}) = L/m = \delta$ とおく．これが命題の条件を満たすことを証明する．
部分集合 $A \subset X$ が $\mathrm{diam}(A) < \delta$ であるとする．1 点 $a \in A$ を選び，固定する．
$$f(a) = f_1(a) + f_2(x) + \cdots + f_m(x) \geqq L = m\delta$$
であり，各 $f_i(a) \geqq 0$ $(i = 1, 2, \cdots, m)$ であるから，次が成り立つ：
$$\exists j \in \{1, 2, \cdots, m\} \quad (f_j(a) \geqq \delta)$$
この番号 j について，次が成り立つ：
$$A \subset N(a; \delta) \subset U_j \qquad \blacklozenge$$

★ この例題は，部分集合 $A \subset X$ の直径が $\boldsymbol{C}$ によって定まる実数 $\delta(\boldsymbol{C}) > 0$ より小さいならば，A は $\boldsymbol{C}$ の 1 つの要素で被覆されることを示している．この $\delta(\boldsymbol{C})$ を，開被覆 $\boldsymbol{C}$ に関する X の**ルベーグ数** (Lebesgue number) という．

問題

4.51 $\boldsymbol{S}^1 = \{(x, y) \in \mathbb{R}^2 \mid x^2 + y^2 = 1\} \subset \mathbb{R}^2$ (単位円周) に対して，写像 $p : \mathbb{R}^1 \to \boldsymbol{S}^1$ を次のように定義する：
$$p(t) = \cos 2\pi t + \sin 2\pi t \quad (t \in \mathbb{R}^1)$$
このとき，任意の連続写像 $u : [0, 1] \to \boldsymbol{S}^1; u(0) = \boldsymbol{e}_1 = u(1)$ に対して，連続写像 $w : [0, 1] \to \mathbb{R}^1$ で $p \circ w = u$ を満たすものが存在することを証明しなさい．ただし，$\boldsymbol{e}_1 = (1, 0) \in \mathbb{R}^2$ とする．

★ この問題は，かなり難しい．

4.5 距離空間の連結性

(X,d) を距離空間とする．部分集合 $A \subset X$ に対して，次の 3 条件を満たす開集合 U,V が存在するとき，A は**連結でない**または**非連結**であるという：

(DC1) $A \subset U \cup V$
(DC2) $U \cap V = \emptyset$
(DC3) $U \cap A \neq \emptyset \neq V \cap A$

このような U と V を，A を**分離する開集合**という．$U \neq \emptyset \neq V$ である．
部分集合 $A \subset X$ が**連結**であるとは，上の「連結でない」の否定が成り立つ場合をいう．

★ 否定の仕方については，$\mathbb{R}^n$ の部分集合の連結性の節 (3.6 節，91 ページ) を参照．

ところで，開集合の定義から，X と $\emptyset$ は常に X の開集合であり (例題 4.6 [O1])，同時に閉集合でもある (例題 4.8 (1))．このような開集合でかつ閉集合でもある部分集合を利用して，連結性を特徴付けることができる．

例題 4.28 ────────────────────── 開かつ閉集合 ──

距離空間 (X,d) の連結性に関して，次が成り立つことを証明しなさい：
(1) X が連結である $\Leftrightarrow$ X の部分集合で，開かつ閉であるものは X と $\emptyset$．
(2) X が非連結である
    $\Leftrightarrow$ X と $\emptyset$ 以外に，X の開かつ閉でもある部分集合が存在する．

解答 定義より，(1) と (2) は同値な命題であるから，(2) を証明する．
($\Rightarrow$) X を分離する開集合を U,V とする．(DC1) と (DC2) より，
$$U = X - V, \quad V = X - U$$
であるから，U と V は閉集合でもある．(DC3) より，$U \neq \emptyset \neq V$ であり，したがって，$U \neq X \neq V$ でもある．
($\Leftarrow$) U を，X の開かつ閉なる部分集合で，$U \neq \emptyset, U \neq X$ なるものとすると，$V = X - U$ も X の開集合で，U と V は X を分離する． ◆

問

4.52 (X,d) を距離空間とする．次を証明しなさい：
(1) 1 点集合 $\{a\} \subset X$ は連結である．
(2) 2 点からなる集合 $\{a,b\} \subset X$ $(a \neq b)$ は連結でない．

例題 4.29 ─────────────── 連結集合の閉包 ───

(X,d) を距離空間とする．部分集合 $A \subset X$ が連結で，$A \subset B \subset A^a$ ならば，B も連結であることを証明しなさい．

解答 例題 3.33 の証明と本質的に同じであるから，省略する． ◆

問題

4.53 距離空間 (X,d) の部分集合 A が連結ならば，閉包 A^a も連結であることを証明しなさい．

4.54 $(X,d_X),(Y,d_Y)$ を距離空間とし，$f:X\to Y$ を連続写像とする．部分集合 $A \subset X$ が連結ならば，$f(A) \subset Y$ も連結であることを証明しなさい．

　ヒント 例題 3.31 の証明と本質的に同じである．

4.55 （**中間値の定理**） (X,d) を距離空間とし，$f:X\to \mathbb{R}^1$ を連続写像とする．部分集合 $A \subset X$ が連結ならば，次が成り立つことを証明しなさい：

(1) $\forall \alpha, \beta \in f(A), \alpha < \beta \Rightarrow [\alpha, \beta] \subset f(A)$

(2) $\forall a, b \in A, f(a) < f(b) \Rightarrow \forall \gamma \in \mathbb{R}^1, f(a) < \gamma < f(b), \exists c \in A(f(c) = \gamma)$

　ヒント 問題 2.60, 問題 3.71, 問題 3.72 と本質的に同じである．$f(A)$ が区間となることを利用する．なお，(1) と (2) は同値である．

4.56 距離空間 (X,d) に関して，次の 4 つの命題は同値であることを証明しなさい：

(1) X は連結である．

(2) X の部分集合で，開かつ閉であるものは X と $\emptyset$ である．

(3) 離散距離空間 $\{0,1\}$ への任意の連続写像 $f:X \to \{0,1\}$ は定値写像に限る．

(4) $(X = A \cup B) \wedge (A^a \cap B = \emptyset) \wedge (A \cap B^a = \emptyset) \Rightarrow (A = \emptyset) \vee (B = \emptyset)$

　ヒント (1)⇔(2) は例題 4.28 である．(1)⇔(3) は例題 3.32 の証明と本質的に同じである．(1)⇔(4) は問題 3.74 と本質的に同じである．

4.57 $(X,d_X),(Y,d_Y)$ を距離空間とする．部分集合 $A \subset X, B \subset Y$ がともに連結ならば，直積集合 $A \times B$ も直積距離空間 $(X \times Y, d^\times)$ の部分集合として連結であることを証明しなさい．

　ヒント 例題 3.35 の証明と本質的に同じである．

4.58 (X,d) を距離空間とし，$\{A_\lambda | \lambda \in \Lambda\}$ を X の連結な部分集合族とする．$\bigcap_{\lambda \in \Lambda} A_\lambda \neq \emptyset$ ならば，和集合 $\bigcup_{\lambda \in \Lambda} A_\lambda$ も連結であることを証明しなさい．

　ヒント 例題 3.30 を参照．問題 3.70 と本質的に同じである．

連結成分 距離空間 (X,d) の点 x について，x を含むような X の連結集合すべての和集合を $C(x)$ で表し，点 x を含む**連結成分**という．

1 点集合 $\{x\}$ は連結であるから (問題 4.52 (1))，$C(x) \neq \emptyset$ である．

例題 3.34 と同じようにして，次が得られる：

> **定理 4.6** 距離空間 (X,d) について，次が成り立つ：
> (1) 点 $x \in X$ について，$C(x)$ は x を含む X の最大の連結集合である．
> (2) 点 $x, y \in X$ について，$C(x) \cap C(y) \neq \emptyset \Leftrightarrow C(x) = C(y)$.

弧状連結性 閉区間の連結性を利用した新たな連結性の概念を導入する．数学の多くの場面では，これまで議論してきた「連結」よりもこちらの方が実用的でかつ実践的である．

(X, d) を距離空間とする．部分集合 $A \subset X$ に対して，閉区間 $[0,1]$ から部分距離空間 (A, d_A) への連続写像 $w : [0,1] \to A$ を A における**道** (path) といい，点 $w(0)$ をその**始点** (initial point)，点 $w(1)$ をその**終点** (terminal point) という．また，このとき，A の 2 点 $w(0)$ と $w(1)$ は道 w によって**結ばれる**という．

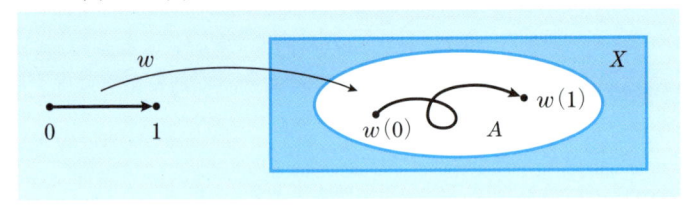

★ 道 $w : [0,1] \to A$ の像 $w([0,1])$ を**弧** (arc) という．説明図では弧が使われるが，道はあくまで連続写像である．

距離空間 (X,d) の部分距離空間 (A, d_A) の任意の 2 点が道によって結ばれるとき，A は**弧状連結** (arcwise connected, pathwise connected) であるという．

道については，次の 2 つの性質が基本的である：

(1) A の 2 点 a と b が道で結ばれるならば，b と a も道で結ばれる．実際，$w : [0,1] \to A$ を $w(0) = a, w(1) = b$ なる A の道とすると，
$$\overline{w} : [0,1] \to A, \quad \overline{w}(t) = w(1-t) \quad (0 \leqq t \leqq 1)$$
によって定義される写像 $\overline{w}$ も連続で，
$$\overline{w}(0) = w(1) = b, \quad \overline{w}(1) = w(0) = a$$
である．なお，ここで定義された道 $\overline{w}$ を，道 w の**逆の道** (inverse path) という．

(2) A の 3 点 a, b, c について，a と b が道によって結ばれ，かつ b と c が道によっ

4.5 距離空間の連結性

で結ばれるならば，a と c は道によって結ばれる．実際，
$$u : [0,1] \to A \text{ を } u(0) = a, u(1) = b \text{ なる道},$$
$$v : [0,1] \to A \text{ を } v(0) = b, v(1) = c \text{ なる道}$$
とするとき，区間上の連続写像
$$\sigma : [0, 1/2] \to [0,1], \sigma(t) = 2t, \quad \tau : [1/2, 1] \to [0,1], \tau(t) = 2t - 1$$
を利用して，$w : [0,1] \to A$ を次のように定義する：
$$w(t) = \begin{cases} (u \circ \sigma)(t) & (0 \leqq t \leqq 1/2), \\ (v \circ \tau)(t) & (1/2 \leqq t \leqq 1). \end{cases}$$
例題 4.17 により，$u \circ \sigma$ と $v \circ \tau$ はいずれも連続である．また，閉区間 $[0, 1/2], [1/2, 1]$ はいずれも区間 $[0,1]$ の閉集合であり，
$$(u \circ \sigma)(1/2) = u(1) = b = v(0) = (v \circ \tau)(1/2)$$
であるから，問題 4.33 より，w も連続，つまり，w は道である．しかも，
$$w(0) = u(0) = a, \quad w(1) = v(1) = c$$
が成り立つ．ここで定義された道 w を，道 u と道 v の**積** (product) といい，$u \star v$ で表すことにする．

上の 2 つの性質と，定値写像 (次の例 4.6 (1) を参照) を用いることにより，距離空間 (X, d) において，「道によって結ばれる」という関係は集合 X 上の同値関係であることがわかる．この各同値類を X の**弧状連結成分** (arcwise connected component) という．

例 4.6 (1) 距離空間 (X, d) において，1 点集合 $\{a\} \subset X$ は弧状連結である．
(2) $\mathbb{R}^n$ は弧状連結である．また，$\mathbb{R}^n$ の任意の点 a と任意の実数 $r > 0$ について，開球体 $N(a; r)$, 閉球体 $D(a; r)$ はいずれも弧状連結である．

実際，これらは次のようにして確かめられる．
(1) 点 a に値をとる定値写像 $c_a : [0,1] \to A, c_a([0,1]) = \{a\}$, は問題 4.24 により連続である．つまり，$c_a$ は a と a を結ぶ $\{a\}$ の道である．
(2) 点 $a = (a_1, a_2, \cdots, a_n), b = (b_1, b_2, \cdots, b_n) \in \mathbb{R}^n$ に対し，道 $w : [0,1] \to \mathbb{R}^n$ を
$$w(t) = ((1-t)a_1 + tb_1, (1-t)a_2 + tb_2, \cdots, (1-t)a_n + tb_n)$$
によって定めると，$w(0) = a, w(1) = b$ となる．
任意の 2 点 $a, b \in N(a; r)$ について，上で用いた道 w は，a と b を結ぶ $N(a; r)$ の道である．$D(a; r)$ についても同じである．

★ この弧 $w([0,1])$ は，a と b を結ぶ線分である．部分集合 $A \subset \mathbb{R}^n$ が**凸** (convex) であるとは，任意の 2 点 $a, b \in A$ について，a と b を結ぶ線分が A に含まれる場合をいう．
$\mathbb{R}^n$ や $N(a; r), D(a; r)$ は凸である．凸な部分集合は弧状連結である．

---例題 4.30--------------------------------弧状連結性---

(X, d) を距離空間とし，$A \subset X$ とする．
A が弧状連結であることと，次の $(*)$ は同値な条件である：
 $(*)$ 1点 $a \in A$ が存在して，A の任意の点は a と道で結ばれる．

[解答] A が弧状連結ならば，任意に 1 点 $a \in A$ を選ぶと，定義より，A の任意の点は a と道で結ばれる．

逆に，$(*)$ が成り立つとする．任意の 2 点 $x, y \in A$ について，$(*)$ より，A の道
$$u : [0,1] \to A, u(0) = a, u(1) = x; \quad v : [0,1] \to A, v(0) = a, v(1) = y$$
が存在する．道 u と，道 v の逆の道 $\bar{v}$ の積 $u \star \bar{v}$ は x と y を結ぶ道である．

任意の 2 点が道で結ばれるので，A は弧状連結である． ◆

問 題

4.59 (X, d) を距離空間とし，$\{A_\lambda \mid \lambda \in \Lambda\}$ を X の弧状連結な部分集合族とする．$\bigcap_{\lambda \in \Lambda} A_\lambda \neq \emptyset$ ならば，和集合 $A = \bigcup_{\lambda \in \Lambda} A_\lambda$ も弧状連結であることを証明しなさい．

距離空間 (X, d) の点 x について，x を含むような X の弧状連結集合すべての和集合を $C^*(x)$ で表すと，問題 4.59 により，$C^*(x)$ は，前記の「道によって結ばれる」という X 上の同値関係による，点 x の同値類と一致することがわかる．

例 4.5 (1) より，1 点集合は弧状連結であるから，$C^*(x) \neq \emptyset$ であり，定理 4.6 と同様に，次が得られる：

定理 4.7 距離空間 (X, d) において，次が成り立つ：
(1) 点 $x \in X$ について，$C^*(x)$ は x を含む最大の弧状連結成分である．
(2) 点 $x, y \in X$ について，$C^*(x) \cap C^*(y) \neq \emptyset \Rightarrow C^*(x) = C^*(y)$．

---例題 4.31--------------------------弧状連結集合の連続像も弧状連結---

$(X, d_X), (Y, d_Y)$ を距離空間とし，$f : X \to Y$ を連続写像とする．部分集合 $A \subset X$ が弧状連結ならば，$f(A) \subset Y$ も弧状連結であることを証明しなさい．

[解答] 2 点 $x, y \in f(A)$ に対して，点 $a, b \in A$ が存在して，$f(a) = x, f(b) = y$ となる．A は弧状連結だから，道 $w : [0,1] \to A$ が存在して，$w(0) = a, w(1) = b$ となる．このとき，合成写像 $f \circ w : [0,1] \to f(A)$ は，例題 4.17 により連続写像で，
$$(f \circ w)(0) = f(w(0)) = f(a) = x, \quad (f \circ w)(1) = f(w(1)) = f(b) = y$$
であるから，x と y を結ぶ $f(A)$ の道である． ◆

4.5 距離空間の連結性

問題

4.60 $(X, d_X), (Y, d_Y)$ を距離空間とする．部分集合 $A \subset X, B \subset Y$ がともに弧状連結ならば，直積集合 $A \times B$ も直積距離空間 $(X \times Y, d^{\times})$ の部分集合として弧状連結であることを証明しなさい．

ヒント 例題 3.35 の証明と同じ方針で証明される．

4.61 弧状連結な距離空間 (X, d) は連結であることを証明しなさい．

ヒント 区間は定理 3.6 により，連結である．例題 3.31 あるいは問題 4.54 により，弧は連結である．したがって，弧の両端点は同一の連結成分に属する．

ところで，問題 4.61 の逆は成り立たないことを示すのが次の例である．

例 4.7 2 次元ユークリッド空間 $(\mathbb{R}^2, d^{(2)})$ の部分距離空間 (X, d) を次のように構成する：
$$A = \{(0, y) \mid 0 < y \leqq 1\}, \quad B = \{(x, 0) \mid 0 < x \leqq 1\},$$
$$X_n = \{(1/n, y) \mid 0 \leqq y \leqq 1\} \quad (n \in \mathbb{N})$$
とすると，$X = B \cup \left(\bigcup_{n \in \mathbb{N}} X_n \right) \cup A$ は連結であるが，弧状連結ではない．

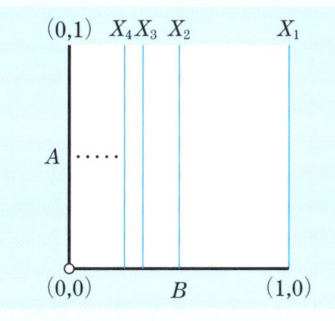

実際，$B_n = B \cup X_n$ は（弧状）連結で，$\bigcap_{n \in \mathbb{N}} B_n \supset B$ であるから，問題 4.58 と問題 4.59 より，$\bigcup_{n \in \mathbb{N}} B_n = B \cup \left(\bigcup_{n \in \mathbb{N}} X_n \right)$ は (弧状) 連結である．ところで，
$$B \cup \left(\bigcup_{n \in \mathbb{N}} X_n \right) \subset B \cup \left(\bigcup_{n \in \mathbb{N}} X_n \right) \cup A = X \subset \left(B \cup \left(\bigcup_{n \in \mathbb{N}} X_n \right) \right)^a$$
であるから，例題 4.29 より，X は連結である．

一方，X の 2 点 $(1, 0)$ と $(0, 1)$ を結ぶ道は存在しないので，X は弧状連結ではない．

第5章

位相空間

　距離空間 (X, d) においては，まず距離 d を用いて ε-近傍を定義し，これを用いて写像の連続性を定義した．しかし，ε-近傍を用いて開集合・閉集合の概念を導入すると，写像の連続性は，距離 d とは無関係に，開集合・閉集合によって定義できることになった（例題 4.15）．そして，その後の議論は，例題 4.6 で挙げた開集合の 3 つの性質 [O1]，[O2]，[O3] を活用することで，ほとんどが済むことになった．このような状況を踏まえて，性質 [O1]，[O2]，[O3] を抽象化し，距離空間を含むより広い概念として，「位相空間」を導入する．

5.1 開集合・位相・位相空間

開集合・位相　X を空でない集合とする．X の部分集合族 $\boldsymbol{O} \subset 2^X$ が次の 3 条件を満たすとき，これを X 上の**位相** (topology)，あるいは開集合族という：

[O1]　$X \in \boldsymbol{O}, \quad \emptyset \in \boldsymbol{O}$
[O2]　$U_1, U_2, \cdots, U_m \in \boldsymbol{O} \quad \Rightarrow \quad U_1 \cap U_2 \cap \cdots \cap U_m \in \boldsymbol{O}$
[O3]　$\{U_\lambda \in \boldsymbol{O} | \lambda \in \Lambda\} \quad \Rightarrow \quad \bigcup_{\lambda \in \Lambda} U_\lambda \in \boldsymbol{O}$

　位相 $\boldsymbol{O}$ が定められた集合 X を対 $(X, \boldsymbol{O})$ で表し，**位相空間** (topological space) という．また，$U \in \boldsymbol{O}$ のとき，U を X の**開集合** (open set, open subset) という．

　★ 上の 3 条件 [O1]，[O2]，[O3] をまとめて，**位相の公理**という．

閉集合　距離空間の場合と同じように，開集合を定めたので閉集合を導入する．位相空間 $(X, \boldsymbol{O})$ において，部分集合 $F \subset X$ が**閉集合** (closed set, closed subset) であるとは，その補集合 $F^c = X - F$ が開集合である場合をいい，X の閉集合全体の集合族を $\boldsymbol{A}(X)$ または単に $\boldsymbol{A}$ で表す；

$$F \in \boldsymbol{A}(X) \quad \equiv \quad F^c \in \boldsymbol{O}$$

定理 5.1 位相空間 $(X, \boldsymbol{O})$ の閉集合の全体 $\boldsymbol{A}$ は，次の性質をもつ：
(1) $\varnothing \in \boldsymbol{A}, \quad X \in \boldsymbol{A}$
(2) $F_1, F_2, \cdots, F_m \in \boldsymbol{A} \quad \Rightarrow \quad F_1 \cup F_2 \cup \cdots \cup F_m \in \boldsymbol{A}$
(3) $\{F_\lambda \in \boldsymbol{A} | \lambda \in \Lambda\} \quad \Rightarrow \quad \bigcap_{\lambda \in \Lambda} F_\lambda \in A$

証明 (1) [O1] より，$\varnothing^c = X \in \boldsymbol{O}$ だから，$\varnothing \in \boldsymbol{A}$, $X^c = \varnothing \in \boldsymbol{O}$ だから，$X \in \boldsymbol{A}$．
(2) ド・モルガンの法則（例題 1.2 (1)）と [O2] より，
$$(F_1 \cup F_2 \cup \cdots \cup F_m)^c = F_1^c \cap F_2^c \cap \cdots \cap F_m^c \in \boldsymbol{O}$$
が成り立つから，$F_1 \cup F_2 \cup \cdots \cup F_m \in \boldsymbol{A}$．
(3) ド・モルガンの法則（定理 1.5 (2)）と [O3] より，
$$\left(\bigcap_{\lambda \in \Lambda} F_\lambda \right)^c = \bigcup_{\lambda \in \Lambda} F_\lambda^c \in \boldsymbol{O} \text{であるから，} \bigcap_{\lambda \in \Lambda} F_\lambda \in A. \quad \blacklozenge$$

例 5.1 (X, d) を距離空間とする．4.3 節で考察した (X, d) の開集合族 $\boldsymbol{O}_d(X)$ は X 上の 1 つの位相である（例題 4.6）．この位相を距離 d によって定まる**距離位相** (metric topology) という．実際，距離位相はこれから学ぶ位相のモデルである．

★ 以下，この章はできるだけ前章「距離空間」にしたがって話を進めるので，随時振り返って参照してください．

位相空間 $(X, \boldsymbol{O})$ に対して，集合 X 上にある距離関数 d が定義できて，$\boldsymbol{O} = \boldsymbol{O}_d(X)$ となるとき，この位相 $\boldsymbol{O}$ は**距離化可能** (metrizable) であるという．
★ ユークリッド空間 $(\mathbb{R}^n, d^{(n)})$ については，特に断らなければ，ユークリッドの距離 $d^{(n)}$ によって定まる距離位相が入っているものとして扱う．なお，この位相を $\mathbb{R}^n$ の**通常の位相**という．

例 5.2 (1) 集合 $X \neq \varnothing$ について，$\boldsymbol{O} = \{X, \varnothing\}$ は明らかに位相の公理を満たす．この位相を**密着位相** (indiscrete topology) といい，位相空間 $(X, \{X, \varnothing\})$ を**密着空間** (indiscrete space) という．
(2) 集合 $X \neq \varnothing$ について，その巾集合 $\boldsymbol{O} = 2^X$ も明らかに位相の公理を満たす．この位相を**離散位相** (discrete topology) といい，位相空間 $(X, 2^X)$ を**離散空間** (discrete space) という．

1 点から成る集合 $X = \{x\}$ 上では，密着位相と離散位相とが一致し，これ以外の位相は存在しない．

例 5.3 集合 $X = \{1, 2\}$ の上の位相は，次の 4 通りである：

$$\boldsymbol{O}_1 = \{\varnothing, \{1\}, \{2\}, X\}, \quad \boldsymbol{O}_2 = \{\varnothing, X\},$$
$$\boldsymbol{O}_3 = \{\varnothing, \{1\}, X\}, \quad \boldsymbol{O}_4 = \{\varnothing, \{2\}, X\}.$$

実際，X の巾集合は，$2^X = \{\varnothing, \{1\}, \{2\}, X\}$ である．この部分集合族で，[O1], [O2], [O3] を満たすものを探せばよい．まず，条件 [O1] から，求める集合族には $\varnothing$ と X が必ず属する．残りの $\{1\}$ と $\{2\}$ が属するか否かで上の 4 通りの集合族が得られるが，これらはいずれも条件 [O2], [O3] を満たしている．

例題 5.1 ──────────────────── 相対位相・部分位相空間 ──

$(X, \boldsymbol{O})$ を位相空間とし，$A \subset X, A \neq \varnothing$ とする．部分集合 $V \subset A$ について，
$$V \in \boldsymbol{O}(A) \quad \Leftrightarrow \quad \exists U \in \boldsymbol{O} \,\, (V = A \cap U)$$
と定義すると，$\boldsymbol{O}(A)$ は A 上の位相となることを証明しなさい．

★ 例題 5.1 により定まる $\boldsymbol{O}(A)$ を集合 A 上の $\boldsymbol{O}$ に関する**相対位相** (relative topology) といい，位相空間 $(A, \boldsymbol{O}(A))$ を位相空間 $(X, \boldsymbol{O})$ の**部分位相空間** (topological subspace)，または単に**部分空間** (subspace) という．

解答 [O1] $X \in \boldsymbol{O}$ で，$A \cap X = A$ より，$A \in \boldsymbol{O}(A)$．
  $\varnothing \in \boldsymbol{O}$ で，$A \cap \varnothing = \varnothing$ より，$\varnothing \in \boldsymbol{O}(A)$．

[O2] $V_1, V_2, \cdots, V_m \in \boldsymbol{O}(A)$ とすると，定義より，$U_1, U_2, \cdots, U_m \in \boldsymbol{O}$ が存在して，$V_1 = A \cap U_1, V_2 = A \cap U_2, \cdots, V_m = A \cap U_m$ となる．例題 1.3 より，
$$V_1 \cap V_2 \cap \cdots \cap V_m = (A \cap U_1) \cap (A \cap U_2) \cap \cdots \cap (A \cap U_m)$$
$$= A \cap (U_1 \cap U_2 \cap \cdots \cap U_m)$$
で，$U_1 \cap U_2 \cap \cdots \cap U_m \in \boldsymbol{O}$ だから，$V_1 \cap V_2 \cap \cdots \cap V_m \in \boldsymbol{O}(A)$ である．

[O3] $V_\lambda \in \boldsymbol{O}(A), \lambda \in \Lambda$ のとき，定義より，各 V_λ に対して，$U_\lambda \in \boldsymbol{O}$ が存在して，$V_\lambda = A \cap U_\lambda$ となる．例題 1.8 より，
$$\bigcup_{\lambda \in \Lambda} V_\lambda = \bigcup_{\lambda \in \Lambda} (A \cap U_\lambda) = A \cap \left(\bigcup_{\lambda \in \Lambda} U_\lambda \right)$$
が成り立ち，$\bigcup_{\lambda \in \Lambda} U_\lambda \in \boldsymbol{O}$ だから，$\bigcup_{\lambda \in \Lambda} V_\lambda \in \boldsymbol{O}(A)$ である． ◆

問 題

5.1 (1) 集合 X に対して，例 4.2 で定義した離散距離 d によって定まる距離位相 $\boldsymbol{O}_d(X)$ は，前ページの例 5.2 (2) の離散位相と一致することを示しなさい．

(2) 密着位相は一般に距離化可能でないことを示しなさい．

5.2 集合 $X = \{1, 2, 3\}$ 上の位相をすべて求めなさい．

5.1 開集合・位相・位相空間

近傍・近傍系 距離空間 (X,d) においては，点 $a \in X$ の ε-近傍 $N(a;\varepsilon)$ が，開集合の定義の際にも写像の連続性を定義する際にも，基本的な役割を果たした．位相空間 $(X, \boldsymbol{O})$ においては，これに代わるべき集合としては，指定された開集合族 $\boldsymbol{O}$ しかあり得ない．そこで，$\boldsymbol{O}$ を用いて近傍を定義する．

$(X, \boldsymbol{O})$ を位相空間とする．部分集合 $N \subset X$ が点 $a \in X$ の**近傍** (neighborhood) であるとは，次が成り立つ場合をいう：

$$\exists U \in \boldsymbol{O} \ (a \in U \subset N)$$

この定義から，点 $a \in X$ を含む開集合は，必然的に a の近傍である．開集合である近傍を**開近傍** (open neighborhood) という．

点 $a \in X$ の近傍全体の集合族を a の**近傍系** (system of neighborhoods) といい，以下では $\boldsymbol{N}(a)$ で表す．また，点 a の開近傍全体の集合族を a の**開近傍系**といい，$\boldsymbol{No}(a)$ で表すことにする．

★ 点の近傍が定義されたので，距離空間の場合に「$\exists \varepsilon > 0 \ (N(x;\varepsilon)) \cdots$」とした部分を位相空間では，「$\exists U \in \boldsymbol{No}(x) \cdots$」と置き換えるとよい．

例題 5.2 ───────────────────── 近傍の基本性質 ──

$(X, \boldsymbol{O})$ を位相空間とする．次の性質を証明しなさい：
(1) $N, M \in \boldsymbol{No}(a) \Rightarrow N \cap M \in \boldsymbol{No}(a)$
(2) $N, M \in \boldsymbol{N}(a) \Rightarrow N \cap M \in \boldsymbol{N}(a)$

[解答] (1) $N \cap M \in \boldsymbol{O}$ で，$a \in N \cap M$ だから，$N \cap M \in \boldsymbol{No}(a)$．
(2) 定義より，$U, V \in \boldsymbol{O}$ が存在して，$a \in U \subset N, a \in V \subset M$ を満たす．このとき，$a \in U \cap V \subset N \cap M$ で，$U \cap V \in \boldsymbol{O}$ だから，$N \cap M \in \boldsymbol{N}(a)$． ◆

問題

5.3 位相空間 $(X, \boldsymbol{O})$ において，次が成り立つことを確認しなさい：
(1) $a \in X \Rightarrow X \in \boldsymbol{No}(a) \subset \boldsymbol{N}(a)$
(2) $N \in \boldsymbol{No}(a) \Rightarrow a \in N, \quad N \in \boldsymbol{N}(a) \Rightarrow a \in N$
(3) $N \in \boldsymbol{N}(a), N \subset M \subset X \Rightarrow M \in \boldsymbol{N}(a)$

5.4 位相空間 $(X, \boldsymbol{O})$ において，次の性質を証明しなさい：
(1) $N, M \in \boldsymbol{No}(a) \Rightarrow N \cup M \in \boldsymbol{No}(a)$
(2) $N, M \in \boldsymbol{N}(a) \Rightarrow N \cup M \in \boldsymbol{N}(a)$

内点・開核 位相空間 $(X, \mathbf{O})$ において,その部分集合 $A \subset X$ と点 $x \in X$ に関して,次のように定義する.

> (i) 点 x が A の**内点** $\equiv \exists U \in \mathbf{N}o(x)\ (U \subset A)$
> (e) 点 x が A の**外点** $\equiv \exists U \in \mathbf{N}o(x)\ (U \subset A^c)$
> (f) 点 x が A の**境界点** $\equiv \forall U \in \mathbf{N}o(x)\ (U \cap A \neq \emptyset \land U \cap A^c \neq \emptyset)$

A の内点の全体を A^i で表し,A の**開核**または**内部**という.点 $x \in X$ が A の内点ならば,$x \in U \subset A$ だから,必然的に $x \in A$ である.
$$A^i = \{x \in A \mid \exists U \in \mathbf{N}o(x)\ (U \subset A)\}$$
外点の全体を A^e で表し,A の**外部**という.点 $x \in X$ が A の外点ならば,$x \in A^c$,したがって,$x \notin A$ である.
$$A^e = \{x \in A^c \mid \exists U \in \mathbf{N}o(x)\ (U \subset A^c)\} = (A^c)^i$$
A の境界点の全体を A^f で表し,A の**境界**という.
$$A^f = \{x \in X \mid \forall U \in \mathbf{N}o(x)\ (U \cap A \neq \emptyset \land U \cap A^c \neq \emptyset)\}$$
境界点については,A に属する場合も属さない場合もあり得る.

上の定義を比べると,任意の点 $x \in X$ は,部分集合 A の内点・外点・境界点のいずれか 1 つであることがわかり,次が成り立つ:

(☆) $\quad X = A^i \cup A^e \cup A^f; \quad A^i \cap A^e = A^e \cap A^f = A^f \cap A^i = \emptyset$

例題 5.3 ────────────────────────── 開集合と開核 ─

> 位相空間 $(X, \mathbf{O})$ について,次が成り立つことを証明しなさい:
> (1) 部分集合 $A \subset X$ について,$A \in \mathbf{O} \Leftrightarrow A^i = A$
> (2) 部分集合 $A \subset X$ について,A の開核 $A^i \in \mathbf{O}; \quad (A^i)^i = A^i$

[解答] (1) ($\Rightarrow$) $A \in \mathbf{O}$ とすると,任意の点 $x \in A$ に対して,$A \in \mathbf{N}o(x)$ であるから,$x \in A^i$ である.よって,$A \subset A^i$ が成り立つ.一般に,内点の定義から,$A^i \subset A$ であるから,$A^i = A$ が結論される.

($\Leftarrow$) $A = A^i$ であるから,任意の点 $x \in A$ に対して $U_x \in \mathbf{N}o(x)$ が存在して,$U_x \subset A$ となる.よって,$\bigcup_{x \in A} U_x \subset A$ であり,一方 $\bigcup_{x \in A} U_x \supset A$ は明らかだから,$\bigcup_{x \in A} U_x = A$ である.ところで,各 $x \in A$ について $U_x \in \mathbf{O}$ であるから,位相の公理 [O3] により,$A = \bigcup_{\lambda \in \Lambda} U_x \in \mathbf{O}$ である.

(2) は,内点の定義と (1) から,直ちに証明される. ◆

問題

5.5 上の内点・外点・境界点の定義において，開近傍 $No(x)$ を近傍 $N(x)$ に置き換えても同値であることを確認しなさい．

5.6 位相空間 (X, O) の任意の部分集合 $A \subset X$ について，その外部 A^e は開集合であり，境界 A^f は閉集合であることを証明しなさい．

例題 5.4 ──────────────────── 開核の最大性 ─

位相空間 (X, O) の部分集合 $A \subset X$ について，次を証明しなさい：
  開核 A^i は，A に含まれる最大の開集合である．

[解答] 開核 A^i が開集合であることは例題 5.3 (2) で述べたので，その最大性を証明する．$B \in O$ で，$B \subset A$ とする．任意の $x \in B$ について，$U_x \in No(x)$ が存在して，$U_x \subset B$ が成り立つ．$B \subset A$ だから，$U_x \subset A$ が成り立つ．これは，x が A の内点であることを示す；$x \in A^i$．よって，$B \subset A^i$ が成り立つ． ◆

問題

5.7 位相空間 (X, O) の部分集合 $A \subset X$ に対して，$\{U_\lambda \in O \mid U_\lambda \subset A, \lambda \in \Lambda\}$ を，A に含まれるような X の開集合全体の集合族とすると，

$$A^i = \bigcup_{\lambda \in \Lambda} U_\lambda$$

が成り立つことを証明しなさい．

例題 5.5 ──────────────────── 共通集合の開核 ─

位相空間 (X, O) の部分集合 $A, B \subset X$ について，次を証明しなさい：
$$(A \cap B)^i = A^i \cap B^i$$

[解答] 〔$(A \cap B)^i \supset A^i \cap B^i$ の証明〕 $A^i \subset A, B^i \subset B$ であるから，$A^i \cap B^i \subset A \cap B$ で，$A^i \cap B^i \in O$ である．例題 5.4 より，$(A \cap B)^i$ は $A \cap B$ に含まれる最大の開集合である．よって，$(A \cap B)^i \supset A^i \cap B^i$．

〔$(A \cap B)^i \subset A^i \cap B^i$ の証明〕 例題 5.4 より，A^i は A に含まれる最大の開集合で，$A \cap B \subset A$ であるから，$(A \cap B)^i \subset A^i$ である．全く同様にして，$(A \cap B)^i \subset B^i$ も成り立つ．したがって，$(A \cap B)^i \subset A^i \cap B^i$． ◆

問題

5.8 位相空間 (X, O) の部分集合 $A, B \subset X$ について，次が成り立つことを証明しなさい：
$$A \subset B \Rightarrow A^i \subset B^i$$

触点・閉包 $(X, \boldsymbol{O})$ を位相空間とする．部分集合 $A \subset X$ と点 $x \in X$ について，次のように定める：

> (イ)　点 x が A の**触点** $\equiv \forall U \in \boldsymbol{No}(x)\ (U \cap A \neq \emptyset)$
> (ロ)　点 x が A の**集積点** $\equiv \forall U \in \boldsymbol{No}(x)\ (U \cap (A - \{x\}) \neq \emptyset)$
> (ハ)　点 x が A の**孤立点** $\equiv \exists U \in \boldsymbol{No}(x)\ (U \cap A = \{x\})$

内点・外点・境界点の定義と触点の定義を比較してみると，x が A の触点であることは，x が A の内点または境界点であることは同じである．A の触点の全体を A^a で表し，A の**閉包**という．

$$A^a = \{x \in X \mid \forall U \in \boldsymbol{No}(x)\ (U \cap A \neq \emptyset)\} = A^i \cup A^f \supset A$$

A の集積点の全体を A の**導集合**といい，A^d で表す．上の定義から，$x \in A$ の場合には，x が A の触点であることと集積点であることは同等であり，$A - A^d$ の点が孤立点である；

$$A^a = A^d \cup \{A \text{ の孤立点}\}$$

例題 5.6 ────────────────────────────── 閉包は閉集合 ──

位相空間 $(X, \boldsymbol{O})$ の部分集合 $A \subset X$ について，次の命題を証明しなさい：
A の閉包 A^a は，A を含む最小の閉集合である．

解答 〔A^a が X の閉集合であることの証明〕$(A^a)^c = X - A^a = X - (A^i \cup A^f) = A^e$ で，$A^e = (A^c)^i$ は開集合であるから (例題 5.3)，A^a は閉集合である．
　〔最小性の証明〕$B \subset X$ を閉集合とし，$B \supset A$ とする．B^c は開集合なので，
$$\forall x \in B^c, \exists U \in \boldsymbol{No}(x)\ (U \subset B^c)$$
が成り立つ．ところが，$B \supset A$ だから $B^c \subset A^c$ が成り立つので，$U \subset A^c$ である．これは x が A の外点であることを示す；$x \in A^e = (A^a)^c$．よって，$B^c \subset (A^a)^c$ であるから，$B \supset A^a$ が成り立つ．よって，A^a は A を含む閉集合のうちで最小である． ◆

問　題

5.9　位相空間 $(X, \boldsymbol{O})$ の部分集合 $A \subset X$ について，次が成り立つことを証明しなさい：
(1)　A が X の閉集合；$A \in \boldsymbol{A}(X) \Leftrightarrow A = A^a$　　(2)　$A^a = (A^a)^a$

5.10　位相空間 $(X, \boldsymbol{O})$ の部分集合 $A \subset X$ に対して，$\{F_\lambda \in \boldsymbol{A}(X) \mid F_\lambda \supset A, \lambda \in \Lambda\}$ を A を含むような X の閉集合全体の集合族とすると，
$$A^a = \bigcap_{\lambda \in \Lambda} F_\lambda$$
が成り立つことを証明しなさい．

---例題 5.7--- ━━━━━━━━━━━━━ 部分集合の閉包 ━━

位相空間 $(X, \boldsymbol{O})$ の部分集合 $A, B \subset X$ について，次の命題を証明しなさい：
$$A \subset B \quad \Rightarrow \quad A^a \subset B^a$$

[解答] $x \in A^a$ ならば，閉包の定義より，次が成り立つ：
$$\forall U \in \boldsymbol{No}(x) \, (U \cap A \neq \varnothing)$$
ところで，$A \subset B$ だから，$U \cap A \subset U \cap B \neq \varnothing$ である．よって，$x \in B^a$ である．◆

問 題

5.11 位相空間 $(X, \boldsymbol{O})$ の部分集合 $A, B \subset X$ について，次の命題を証明しなさい：
$$A \subset B \quad \Rightarrow \quad A^d \subset B^d$$

---例題 5.8--- ━━━━━━━━━━━━━ 和集合の閉包 ━━

位相空間 $(X, \boldsymbol{O})$ の部分集合 $A, B \subset X$ について，次の等号が成り立つことを証明しなさい：
$$(A \cup B)^a = A^a \cup B^a$$

[解答] 〔$(A \cup B)^a \supset A^a \cup B^a$ の証明〕 $A \cup B \supset A$, $A \cup B \supset B$ だから，例題 5.7 より，$(A \cup B)^a \supset A^a$, $(A \cup B)^a \supset B^a$ が成り立つので，$(A \cup B)^a \supset A^a \cup B^a$ である．
〔$(A \cup B)^a \subset A^a \cup B^a$ の証明〕 閉包の定義より，一般に $A \subset A^a$, $B \subset B^a$ だから，
$$A \cup B \subset A^a \cup B^a$$
が成り立つ．例題 5.6 より，A^a と B^a は閉集合であるから，定理 5.1 (2) より，$A^a \cup B^a$ は閉集合である．再び例題 5.6 より，$(A \cup B)^a$ は $A \cup B$ を含む最小の閉集合であるから，$(A \cup B)^a \subset A^a \cup B^a$ が結論される．◆

問 題

5.12 位相空間 $(X, \boldsymbol{O})$ の部分集合 $A, B \subset X$ について，次が成り立つことを証明しなさい：
$$(A \cap B)^a \subset A^a \cap B^a$$

5.13 位相空間 $(X, \boldsymbol{O})$ の部分集合 $A, B \subset X$ について，次が成り立つことを証明しなさい：
$$(A \cup B)^d = A^d \cup B^d$$

5.14 位相空間 $(X, \boldsymbol{O})$ の部分集合 $U, V \subset X$ について，次の命題が成り立つことを証明しなさい：
$$(U, V \in \boldsymbol{O}) \wedge (U \cap V = \varnothing) \quad \Rightarrow \quad (U^a \cap V = \varnothing) \wedge (U \cap V^a = \varnothing)$$

5.2 位相空間上の連続写像

距離空間の場合にならって，位相空間上の連続写像を次のように定義する．

$(X, \boldsymbol{O}_X), (Y, \boldsymbol{O}_Y)$ を位相空間とし，$f: X \to Y$ を写像とする．f が点 $a \in X$ で**連続** (continuous) であることを，次が成り立つことと定める：

(∗1) $\qquad \forall U \in \boldsymbol{N}(f(a)), \exists V \in \boldsymbol{N}(a) \ (f(V) \subset U)$

この定義は，開近傍を使って，次のように言い換えることができる：

(∗2) $\qquad \forall U \in \boldsymbol{No}(f(a)), \exists V \in \boldsymbol{No}(a) \ (f(V) \subset U)$

また，$f(U) \subset V$ は，f による逆像を考えることによって，

(∗3) $\qquad U \in \boldsymbol{N}(f(a)) \quad \Rightarrow \quad f^{-1}(U) \in \boldsymbol{N}(a)$

(∗4) $\qquad U \in \boldsymbol{No}(f(a)) \quad \Rightarrow \quad f^{-1}(U) \in \boldsymbol{No}(a)$

が成り立つ場合と置き換えることができる．

写像 $f: X \to Y$ が X のすべての点で連続であるとき，f は X で（位相 $\boldsymbol{O}_X$ と $\boldsymbol{O}_Y$ に関して）**連続**である，あるいは X 上の**連続写像** (continuous map) であるという．また，位相を強調して，この状態を，

$$\text{連続写像} f: (X, \boldsymbol{O}_X) \to (Y, \boldsymbol{O}_Y)$$

のように表現することもある．

位相空間上の連続写像も，開集合・閉集合を用いて特徴付けることができる．

例題 5.9 ─────────────── 開集合による連続写像の特徴付け ─

$(X, \boldsymbol{O}_X), (Y, \boldsymbol{O}_Y)$ を位相空間とし，$f: X \to Y$ を写像とする．このとき，次の 3 条件は同値であることを証明しなさい：

(1) $f: (X, \boldsymbol{O}_X) \to (Y, \boldsymbol{O}_Y)$ は連続写像である．

(2) Y の任意の開集合 U について，f による U の逆像 $f^{-1}(U)$ は X の開集合である；$\qquad \forall U \in \boldsymbol{O}_Y \ (f^{-1}(U) \in \boldsymbol{O}_X)$

(3) Y の任意の閉集合 F について，f による F の逆像 $f^{-1}(F)$ は X の閉集合である；$\qquad \forall F \in \boldsymbol{A}(Y) \ (f^{-1}(F) \in \boldsymbol{A}(X))$

解答 〔(1)⇒(2) の証明〕 $U \in \boldsymbol{O}_Y$ に対して，1 点 $a \in f^{-1}(U)$ を選ぶと，$f(a) \in U$ であるから，$U \in \boldsymbol{No}(f(a))$ である．(1) より，(∗4) を使うと，$f^{-1}(U) \in \boldsymbol{No}(a)$ となるが，$\boldsymbol{No}(a) \subset \boldsymbol{O}_X$ であるから，$f^{-1}(U) \in \boldsymbol{O}_X$ である．

〔(2)⇒(1) の証明〕 任意の点 $a \in X$ と任意の開近傍 $U \in \boldsymbol{No}(f(a))$ について，$U \in \boldsymbol{O}_Y$ であるから，(2) より $f^{-1}(U) \in \boldsymbol{O}_X$ である．$a \in f^{-1}(U)$ であるから，

$f^{-1}(U) \in \boldsymbol{No}(a)$ が結論され，(∗4) より，f は点 a で連続である．

〔(2)⇒(3) の証明〕 任意の $F \in \boldsymbol{A}(Y)$ について，例題 1.13 (5) より，
$$(f^{-1}(F))^c = f^{-1}(F^c)$$
が成り立つ．$F^c \in \boldsymbol{O}_Y$ であるから，(2) より，$f^{-1}(F^c) \in \boldsymbol{O}_X$ である．よって，$(f^{-1}(F))^c \in \boldsymbol{O}_X$ だから，$f^{-1}(F) \in \boldsymbol{A}(X)$ である．

〔(3)⇒(2) の証明〕 任意の $U \in \boldsymbol{O}_Y$ について，同じく例題 1.13 (5) より，
$$(f^{-1}(U))^c = f^{-1}(U^c)$$
が成り立つ．$U^c \in \boldsymbol{A}(Y)$ であるから，(3) より，$f^{-1}(U^c) \in \boldsymbol{A}(X)$ である．よって，$(f^{-1}(U))^c \in \boldsymbol{A}(X)$ だから，$f^{-1}(U) \in \boldsymbol{O}_X$ である． ◆

問 題

5.15 $(X, \boldsymbol{O}_X), (Y, \boldsymbol{O}_Y)$ を位相空間とする．写像 $f : X \to Y$ が連続写像であることと，次の条件 (4) が成り立つこととは同値であることを証明しなさい：
(4) 任意の部分集合 $A \subset X$ について，$f(A^a) \subset (f(A))^a$ が成り立つ．

5.16 $(X, \boldsymbol{O}_X), (Y, \boldsymbol{O}_Y)$ を位相空間とする．任意の 1 点 $b \in Y$ について，b に値をもつ定値写像 $f : X \to Y ; \quad f(x) = b \quad (x \in X)$
は連続写像であることを証明しなさい．

例題 5.10 ────────────────────── 合成写像の連続性 ─

$(X, \boldsymbol{O}_X), (Y, \boldsymbol{O}_Y), (Z, \boldsymbol{O}_Z)$ を位相空間とする．写像
$$f : (X, \boldsymbol{O}_X) \to (Y, \boldsymbol{O}_Y), \quad g : (Y, \boldsymbol{O}_Y) \to (Z, \boldsymbol{O}_Z)$$
が連続ならば，合成写像
$$g \circ f : (X, \boldsymbol{O}_X) \to (Z, \boldsymbol{O}_Z)$$
も連続であることを証明しなさい．

[解答] 任意の $U \in \boldsymbol{O}_Z$ について，g が連続だから，例題 5.9 により，$g^{-1}(U) \in \boldsymbol{O}_Y$ である．f も連続だから，再び例題 5.9 により，$f^{-1}(g^{-1}(U)) = (g \circ f)^{-1}(U) \in \boldsymbol{O}_X$ が成り立つ．よって，例題 5.9 により，$g \circ f$ は連続である． ◆

問 題

5.17 $(X, \boldsymbol{O})$ を位相空間とする．部分集合 $A \subset X$ について，包含写像 $i : A \to X$ は，相対位相 $\boldsymbol{O}(A)$ と $\boldsymbol{O}$ に関して連続であることを証明しなさい．

5.18 $(X, \boldsymbol{O}_X), (Y, \boldsymbol{O}_Y)$ を位相空間とし，$A \subset X$ とする．写像 $f : (X, O_X) \to (Y, \boldsymbol{O}_Y)$ が連続ならば，制限写像 $f|A : (A, \boldsymbol{O}(A)) \to (Y, \boldsymbol{O}_Y)$ も連続であることを証明しなさい．

---例題 5.11--共通の拡張の連続性---

$(X, \boldsymbol{O}_X), (Y, \boldsymbol{O}_Y)$ を位相空間とし，$A, B \subset X$ を $A \cup B = X$, $A, B \in \boldsymbol{O}_X$ を満たす部分集合とする．さらに，
$$f_A : (A, \boldsymbol{O}(A)) \to (Y, \boldsymbol{O}_Y), \quad f_B : (B, \boldsymbol{O}(B)) \to (Y, \boldsymbol{O}_Y)$$
を連続写像で，$f_A|A \cap B = f_B|A \cap B$ を満たすとすると，f_A と f_B の共通の拡張 $f : X \to Y$ も連続写像であることを証明しなさい．

[解答] f_A, f_B は連続写像であるから，例題 5.9 により，任意の $U \in \boldsymbol{O}_Y$ について，
$$f_A^{-1}(U) = f^{-1}(U) \cap A \in \boldsymbol{O}(A), \quad f_B^{-1}(U) = F^{-1}(U) \cap B \in \boldsymbol{O}(B)$$
が成り立つ．相対位相の定義より，$V, W \in \boldsymbol{O}_X$ が存在して，
$$f_A^{-1}(U) = V \cap A, \quad f_B^{-1}(U) = W \cap B$$
となる．$A, B \in \boldsymbol{O}_X$ だから，$V \cap A \in \boldsymbol{O}_X, W \cap B \in \boldsymbol{O}_X$ である．よって，$f^{-1}(U) = f_A^{-1}(U) \cup f_B^{-1}(U) \in \boldsymbol{O}_X$ が成り立つ．例題 5.9 より，f は連続である． ◆

■■■■ 問 題 ■■■■■■■■■■■■■■■■■■■■■■■■■■■■■■■■■■■■■

5.19 例題 5.11 において，「$A, B \in \boldsymbol{O}_X$」を「$A, B \in \boldsymbol{A}(X)$」と置き換えても，$f_A$ と f_B の共通の拡張 $f : X \to Y$ は連続であることを証明しなさい．

5.20 $(X, \boldsymbol{O}_X), (Y, \boldsymbol{O}_Y)$ を位相空間とし，$A, B \subset X$ を $A \cup B = X$ を満たす部分集合とする．$A, B \in \boldsymbol{O}_X$ (または，$A, B \in \boldsymbol{A}(X)$) で写像 $f : X \to Y$ の制限写像 $f|A : (A, \boldsymbol{O}(A)) \to (Y, \boldsymbol{O}_Y)$, $f|B : (B, \boldsymbol{O}(B)) \to (Y, \boldsymbol{O}_Y)$ がともに連続写像ならば，f も連続写像であることを証明しなさい．

開写像・閉写像・同相写像 $(X, \boldsymbol{O}_X), (Y, \boldsymbol{O}_Y)$ を位相空間とする．写像 $f : X \to Y$ に対して次の用語を導入する．

(1) f が**開写像** (open map) $\equiv \forall V \in \boldsymbol{O}_X \ (f(V) \in \boldsymbol{O}_Y)$
(2) f が**閉写像** (closed map) $\equiv \forall F \in \boldsymbol{A}(X) \ (f(F) \in A(Y))$
(3) f が**埋め込み** (埋蔵；embedding)
$\equiv f$ が単射で連続，かつ $f^{-1} : f(X) \to X$ が連続
ただし，$f(X)$ の位相は $\boldsymbol{O}_Y$ の相対位相．
(4) f が**同相写像** (同位相写像，位相写像；homeomorphism)
$\equiv f$ が埋め込みで全射 $\Leftrightarrow f$ が全単射で連続で逆写像 $f^{-1} : Y \to X$ が連続

同相写像 $f : (X, \boldsymbol{O}_X) \to (Y, \boldsymbol{O}_Y)$ が存在するとき，位相空間 $(X, \boldsymbol{O}_X)$ と $(Y, \boldsymbol{O}_Y)$ は**同相** (位相同型；homeomorphic) であるという．

5.2 位相空間上の連続写像

---**例題 5.12**--**同相写像**---

$(X, \boldsymbol{O}_X), (Y, \boldsymbol{O}_Y)$ を位相空間とする．写像 $f : X \to Y$ に関して，次の 3 つの命題は同値であることを証明しなさい：
(1) f は同相写像である．
(2) f は全単射で連続，かつ開写像である．
(3) f は全単射で連続，かつ閉写像である．

解答 〔(1)⇒(2) の証明〕 $f^{-1} : Y \to X$ は連続写像であるから，任意の $U \in \boldsymbol{O}_X$ について，例題 5.9 により，$(f^{-1})^{-1}(U) \in \boldsymbol{O}_Y$ である．ところで f は全単射だから，$(f^{-1})^{-1} = f$ が成り立つので，$f(U) \in \boldsymbol{O}_Y$ である．よって，f は開写像である．

〔(2)⇒(3) の証明〕 任意の閉集合 $F \subset X$ について，f が全単射であるから，例題 1.13 (3), (4) により，$f(F^c) = (f(F))^c = Y - f(F)$ が成り立つ．F^c は開集合で，f が開写像であるから，$Y - f(F)$ は Y の開集合である．よって，$f(F)$ は Y の閉集合である．したがって，f は閉写像である．

〔(3)⇒(1) の証明〕 定義から，f の逆写像 f^{-1} が連続であることを示せば十分である．任意の閉集合 $F \subset X$ について，f が全単射であるから，例題 1.13 (3), (4) により，$(f^{-1})^{-1}(F) = f(F)$ が成り立ち，f が閉写像であるから，$f(F) \subset Y$ は閉集合である．よって，例題 5.9 (3) により，f^{-1} は連続である． ◆

問題

5.21 位相空間の集合において，同相であるという関係は同値関係であることを証明しなさい．

5.22 $\mathbb{R}^1$ を 1 次元ユークリッド空間とし，$\mathbb{R}^1$ の部分集合には相対位相を与える．$a < b, c < d$ のとき，次のことを証明しなさい．
(1) 開区間 (a, b) と (c, d) は同相である．
(2) 閉区間 $[a, b]$ と $[c, d]$ は同相である．
(3) 半開区間 $(a, b], (c, d], [a, b)$ は互いに同相である．
(4) 開区間 (a, b) と $\mathbb{R}^1$ は同相である．
(5) 半開区間 $(a, b], (-\infty, 0], [0, \infty)$ は互いに同相である．

5.23 $(X, \boldsymbol{O}_X), (Y, \boldsymbol{O}_Y)$ を位相空間とし，$f : X \to Y$ を写像とする．次の (1), (2), (3) を証明しなさい：
(1) $(X, \boldsymbol{O}_X)$ が離散空間ならば，f は連続写像である．
(2) $(Y, \boldsymbol{O}_Y)$ が離散空間ならば，f は開写像であり，かつ閉写像である．
(3) $(Y, \boldsymbol{O}_Y)$ が密着空間ならば，f は連続写像である．

5.3 開基・可算公理

開基 $(X, \boldsymbol{O})$ を位相空間とする．部分集合族 $\boldsymbol{B} \subset \boldsymbol{O}$ が位相 $\boldsymbol{O}$ の**開基** (open base) であるとは，任意の $U \in \boldsymbol{O}$ が $\boldsymbol{B}$ の要素の和集合として表される場合をいう；

$$\forall U \in \boldsymbol{O}, \quad \exists Bo \subset \boldsymbol{B} \left(U = \bigcup Bo \right)$$

これから示すように，開基 $\boldsymbol{B}$ は位相 $\boldsymbol{O}$ のエッセンスのようなものである．

> **例 5.4** (1) 距離空間 (X, d) における開球体全体の集合 $\boldsymbol{B}$ は，d によって定まる X 上の距離位相 $\boldsymbol{O}_d$ の 1 つの開基である．
> (2) 離散空間 $(X, 2^X)$ において，$\boldsymbol{B} = \{\{x\} | x \in X\}$ は離散位相 2^X の 1 つの開基である．

位相の強弱 集合 $X \neq \emptyset$ の上には，いろいろな位相を導入することができる．$\boldsymbol{O}_1, \boldsymbol{O}_2$ を集合 X 上の位相とする．X の巾集合 2^X の部分集合族として，$\boldsymbol{O}_1 \subset \boldsymbol{O}_2$ であるとき，位相 $\boldsymbol{O}_1$ は位相 $\boldsymbol{O}_2$ より**粗い** (または，**小さい**，**弱い**) といい，位相 $\boldsymbol{O}_2$ は位相 $\boldsymbol{O}_1$ より**細かい** (または，**大きい**，**強い**) という．どんな集合 X においても，離散位相はもっとも細かい位相であり，密着位相はもっとも粗い位相である．

例題 5.13 ─────────────────────── 開基 ─

$(X, \boldsymbol{O})$ を位相空間とする．部分集合族 $\boldsymbol{B} \subset \boldsymbol{O}$ が $\boldsymbol{O}$ の開基であることと，次の命題 (∗) が成り立つことは同値であることを証明しなさい：

$$(\ast) \quad \forall U \in \boldsymbol{O}, \forall x \in U, \exists W \in \boldsymbol{B} \ (x \in W \subset U)$$

解答 $\boldsymbol{B} \subset \boldsymbol{O}$ が開基であるとすると，

$$\forall x \in U \in \boldsymbol{O}, \ \exists Bo \subset \boldsymbol{B} \left(U = \bigcup Bo \right)$$

が成り立つ．すると，$W \in Bo$ が存在して，$x \in W$ となる．

逆に命題 (∗) が成り立つとする．$U \in \boldsymbol{O}$ の任意の点 x に対して，(∗) より

$$\exists W_x \in \boldsymbol{B} \ (x \in W_x \subset U)$$

が成り立つから，$U = \bigcup_{x \in U} W_x$ と表すことができる． ◆

問題

5.24 $(X, \boldsymbol{O}_X), (Y, \boldsymbol{O}_Y)$ を位相空間，$\boldsymbol{B}^*$ を位相 $\boldsymbol{O}_Y$ の開基とする．また，$f: X \to Y$ を写像とする．次が成り立つことを証明しなさい．

$$f \text{ が } \boldsymbol{O}_X \text{ と } \boldsymbol{O}_Y \text{ に関して連続} \iff \forall U \in \boldsymbol{B}^* (f^{-1}(U) \in \boldsymbol{O}_X)$$

5.3 開基・可算公理

例題 5.14 ──────────────────────── 開基と位相 ──

集合 $X \neq \emptyset$ の部分集合族 $\boldsymbol{B} \subset 2^X$ が次の条件 (1), (2) を満たすとき, $\boldsymbol{B}$ を開基とする X 上の位相 $\boldsymbol{O}(\boldsymbol{B})$ がただ 1 つ存在することを証明しなさい：
(1) $\forall x \in X, \exists U \in \boldsymbol{B} \ (x \in U)$,
(2) $\forall U \in \boldsymbol{B}, \forall V \in \boldsymbol{B}, \forall x \in U \cap V, \exists W \in \boldsymbol{B} \ (x \in W \subset U \cap V)$.

[解答] $\boldsymbol{O}(\boldsymbol{B})$ を, $\boldsymbol{B}$ の部分集合族の和集合と空集合 $\emptyset$ から成る X の部分集合族とする. $\boldsymbol{O}(\boldsymbol{B})$ が位相の公理を満たすことを証明する.

[O1] $\emptyset \in \boldsymbol{O}(\boldsymbol{B})$ は定義による. (1) より, 「$\forall x \in X, \exists U_x \in \boldsymbol{B} \ (x \in U_x \subset X)$」が成り立つので, $X = \bigcup_{x \in X} U_x \in \boldsymbol{O}(\boldsymbol{B})$ である.

[O2] $U \in \boldsymbol{O}(\boldsymbol{B}), V \in \boldsymbol{O}(\boldsymbol{B})$ とすると, $\boldsymbol{O}(\boldsymbol{B})$ の決め方から, 次が成り立つ：

$$\exists \boldsymbol{B}_U = \{U_\lambda \in B \mid \lambda \in \Lambda\} \quad \left(U = \bigcup \boldsymbol{B}_U = \bigcup_{\lambda \in \Lambda} U_\lambda\right)$$

$$\exists \boldsymbol{B}_V = \{V_\mu \in B \mid \mu \in M\} \quad \left(V = \bigcup \boldsymbol{B}_V = \bigcup_{\mu \in M} V_\mu\right)$$

$$\therefore \quad U \cap V = \left(\bigcup_{\lambda \in \Lambda} U_\lambda\right) \cap \left(\bigcup_{\mu \in M} V_\mu\right) = \bigcup_{\lambda \in \Lambda, \mu \in M}(U_\lambda \cap V_\mu)$$

条件 (2) より,

$$\forall x \in U_\lambda \cap V_\mu, \exists W_x \in \boldsymbol{B} \ (x \in W_x \subset U_\lambda \cap V_\mu)$$

が成り立つ. よって, $U_\lambda \cap V_\mu = \bigcup_{x \in U_\lambda \cap V_\mu} W_x$ であるから, $U \cap V \in \boldsymbol{O}(\boldsymbol{B})$ である.

[O3] $\{U_\lambda \in \boldsymbol{O}(\boldsymbol{B}) \mid \lambda \in \Lambda\}$ について, $\bigcup_{\lambda \in \Lambda} U_\lambda \in \boldsymbol{O}(\boldsymbol{B})$ は明らかである. ◆

▓ 問 題 ▓

5.25 例 5.3 で示した集合 $X = \{1, 2\}$ 上の 4 つの位相の強弱を調べなさい.

例題 5.15 ──────────────────────── 位相の強弱 ──

$\boldsymbol{O}, \boldsymbol{O}'$ を集合 $X \neq \emptyset$ 上の位相とするとき, 次の命題を証明しなさい：
$$\boldsymbol{O} \subset \boldsymbol{O}' \quad \Leftrightarrow \quad 恒等写像 \ I_X : (X, \boldsymbol{O}') \to (X, \boldsymbol{O}) \ が連続$$

[解答] ($\Rightarrow$) $U \in \boldsymbol{O}$ について, $I_X^{-1}(U) = U \in \boldsymbol{O}'$ だから, I_X は連続である.
($\Leftarrow$) I_X が連続ならば, $U \in \boldsymbol{O}$ について, $I_X^{-1}(U) = U \in \boldsymbol{O}'$ だから, $\boldsymbol{O} \subset \boldsymbol{O}'$. ◆

▓ 問 題 ▓

5.26 $\boldsymbol{O}, \boldsymbol{O}'$ を集合 $X \neq \emptyset$ 上の位相とし, $\boldsymbol{B} \subset \boldsymbol{O}, \boldsymbol{B}' \subset \boldsymbol{O}'$ をそれぞれ開基とする. 次の命題 (**) が成り立つならば, $\boldsymbol{O} \subset \boldsymbol{O}'$ であることを証明しなさい： (**) $\forall U \in \boldsymbol{B}, \forall x \in U, \exists V \in \boldsymbol{B}' \ (x \in V \subset U)$

基本近傍系 $(X, \boldsymbol{O})$ を位相空間とする．点 $x \in X$ の近傍系 $\boldsymbol{N}(x)$ の部分集合族 $\boldsymbol{N}^*(x)$ が次の命題を満たすとき，$\boldsymbol{N}^*(x)$ を $\boldsymbol{N}(x)$ の（または，点 x の）**基本近傍系** (fundamental system of neighborhoods) という：
$$\forall U \in \boldsymbol{N}(x), \exists V \in \boldsymbol{N}^*(x)\ (x \in V \subset U)$$
基本近傍系 $\boldsymbol{N}^*(x)$ は近傍系 $\boldsymbol{N}(x)$ のエッセンスのようなものである．

可算公理 $(X, \boldsymbol{O})$ を位相空間とする．

(1) $\boldsymbol{O}$ の開基 $\boldsymbol{B}$ で，可算個の要素から成るものが存在するとき，$(X, \boldsymbol{O})$ は**第 2 可算公理** (second axiom of countability) を満たすという．

(2) 任意の点 $x \in X$ において，可算個の要素から成る基本近傍系 $\boldsymbol{N}^*(x)$ が存在するとき，$(X, \boldsymbol{O})$ は**第 1 可算公理** (first axiom of countability) を満たすという．

例 5.5 位相空間 $(X, \boldsymbol{O})$ の任意の点 x について，開近傍系 $\boldsymbol{No}(x)$ は $\boldsymbol{N}(x)$ の基本近傍系である．実際，任意の $U \in \boldsymbol{N}(x)$ について，$U^i \in \boldsymbol{No}(x)$ が成り立つからである．

例題 5.16　　　　　　　　　　　　　　距離空間は第 1 可算公理を満たす

距離位相 $\boldsymbol{O}_d$ をもつ位相空間 $(X, \boldsymbol{O}_d)$ において，
$$\boldsymbol{N}^*(x) = \{N(x; 1/n) \mid n \in \mathbb{N}\}$$
は点 $x \in X$ の基本近傍系であることを証明しなさい．

[解答] 任意の $N \in \boldsymbol{N}(x)$ に対して，開近傍 $U \in \boldsymbol{No}(x)$ が存在して，$U \subset N$ となるから，$\varepsilon > 0$ が存在して，$N(x; \varepsilon) \subset U$ となる．そこで，$n \in \mathbb{N}$ を，$1/n < \varepsilon$ となるように選ぶと，$N(x; 1/n) \subset U \subset N$ である． ◆

問題

5.27 距離位相をもつ位相空間 $(X, \boldsymbol{O}_d)$ において，閉球体の族 $\{D(x; 1/n) \mid n \in \mathbb{N}\}$ も点 $x \in X$ の基本近傍系であることを証明しなさい．

5.28 $(X, \boldsymbol{O}_X), (Y, \boldsymbol{O}_Y)$ を位相空間とし，$f : X \to Y$ を写像とする．点 $x \in X$ について，$\boldsymbol{N}^*(f(x))$ を Y における点 $f(x)$ の基本近傍系とする．次の命題を証明しなさい：
$$f\ \text{が点}\ x \in X\ \text{で連続} \quad \Leftrightarrow \quad \forall U \in \boldsymbol{N}^*(f(x)), \exists V \in \boldsymbol{N}^*(x)(f(V) \subset U)$$

5.29 $(X, \boldsymbol{O})$ を位相空間とし，$\boldsymbol{B} \subset \boldsymbol{O}$ を開基とする．任意の点 $x \in X$ について，$\boldsymbol{N}^*(x) = \{U \in \boldsymbol{B} \mid U \ni x\}$ は x の基本近傍系であることを証明しなさい．

5.30 位相空間 $(X, \boldsymbol{O})$ が第 2 可算公理を満たすならば，第 1 可算公理も満たすことを証明しなさい．

可分 位相空間 $(X, \boldsymbol{O})$ に関して，さらに 2 つの定義を導入する．
(1) 部分集合 $A \subset X$ について，$A^a = X$ が成り立つとき，A は X で**稠密** (dense) であるという．
(2) 稠密な高々可算部分集合 $B \subset X$ が存在するとき，$(X, \boldsymbol{O})$ は**可分** (separable) であるという．

▌▌▌ **問　題** ▌▌▌

5.31 $(X, \boldsymbol{O})$ を位相空間とし，$A \subset X, A \neq \emptyset$，とする．次を証明しなさい：
$$A \subset X \text{ が稠密である} \Leftrightarrow \forall U \in \boldsymbol{O} \ (U \neq \emptyset \Rightarrow U \cap A \neq \emptyset)$$
ヒント　閉包の定義にもどるとよい．

── **例題 5.17** ──────────── 可分な距離空間は第 2 可算公理を満たす ──

(X, d) を距離空間とし，d によって定まる距離位相を $\boldsymbol{O}_d$ とする．位相空間 $(X, \boldsymbol{O}_d)$ は可分ならば，第 2 可算公理を満たすことを証明しなさい．

解答 仮定から，稠密な高々可算集合 $B \subset X$ が存在する．距離位相 $\boldsymbol{O}_d$ の開基として，開球体全体の集合 $\boldsymbol{B} = \{N(x; \varepsilon) | x \in X, \varepsilon \in \mathbb{R}, \varepsilon > 0\}$ を挙げた（例 5.4 (1)）．そこで，
$$\boldsymbol{B}_\mathbb{Q} = \{N(q; r) | q \in B, r \in \mathbb{Q}, r > 0\}$$
とおく．$\boldsymbol{B}_\mathbb{Q}$ は可算集合の可算個の和であるから可算集合である（例題 2.18）．そこで，$\boldsymbol{B}_\mathbb{Q}$ が $\boldsymbol{O}_d$ の開基であることを証明すれば十分である．これには，開基の定義から，命題　　（※）　$\forall N(x; \varepsilon) \in \boldsymbol{B}, \exists N(q; r) \in \boldsymbol{B}_\mathbb{Q} \ (x \in N(q; r) \subset N(x; \varepsilon))$
が成り立つことを示せば十分である．B が稠密であるから，$N(x; \varepsilon/2) \cap B \neq \emptyset$ であり，点 $q \in N(x; \varepsilon/2) \cap B$ を選ぶことができる．有理数の稠密性から，有理数 r を，$d(x, q) < r < \varepsilon/2$ となるように選ぶことができる．このとき，$x \in N(q; r) \subset N(x; \varepsilon), N(q; r) \in \boldsymbol{B}_\mathbb{Q}$ であるから，命題 (※) が成り立つことになる．◆

▌▌▌ **問　題** ▌▌▌

5.32 実数全体 $\mathbb{R}^1$（1 次元ユークリッド空間）では，有理数全体 $\mathbb{Q}$ は稠密で，可算集合であることを認める（例題 2.3 と問題 2.43）．n 次元ユークリッド空間 $(\mathbb{R}^n, \boldsymbol{O})$ の有理点全体 $\mathbb{Q}^n$ は $(\mathbb{R}^n, \boldsymbol{O})$ において稠密であることを証明しなさい．

★ この結果，$(\mathbb{R}^n, \boldsymbol{O})$ は可分であることもわかる．

5.33 位相空間 $(X, \boldsymbol{O})$ が第 2 可算公理を満たすならば，可分であることを証明しなさい．　ヒント　例題 5.13 を使う．

直積空間 $(X_1, \boldsymbol{O}_2), (X_2, \boldsymbol{O}_2)$ を位相空間とする．直積集合 $X_1 \times X_2$ の部分集合族
$$\boldsymbol{B}^\times = \{U \times V | U \in \boldsymbol{O}_1, V \in \boldsymbol{O}_2\}$$
を開基とする $X_1 \times X_2$ 上の位相を $\boldsymbol{O}_1 \times \boldsymbol{O}_2$ で表し，$\boldsymbol{O}_1$ と $\boldsymbol{O}_2$ の**直積位相** (product topology) という．また，位相空間 $(X_1 \times X_2, \boldsymbol{O}_1 \times \boldsymbol{O}_2)$ を，$(X_1, \boldsymbol{O}_1)$ と $(X_2, \boldsymbol{O}_2)$ の**直積空間** (product space) という．

> **問題**
>
> **5.34** 上の定義における部分集合族 $\boldsymbol{B}^\times \subset 2^{X_1 \times X_2}$ は，例題 5.14 の条件 (1), (2) を満たすことを確かめなさい．

m 個の位相空間 $(X_1, \boldsymbol{O}_1), (X_2, \boldsymbol{O}_2), \cdots, (X_m, \boldsymbol{O}_m)$ についても，2 つの位相空間の場合と同様に，直積集合 $X_1 \times X_2 \times \cdots \times X_m$ の部分集合族
$$\boldsymbol{B}^\times = \{U_1 \times U_1 \times \cdots \times U_m | U_i \in \boldsymbol{O}_i \ (i = 1, 2, \cdots, m)\}$$
を開基とする $X_1 \times X_2 \times \cdots \times X_m$ 上の位相を $\boldsymbol{O}_1 \times \boldsymbol{O}_2 \times \cdots \times \boldsymbol{O}_m$ で表し，$\boldsymbol{O}_1, \boldsymbol{O}_2, \cdots, \boldsymbol{O}_m$ の**直積位相** (product topology) といい，位相空間 $(X_1 \times X_2 \times \cdots \times X_m, \boldsymbol{O}_1 \times \boldsymbol{O}_2 \times \cdots \times \boldsymbol{O}_m)$ を $(X_1, \boldsymbol{O}_1), (X_2, \boldsymbol{O}_2), \cdots, (X_m, \boldsymbol{O}_m)$ の**直積空間** (product space) という．

例題 5.18 ――――――――――――――――――――――― 射影は開写像 ―

位相空間 $(X_1, \boldsymbol{O}_1), (X_2, \boldsymbol{O}_2)$ の直積空間 $(X_1 \times X_2, \boldsymbol{O}_1 \times \boldsymbol{O}_2)$ に関して，
$$\text{射影} \quad p_1 : X_1 \times X_2 \to X_1, p_1(x_1, x_2) = x_1,$$
$$p_2 : X_1 \times X_2 \to X_2, p_2(x_1, x_2) = x_2$$
は開写像であることを証明しなさい．

[**解答**] $W \in \boldsymbol{O}_1 \times \boldsymbol{O}_2$ とする．任意の点 $x_1 \in p_1(W)$ に対して，点 $(x_1, x_2) \in W$ を選ぶ．開基の定義から，$U \in \boldsymbol{O}_1$ と $V \in \boldsymbol{O}_2$ が存在して，$(x_1, x_2) \in U \times V \in \boldsymbol{B}^\times \subset \boldsymbol{O}_1 \times \boldsymbol{O}_2$ を満たす．このとき，
$$x_1 = p_1(x_1, x_2) \in p_1(U \times V) = U \subset p_1(W)$$
となるから，x_1 は $p_1(W)$ の内点である．$p_1(W)$ の任意の点がその内点であるから，$p_1(W) \in \boldsymbol{O}_1$ である．よって，p_1 は開写像である．

p_2 についても同様である． ◆

> **問題**
>
> **5.35** 上の例題 5.18 における射影 p_1, p_2 は連続写像であることを証明しなさい．

例 5.6 上の例題 5.18 の射影は，必ずしも閉写像にはならない．実際，2 つの 1 次元ユークリッド空間 $(\mathbb{R}^1, \boldsymbol{O}_1)$ の直積空間 $(\mathbb{R}^2, \boldsymbol{O}_2)$ からの射影

$$p_1 : (\mathbb{R}^2, \boldsymbol{O}_2) \to (\mathbb{R}^1, \boldsymbol{O}_1), p_1(x,y) = x,$$
$$p_2 : (\mathbb{R}^2, \boldsymbol{O}_2) \to (\mathbb{R}^1, \boldsymbol{O}_1), p_2(x,y) = y$$

はともに閉写像ではない．例えば，

$$H = \{(x,y) \in \mathbb{R}^2 \mid xy = 1\} \subset \mathbb{R}^2$$

は直積空間 $\mathbb{R}^2$ の閉集合であるが，$p_1(H) = \mathbb{R}^1 - \{0\}, p_2(H) = \mathbb{R}^1 - \{0\}$ となり，これらは $(\mathbb{R}^1, \boldsymbol{O}_1)$ の閉集合ではない（開集合である）．

例題 5.19 ─────────────────────── 直積空間への連続写像 ─

$(X, \boldsymbol{O}), (X_1, \boldsymbol{O}_1), (X_2, \boldsymbol{O}_2)$ を位相空間とする．次の命題を証明しなさい：

　写像 $f : (X, \boldsymbol{O}) \to (X_1 \times X_2, \boldsymbol{O}_1 \times \boldsymbol{O}_2)$ が連続写像

$\Leftrightarrow$ 写像 $p_1 \circ f : (X, \boldsymbol{O}) \to (X_1, \boldsymbol{O}_1),\quad p_2 \circ f : (X, O) \to (X_2, \boldsymbol{O}_2)$
　　がともに連続写像．

[解答] $(\Rightarrow)$ 例題 5.10 と問題 5.35 より，直ちに示される．

$(\Leftarrow)$ 直積位相 $\boldsymbol{O}_1 \times \boldsymbol{O}_2$ の開基の任意の要素 $U \times V \in \boldsymbol{B}^\times$ について，

$$f^{-1}(U \times V) = f^{-1}((U \times X_2) \cap (X_1 \times V)) = f^{-1}(p_1^{-1}(U) \cap p_2^{-1}(V))$$
$$= f^{-1}(p_1^{-1}(U)) \cap f^{-1}(p_2^{-1}(V))$$
$$= (p_1 \circ f)^{-1}(U) \cap (p_2 \circ f)^{-1}(V)$$

である．また，$p_1 \circ f$ と $p_2 \circ f$ が連続であるから，$(p_1 \circ f)^{-1}(U) \in \boldsymbol{O}, (p_2 \circ f)^{-1}(V) \in \boldsymbol{O}$ が成り立つから，$f^{-1}(U \times V) \in \boldsymbol{O}$ である．問題 5.24 より，f は連続である．◆

問　題

5.36 $(X_1, \boldsymbol{O}(X_1)), (X_2, \boldsymbol{O}(X_2)), (Y_1, \boldsymbol{O}(Y_1)), (Y_2, \boldsymbol{O}(Y_2))$ を位相空間とする．次の命題が成り立つことを証明しなさい：

写像 $f_1 : (X_1, \boldsymbol{O}(X_1)) \to (Y_1, \boldsymbol{O}(Y_1)), f_2 : (X_2, \boldsymbol{O}(X_2)) \to (Y_2, \boldsymbol{O}(Y_2))$ がともに連続写像ならば，積写像

　$f_1 \times f_2 : (X_1 \times X_2, \boldsymbol{O}(X_1) \times \boldsymbol{O}(X_2)) \to (Y_1 \times Y_2, \boldsymbol{O}(Y_1) \times \boldsymbol{O}(Y_2));$
　$(f_1 \times f_2)(x_1, x_2) = (f_1(x_1), f_2(x_2)), (x_1, x_2) \in X_1 \times X_2,$

も連続写像である．

ヒント 射影 $q_1 : Y_1 \times Y_2 \to Y_1, q_2 : Y_1 \times Y_2 \to Y_2$ の連続性を使い，上の例題 5.19 を活用する．

なお，直積位相については，次が成り立つ．

> **定理 5.2** 位相空間 $(X_1, \boldsymbol{O}_1), (X_2, \boldsymbol{O}_2)$ の直積空間 $(X_1 \times X_2, \boldsymbol{O}_1 \times \boldsymbol{O}_2)$ の直積位相 $\boldsymbol{O}_1 \times \boldsymbol{O}_2$ は，射影 $p_1 : X_1 \times X_2 \to X_1, p_2 : X_1 \times X_2 \to X_2$ を連続写像にするような $X_1 \times X_1$ 上の位相のなかで，もっとも粗い (弱い) 位相である．

[証明] 直積集合 $X_1 \times X_2$ 上のある位相 $\boldsymbol{O}$ と X_1 上の位相 $\boldsymbol{O}_1$ に関して，射影 $p_1 : X_1 \times X_2 \to X_1$ が連続であるとする．例題 5.19 より，恒等写像
$$I_{X_1 \times X_2} : (X_1 \times X_2, \boldsymbol{O}) \to (X_1 \times X_2, \boldsymbol{O}_1 \times \boldsymbol{O}_2)$$
は連続写像である．よって，例題 5.15 より，$\boldsymbol{O}_1 \times \boldsymbol{O}_2 \subset \boldsymbol{O}$ である． ◆

> **例題 5.20** ────────────── 直積空間での閉包 ─
> 位相空間 $(X_1, \boldsymbol{O}_1), (X_2, \boldsymbol{O}_2)$ の直積空間 $(X_1 \times X_2, \boldsymbol{O}_1 \times \boldsymbol{O}_2)$ において，次が成り立つことを証明しなさい：
> $$A_1 \subset X_1, A_2 \subset X_2 \quad \Rightarrow \quad (A_1 \times A_2)^a = A_1^a \times A_2^a$$

[解答] 〔$(A_1 \times A_2)^a \supset A_1^a \times A_2^a$ の証明〕 $\forall (x_1, x_2) \in A_1^a \times A_2^a$ とその任意の近傍 W に対して，次が成り立つ：
$$\exists U_1 \in \boldsymbol{O}_1, \exists U_2 \in \boldsymbol{O}_2 \ ((x_1, x_2) \in U_1 \times U_2 \subset W)$$
$x_1 \in A_1^a, x_2 \in A_2^a$ より，$U_1 \cap A_1 \neq \emptyset, U_2 \cap A_2 \neq \emptyset$ であるから，
$$(U_1 \times U_2) \cap (A_1 \times A_2) \neq \emptyset \quad \therefore \quad W \cap (A_1 \times A_2) \neq \emptyset$$
よって，$(x_1, x_2) \in (A_1 \times A_2)^a$ である．
〔$(A_1 \times A_2)^a \subset A_1^a \times A_2^a$ の証明〕 $(x_1, x_2) \in (A_1 \times A_2)^a$ とする．x_1 の任意の近傍 $W_1 \subset X_1$ について，$W_1 \times X_2$ は点 (x_1, x_2) の近傍であるから，
$$(W_1 \times X_2) \cap (A_1 \times A_2) \neq \emptyset$$
$$\therefore \quad W_1 \cap A_1 \neq \emptyset \quad \therefore \quad x_1 \in A_1^a$$
同様にして，$x_2 \in A_2^a$ が得られるから，$(x_1, x_2) \in A_1^a \times A_2^a$ である． ◆

▓▓ 問 題 ▓▓

5.37 位相空間 $(X_1, \boldsymbol{O}_1), (X_2, \boldsymbol{O}_2)$ において，$F_1 \subset X_1, F_2 \subset X_2$ が閉集合ならば，$F_1 \times F_2$ は直積空間 $(X_1 \times X_2, \boldsymbol{O}_1 \times \boldsymbol{O}_2)$ の閉集合であることを証明しなさい．

5.38 位相空間 $(X_1, \boldsymbol{O}_1), (X_2, \boldsymbol{O}_2)$ の直積空間 $(X_1 \times X_2, \boldsymbol{O}_1 \times \boldsymbol{O}_2)$ において，次が成り立つことを証明しなさい：
$$A_1 \subset X_1, A_2 \subset X_2 \quad \Rightarrow \quad (A_1 \times A_2)^i = A_1^i \times A_2^i$$

例題 5.21 ─────────────── 直積距離と直積位相

$(X, d_X), (Y, d_Y)$ を距離空間とし，$\mathcal{O}_X, \mathcal{O}_Y$ を，それぞれ，d_X, d_Y によって定まる X, Y 上の距離位相とする．次を証明しなさい：

$d^{\times} : X \times Y \to \mathbb{R}^1$ を例題 4.3 で示した (直積) 距離関数とするとき，d によって定まる $X \times Y$ 上の距離位相 $\mathcal{O}_d$ は直積位相 $\mathcal{O}_X \times \mathcal{O}_Y$ と一致する．

解答 点 $(x, y) \in X \times Y$ について，点 x の X における ε-近傍を $N_X(x; \varepsilon)$，点 y の Y における ε-近傍を $N_Y(y; \varepsilon)$，(x, y) の $X \times Y$ における ε-近傍を $N((x, y); \varepsilon)$ で表すことにすると，

$$N_X(x; \varepsilon/\sqrt{2}) \times N_Y(y; \varepsilon/\sqrt{2}) \subset N((x, y); \varepsilon)$$
$$\subset N_X(x; \varepsilon) \times N_Y(y; \varepsilon) \subset N((x, y); \sqrt{2}\varepsilon)$$

が成り立つ．直積位相の定義と，距離位相の定義を基に，問題 5.26 を適用することにより，$\mathcal{O}_X \times \mathcal{O}_Y \subset \mathcal{O}_d$ と $\mathcal{O}_X \times \mathcal{O}_Y \supset \mathcal{O}_d$ が証明される． ◆

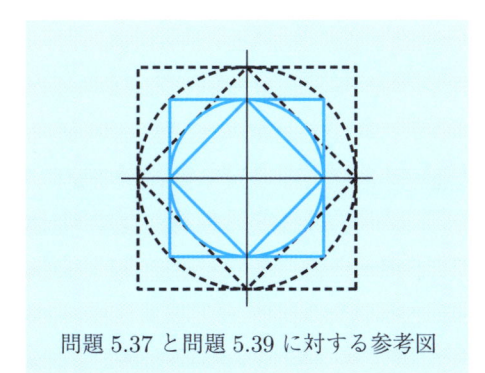

問題 5.37 と問題 5.39 に対する参考図

▰▰ 問　題 ▰▰

5.39 $(X, d_X), (Y, d_Y)$ を距離空間とし，$\mathcal{O}_X, \mathcal{O}_Y$ を，それぞれ，d_X, d_Y によって定まる X, Y 上の距離位相とする．次を証明しなさい：

$d_2 : X \times Y \to \mathbb{R}^1$ を，問題 4.5 (2) で示した $X \times Y$ 上の距離関数とするとき，d_2 によって定まる $X \times Y$ 上の距離位相 $\mathcal{O}_2$ は直積位相 $\mathcal{O}_X \times \mathcal{O}_Y$ と一致する．

5.40 (X, d) を距離空間とし，d によって定まる X 上の距離位相を $\mathcal{O}$ とする．距離関数 $d : X \times X \to \mathbb{R}^1$ は直積空間 $(X \times X, \mathcal{O} \times \mathcal{O})$ から 1 次元ユークリッド空間 $(\mathbb{R}^1, \mathcal{O}_1)$ への連続写像であることを証明しなさい．

ヒント 例題 5.21 を基に，$X \times Y$ 上では距離を使う方が楽である．

5.4 分離公理

距離空間 (X, d) においては,任意の点 $x \in X$ について,1 点集合 $\{x\}$ は閉集合であった (問題 4.11). 位相空間においては,一般にこのような性質は成り立たない;つまり,位相の公理から導かれる性質ではない. 1 点集合の状況がはっきりしないような位相では具体的な成果はあまり期待できない. そのあたりの事情を明確にするのが,本節の目標である.

T_1-空間 位相空間 $(X, \boldsymbol{O})$ が次の条件を満たすとき,T_1-空間であるという.

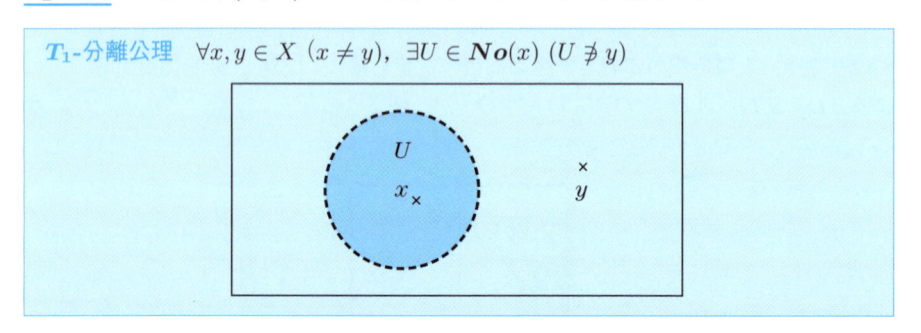

> **T_1-分離公理** $\forall x, y \in X \ (x \neq y),\ \exists U \in \boldsymbol{No}(x)\ (U \not\ni y)$

例題 5.22 ────────────── T_1-空間の特徴付け ──

位相空間 $(X, \boldsymbol{O})$ について,次の命題を証明しなさい:

$(X, \boldsymbol{O})$ が T_1-空間であるための必要十分条件は,任意の点 $x \in X$ について,1 点集合 $\{x\}$ が閉集合となることである;

$$(X, \boldsymbol{O}) \text{ が } T_1\text{-空間} \iff \forall x \in X \ (\{x\} \in \boldsymbol{A}(X))$$

解答 ($\Rightarrow$) 任意の点 $y \in X - \{x\}$ について,T_1-分離公理より,y の開近傍 $V \in \boldsymbol{No}(y)$ が存在して,$V \not\ni x$ が成り立つ. よって,$y \in V \subset X - \{x\}$ である. これは,y が $X - \{x\}$ の内点であることを示すから,$X - \{x\}$ は開集合である. したがって,$\{x\}$ は閉集合である.

($\Leftarrow$) 任意の 2 点 $x, y \in X \ (x \neq y)$ について,$\{y\}$ は閉集合であるから,$X - \{y\}$ は x の開近傍であり,$X - \{y\} \not\ni y$ である. ◆

問題

5.41 位相空間 $(X, \boldsymbol{O})$ は T_1-空間であるとする。部分集合 $A \subset X$ について、任意の部分空間 $(A, \boldsymbol{O}(A))$ も T_1-空間であることを証明しなさい。

5.42 位相空間 $(X, \boldsymbol{O}_X), (Y, \boldsymbol{O}_Y)$ が T_1-空間であるとき、直積空間 $(X \times Y, \boldsymbol{O}_X \times \boldsymbol{O}_Y)$ もまた T_1-空間であることを証明しなさい。

T_2-空間、ハウスドルフ空間

位相空間 $(X, \boldsymbol{O})$ が次の条件を満たすとき、T_2-空間またはハウスドルフ空間 (Hausdorff space) であるという。

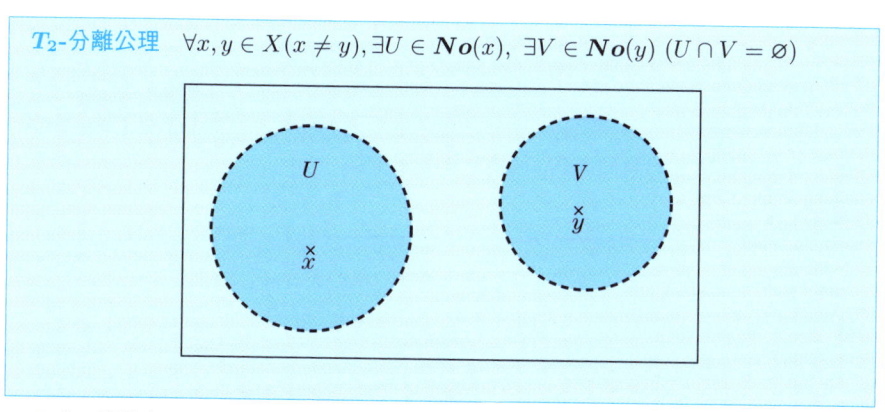

T_2-分離公理 $\forall x, y \in X (x \neq y), \exists U \in \boldsymbol{No}(x), \exists V \in \boldsymbol{No}(y) \; (U \cap V = \emptyset)$

★ 上の開集合 U と V は、点 x と点 y を**分離**するという。T_2-分離公理を満たす位相空間は、明らかに T_1-分離公理も満たす。

例題 5.23 ——————————— 距離空間はハウスドルフ空間 ——

(X, d) を距離空間とし、$\boldsymbol{O}_d$ を d によって定まる距離位相とすると、$(X, \boldsymbol{O}_d)$ はハウスドルフ空間（したがって、T_1-空間）であることを証明しなさい。

[解答] 任意の 2 点 $x, y \in X \; (x \neq y)$ に対して、$\varepsilon = d(x, y)/2 > 0$ とおけば、
$$U = N(x; \varepsilon) \in \boldsymbol{No}(x), \quad V = N(y; \varepsilon) \in \boldsymbol{No}(y)$$
で、$U \cap V = \emptyset$ である。 ◆

問題

5.43 位相空間 $(X, \boldsymbol{O})$ は T_2-空間であるとする。任意の部分集合 $A \subset X$ について、部分空間 $(A, \boldsymbol{O}(A))$ も T_2-空間であることを証明しなさい。

5.44 位相空間 $(X, \boldsymbol{O}_X), (Y, \boldsymbol{O}_Y)$ が T_2-空間であるとき、直積空間 $(X \times Y, \boldsymbol{O}_X \times \boldsymbol{O}_Y)$ もまた T_2-空間であることを証明しなさい。

T_3-空間・正則空間 位相空間 $(X, \boldsymbol{O})$ が次の条件を満たすとき,T_3-空間であるという.

> **T_3-分離公理** 任意の閉集合 $F \subset X$ と任意の点 $x \in F^c = X - F$ に対して,開集合 $U, V \subset X$ が存在して,$x \in U, F \subset V, U \cap V = \emptyset$ を満たす;
> $$\forall F \in \boldsymbol{A}(X), \forall x \in F^c, \exists U \in \boldsymbol{O}, \exists V \in \boldsymbol{O} \ (x \in U, F \subset V, U \cap V = \emptyset)$$

★ 上の開集合 U と V は,点 x と閉集合 F を分離するという.

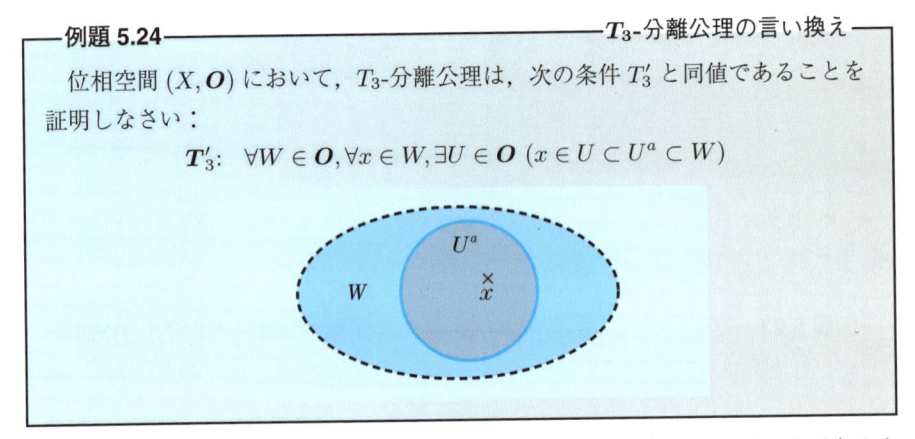

例題 5.24 ─────── T_3-分離公理の言い換え ─

位相空間 $(X, \boldsymbol{O})$ において,T_3-分離公理は,次の条件 T_3' と同値であることを証明しなさい:

$$T_3': \ \forall W \in \boldsymbol{O}, \forall x \in W, \exists U \in \boldsymbol{O} \ (x \in U \subset U^a \subset W)$$

解答 〔$(T_3 \Rightarrow T_3')$ の証明〕 $x \in W \in \boldsymbol{O}$ ならば,$W^c \in \boldsymbol{A}(X)$ で $x \notin W^c$ であるから,T_3-分離公理より,次が成り立つ:
$$\exists U \in \boldsymbol{O}, \exists V \in \boldsymbol{O} \ (x \in U, W^c \subset V, U \cap V = \emptyset)$$
よって,$T_3' : x \in U \subset U^a \subset (V^c)^a = V^c \subset W$ が成り立つ.

〔$(T_3 \Leftarrow T_3')$ の証明〕 $F \subset X$ を閉集合とし,$x \in F^c$ とすると,$x \in F^c \in \boldsymbol{O}$ である.条件 T_3' より,次が成り立つ:
$$\exists U \in \boldsymbol{O} \ (x \in U \subset U^a \subset F^c)$$
ここで,$(U^a)^c = V \in \boldsymbol{O}$ とおくと,$U \cap V = \emptyset$,$F \subset V$ で,T_3 が成り立つ. ◆

5.4 分離公理

T_1-分離公理と T_3-分離公理の両方を満たす位相空間 $(X, \boldsymbol{O})$ を **正則空間** (regular space) という．

★ 実際，T_3 を満たすが，T_1 は満たさないような位相空間も存在するが，このような空間を扱うことはほとんどない．

問題

5.45 正則な位相空間 $(X, \boldsymbol{O})$ はハウスドルフ空間であることを証明しなさい．

ヒント 正則空間では，1 点集合は閉集合である．

5.46 位相空間 $(X, \boldsymbol{O})$ は正則空間であるとする．任意の部分集合 $A \subset X$ について，部分空間 $(A, \boldsymbol{O}(A))$ も正則空間であることを証明しなさい．

5.47 位相空間 $(X, \boldsymbol{O}_X), (Y, \boldsymbol{O}_Y)$ が正則空間であるとき，

$$直積空間 \quad (X \times Y, \boldsymbol{O}_X \times \boldsymbol{O}_Y)$$

もまた正則空間であることを証明しなさい．

T_4-空間・正規空間

位相空間 $(X, \boldsymbol{O})$ が次の条件を満たすとき，T_4-空間であるという．

> **T_4-分離公理** 任意の閉集合 $E, F \subset X$ について，$E \cap F = \emptyset$ ならば，開集合 $U, V \subset X$ が存在して，$E \subset U, F \subset V, U \cap V = \emptyset$ を満たす；
>
> $\forall E \in \boldsymbol{A}(X), \forall F \in \boldsymbol{A}(X)$
>
> $(E \cap F = \emptyset \Rightarrow \exists U \in \boldsymbol{O}, \exists V \in \boldsymbol{O} \, (U \supset E, V \supset F, U \cap V = \emptyset))$

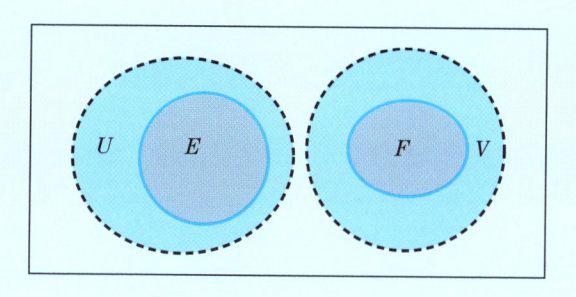

★ 上の開集合 U と V は，閉集合 E と F を**分離する**という．

例題 5.25 ― T_4-分離公理の言い換え

位相空間 $(X, \boldsymbol{O})$ において，T_4-分離公理は，次の条件 T_4' と同値であることを証明しなさい：

T_4': $\forall F \in \boldsymbol{A}(X), \forall W \in \boldsymbol{O} \ (F \subset W \Rightarrow \exists U \in \boldsymbol{O} \ (F \subset U \subset U^a \subset W))$

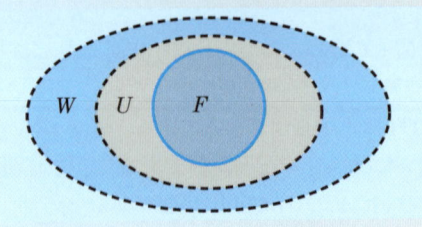

[解答] 〔$(T_4 \Rightarrow T_4')$ の証明〕 $F \in \boldsymbol{A}(X), W \in \boldsymbol{O}$ について，$F \subset W$ とすると，$W^c \in \boldsymbol{A}(X)$ で $F \cap W^c = \varnothing$ であるから，T_4-分離公理より，次が成り立つ：

$$\exists U \in \boldsymbol{O}, \exists V \in \boldsymbol{O} \ (U \supset F, V \supset W^c, U \cap V = \varnothing)$$

ゆえに，

$$F \subset U \subset U^a \subset (V^c)^a = V^c \subset W$$

が成り立つ．これは，条件 T_4' である．

〔$(T_4 \Leftarrow T_4')$ の証明〕 $E \in \boldsymbol{A}(X), F \in \boldsymbol{A}(X)$ について，$E \cap F = \varnothing$ とすると，$E \subset F^c, F^c \in \boldsymbol{O}$ である．条件 T_4' より，次が成り立つ：

$$\exists U \in \boldsymbol{O} \ (E \subset U \subset U^a \subset F^c)$$

そこで，$V = (U^a)^c$ とおけば，$V \in \boldsymbol{O}$ で，$V \supset F, U \cap V = \varnothing$ が成り立つ．したがって，T_4-分離公理が成り立つ． ◆

T_1-分離公理と T_4-分離公理の両方を満たす位相空間 $(X, \boldsymbol{O})$ を **正規空間** (normal space) という．

★ 実際，T_4 を満たすが，T_1 は満たさないような位相空間も存在するが，このような空間を扱うことはほとんどない．

問題

5.48 正規な位相空間 $(X, \boldsymbol{O})$ は正則空間であることを証明しなさい．

5.49 距離空間 (X, d)，したがって，d によって定まる距離位相 $\boldsymbol{O}_d$ をもつ位相空間 $(X, \boldsymbol{O}_d)$ は正規空間であることを証明しなさい．

5.50 $(X, \boldsymbol{O})$ を正規空間とし，$A \subset X, A \neq \varnothing$，とする．$A$ が閉集合ならば，部分空間 $(A, \boldsymbol{O}(A))$ も正規空間であることを証明しなさい．

5.5 位相空間のコンパクト性

$(X, \mathcal{O})$ を位相空間とし，$A \subset X$ を部分集合とする．
X の部分集合族 $\mathcal{C} = \{U_\lambda | \lambda \in \Lambda\} \subset 2^X$ が A の**被覆**であるとは，
$$\bigcup \mathcal{C} = \bigcup_{\lambda \in \Lambda} U_\lambda \supset A$$
が成り立つ場合をいう．このとき，$\mathcal{C}$ は A を**被覆する**ともいう．

また，A の被覆 $\mathcal{C}$ の要素 U_λ がすべて開集合であるとき，$\mathcal{C}$ を A の**開被覆**という．

A の被覆 $\mathcal{C}$ の部分集合 $\mathcal{C}'$ が再び A の被覆であるとき，つまり，$\bigcup \mathcal{C}' \supset A$ が成り立つとき，$\mathcal{C}'$ を $\mathcal{C}$ の**部分被覆**といい，$\mathcal{C}$ は部分被覆 $\mathcal{C}'$ をもつという．

$A \subset X$ の任意の開被覆 $\mathcal{C} = \{U_\lambda | \lambda \in \Lambda\}$ が，有限個の要素からなる部分被覆（有限部分被覆）$\mathcal{C}' = \{U_1, U_2, \cdots, U_m\}$ をもつとき，つまり，
$$U_1 \cup U_2 \cup \cdots \cup U_m \supset A$$
となるようにできるとき，A は**コンパクト**であるという．

また，X 自身がコンパクトのとき，$(X, \mathcal{O})$ を**コンパクト空間** (compact space) という．

---**例題 5.26**------------**コンパクト集合とコンパクト空間**---

$(X, \mathcal{O})$ を位相空間とし，$A \subset X$ とする．次の命題を証明しなさい：
A がコンパクト集合 $\Leftrightarrow$ 部分空間 $(A, \mathcal{O}(A))$ がコンパクト空間．

解答 ($\Rightarrow$) $\mathcal{C}_A = \{V_\lambda \in \mathcal{O}(A) | \lambda \in \Lambda\}$ を，部分空間 $(A, \mathcal{O}(A))$ における A の任意の開被覆とする．相対位相 $\mathcal{O}(A)$ の定義から，開集合 $U_\lambda \in \mathcal{O}$ が存在して，$V_\lambda = A \cap U_\lambda$ $(\lambda \in \Lambda)$ となる．すると，$\mathcal{C} = \{U_\lambda | \lambda \in \Lambda\}$ は部分集合 A の開被覆である．A がコンパクトだから，$\mathcal{C}$ の有限部分被覆 $\{U_1, U_2, \cdots, U_m\}$ が存在する．このとき，$\{V_1, V_2, \cdots, V_m\}$ は $\mathcal{C}_A$ の有限部分被覆である．

($\Leftarrow$) $\mathcal{C} = \{U_\lambda | \lambda \in \Lambda\}$ を，部分集合 $A \subset X$ の任意の開被覆とすると，$\mathcal{C}_A = \{V_\lambda = A \cap U_\lambda | \lambda \in \Lambda\}$ は位相空間 $(A, \mathcal{O}(A))$ の開被覆である．仮定から，$\mathcal{C}_A$ の有限部分被覆 $\{V_1, V_2, \cdots, V_m\}$ が存在する．このとき，$\{U_1, U_2, \cdots, U_m\}$ は $\mathcal{C}$ の有限部分被覆である． ◆

問 題

5.51 $(X, \mathcal{O})$ 位相空間とし，$A \subset X$ をコンパクト集合とする．部分集合 $B \subset A$ が X の閉集合ならば，B もコンパクト集合であることを証明しなさい．

★ $(X, \mathcal{O})$ がコンパクト空間で，$A \subset X$ が閉集合ならば，A はコンパクトである．

―例題 5.27―――――――――――――――――コンパクト集合の直積もコンパクト―

$(X, \boldsymbol{O}_X), (Y, \boldsymbol{O}_Y)$ を位相空間とし，$A \subset X, B \subset Y$ をコンパクト集合とする．直積空間 $(X \times Y, \boldsymbol{O}_X \times \boldsymbol{O}_Y)$ において，その部分集合 $A \times B$ はコンパクトであることを証明しなさい．したがって，特に，コンパクト空間 $(X, \boldsymbol{O}_X), (Y, \boldsymbol{O}_Y)$ の直積空間 $(X \times Y, \boldsymbol{O}_X \times \boldsymbol{O}_Y)$ はコンパクト空間である．

[解答] $\boldsymbol{C} = \{W_\lambda | \lambda \in \Lambda\}$ を $A \times B$ の開被覆とする．次が成り立つ：
$$\forall (a, b) \in A \times B, \exists W_{\lambda(a,b)} \in \boldsymbol{C} \, ((a, b) \in W_{\lambda(a,b)} \in \boldsymbol{No}(a, b))$$
これに対して，直積位相の定義から，$U_{\lambda(a,b)} \in \boldsymbol{O}_X, V_{\lambda(a,b)} \in \boldsymbol{O}_Y$ を，
$$(a, b) \in U_{\lambda(a,b)} \times V_{\lambda(a,b)} \subset W_{\lambda(a,b)}$$
となるように選ぶことができる．このとき，
$$\boldsymbol{V}(a) = \{V_{\lambda(a,b)} | b \in B\}$$
はコンパクト集合 B の開被覆である．よって，B に対する $\boldsymbol{V}(a)$ の有限部分被覆 $\boldsymbol{Vo}(a) = \{V_{\lambda(a,b_1)}, V_{\lambda(a,b_2)}, \cdots, V_{\lambda(a,b_{m(a)})}\}$ が存在する．そこで，
$$U(a) = U_{\lambda(a,b_1)} \cap U_{\lambda(a,b_2)} \cap \cdots \cap U_{\lambda(a,b_{m(a)})}$$
とおくと，$U(a) \in \boldsymbol{No}(a)$ であって，各 $j \in \{1, 2, \cdots, m(a)\}$ について，
$$U(a) \times V_{\lambda(a,b_j)} \subset U_{\lambda(a,b_j)} \times V_{\lambda(a,b_j)} \subset W_{\lambda(a,b_j)}$$
が成り立つ．一方，このようにして得られた a の開近傍の全体
$$\boldsymbol{U} = \{U(a) | a \in A\}$$
はコンパクト集合 A の開被覆である．よって，A に対する $\boldsymbol{U}$ の有限部分被覆 $\boldsymbol{Uo} = \{U(a_1), U(a_2), \cdots, U(a_n)\}$ が存在する．そこで，$W_{\lambda(a_i, b_j)} \in \boldsymbol{C}$ を
$$U(a_i) \times V_{\lambda(a_i, b_j)} \subset W_{\lambda(a_i, b_j)}$$
となるように選ぶと，
$$\bigcup_{i=1}^{n} \left(\bigcup_{j=1}^{m(a_i)} W_{\lambda(a_i, b_j)} \right) \supset A \times B$$
が成り立つ．よって，$A \times B$ に対する $\boldsymbol{C}$ の有限部分被覆
$$\{W_{\lambda(a_i, b_j)} | i = 1, 2, \cdots, n; \, j = 1, 2, \cdots, m(a_i)\}$$
が得られたので，$A \times B$ はコンパクト集合である． ◆

||||| 問 題 |||||

5.52 $(X, \boldsymbol{O}_X), (Y, \boldsymbol{O}_Y)$ を位相空間とし，$f : X \to Y$ を連続写像とする．$A \subset X$ がコンパクトならば，$f(A) \subset Y$ もコンパクトであることを証明しなさい．

5.53 $(X, \boldsymbol{O})$ を位相空間，$A \neq \emptyset$ を X のコンパクト集合とする．任意の実数値連続写像 $f : A \to \mathbb{R}^1$ は A 上で最大値と最小値をもつことを証明しなさい．

コンパクト・ハウスドルフ空間

─ 例題 5.28 ──────────────── ハウスドルフ空間のコンパクト集合 ─

$(X, \boldsymbol{O})$ をハウスドルフ空間とし，$A \subset X$ とする．A がコンパクトならば，A は閉集合であることを証明しなさい．

[解答] $A^c = X - A$ が開集合であることを証明する．$x \in A^c$ を任意の点とする．T_2-分離公理より，次が成り立つ：

$$\forall a \in A, \exists U_x(a) \in \boldsymbol{No}(a), \exists Va(x) \in \boldsymbol{No}(x) \ (U_x(a) \cap Va(x) = \emptyset)$$

すると，$\boldsymbol{C} = \{U_x(a) | a \in A\}$ はコンパクト集合 A の開被覆である．よって，$\boldsymbol{C}$ の有限部分被覆 $\{U_x(a_1), U_x(a_2), \cdots, U_x(a_m)\}$ が存在する．

そこで，$V(x) = Va_1(x) \cap Va_2(x) \cap \cdots \cap Va_m(x)$ とおくと，

$$V(x) \in \boldsymbol{No}(x), \quad V(x) \cap (U_x(a_1) \cup U_x(a_2) \cup \cdots \cup U_x(a_m)) = \emptyset$$

が成り立つ．したがって，

$$V(x) \subset (U_x(a_1) \cup U_x(a_2) \cup \cdots \cup U_x(a_m))^c \subset X - A = A^c$$

であるから，$x \in A^c$ は A^c の内点である．よって，A^c は開集合である． ◆

問 題

5.54 $(X, \boldsymbol{O})$ をコンパクト空間とする．X の開被覆 $C = \{U_i | i \in \mathbb{N}\}$ について，命題
$$\forall i \in \mathbb{N} (U_i \subset U_{i+1})$$
が成り立つならば，ある $n \in \mathbb{N}$ に対して，$X = U_n$ となることを証明しなさい．

5.55 離散空間 $(X, 2^X)$ について，次の命題を証明しなさい：

$$X \text{ がコンパクトである} \ \Leftrightarrow \ X \text{ が有限集合である}$$

5.56 $(X, \boldsymbol{O}_X)$ をコンパクト空間，$(Y, \boldsymbol{O}_Y)$ をハウスドルフ空間とし，$f: X \to Y$ を写像とする．次の命題を証明しなさい：

(1) f が連続写像ならば，f は閉写像である．

(2) f が連続写像で全単射ならば，f は同相写像である．

5.57 $(X, \boldsymbol{O})$ をハウスドルフ空間とする．コンパクト集合 $A \subset X$ と点 $b \in A^c$ に対して，開集合 U, V が存在して，$U \supset A, V \ni b, U \cap V = \emptyset$ を満たすことを証明しなさい．

5.58 $(X, \boldsymbol{O})$ をハウスドルフ空間とする．部分集合 $A, B \subset X$ がコンパクトで $A \cap B = \emptyset$ ならば，A と B を分離する X の開集合が存在することを証明しなさい．

5.59 $(X, \boldsymbol{O})$ をハウスドルフ空間とする．2つのコンパクト集合 $A, B \subset X$ の共通集合 $A \cap B$ はコンパクト集合であることを証明しなさい．

有限交叉性 集合 X のある部分集合族 $\boldsymbol{A} \subset 2^X$ が**有限交叉性** (finite intersection property) をもつとは，任意の有限部分族 $\{A_1, A_2, \cdots, A_k\} \subset \boldsymbol{A}$ について，$A_1 \cap A_2 \cap \cdots \cap A_k \neq \emptyset$ が成り立つ場合をいう．

この言葉を用いて，コンパクト性を特徴付けることができる．

例題 5.29 ─────────────────── 有限交叉性とコンパクト性 ──

位相空間 $(X, \boldsymbol{O})$ において，次の 2 条件は同値であることを証明しなさい：
(1) $(X, \boldsymbol{O})$ はコンパクト空間である．
(2) $(X, \boldsymbol{O})$ の閉集合族 $\boldsymbol{A}$ が有限交叉性をもつならば，$\bigcap \boldsymbol{A} \neq \emptyset$ である．

[解答] 〔(1)⇒(2) の証明〕 背理法で証明する．有限交叉性をもつ閉集合族 $\boldsymbol{A} = \{F_\lambda | \lambda \in \Lambda\}$ で，$\bigcap F_\lambda = \emptyset$ となるものがあったとすると，$\boldsymbol{A}^c = \{F_\lambda^c | \lambda \in \Lambda\}$ は X の開被覆である．X はコンパクトであるから，有限部分被覆 $\{F_1^c, F_2^c, \cdots, F_m^c\}$ が存在する；$F_1^c \cup F_2^c \cup \cdots \cup F_m^c = X$．このとき，ド・モルガンの法則 (例題 1.2) より，
$$F_1 \cap F_2 \cap \cdots \cap F_m = (F_1^c \cup F_2^c \cup \cdots \cup F_m^c)^c = X^c = \emptyset$$
が成立し，$\boldsymbol{A}$ が有限交叉性をもつという条件に反する．

〔(2)⇒(1) の証明〕 $\boldsymbol{C} = \{U_\lambda | \lambda \in \Lambda\}$ を X の任意の開被覆とする；$\bigcup U_\lambda = X$．そこで，$F_\lambda = U_\lambda^c$ として，閉集合族 $\boldsymbol{A} = \{F_\lambda | \lambda \in \Lambda\}$ を得る．すると，ド・モルガンの法則 (定理 1.5) により，次が成り立っている：
$$\bigcap F_\lambda = \left(\bigcup U_\lambda \right)^c = X^c = \emptyset \quad \cdots ①$$
さて，$\boldsymbol{C}$ の有限部分被覆が存在しないと仮定する．つまり，$\boldsymbol{C}$ の任意の部分集合族 $\{U_1, U_2, \cdots, U_m\}$ について，$U_1 \cup U_2 \cup \cdots \cup U_m \neq X$ が成り立つと仮定する．すると，
$$F_1 \cap F_2 \cap \cdots \cap F_m = (U_1 \cup U_2 \cup \cdots \cup U_m)^c \neq \emptyset$$
となり，閉集合族 $\boldsymbol{A}$ は有限交叉性をもつことになる．よって，条件 (2) より，$\bigcap F_\lambda \neq \emptyset$ である．ところが，これは先の性質 ① に反する．よって，$\boldsymbol{C}$ には有限部分被覆が存在することになり，X がコンパクトであることが結論される． ◆

問題

5.60 $\boldsymbol{F}$ を集合 $X (\neq \emptyset)$ のある有限部分集合族とする；
$$\boldsymbol{F} = \{A_\lambda \in 2^X | \#A_\lambda < \aleph_0, \lambda \in \Lambda\}$$
$\boldsymbol{F}$ が有限交叉性をもつならば，$\bigcap \boldsymbol{F} \neq \emptyset$ であることを証明しなさい．

5.6 位相空間の連結性

位相空間の連結性も，ユークリッド空間や距離空間の場合と同様に定義する．重複するが反復する（3.6 節，4.6 節を参照のこと）．

$(X, \boldsymbol{O})$ を位相空間とする．部分集合 $A \subset X$ に対して，次の 3 条件を満たす開集合 U, V が存在するとき，A は**連結でない**，または**非連結**であるという；

(DC1) $A \subset U \cup V$
(DC2) $U \cap V = \emptyset$
(DC3) $U \cap A \neq \emptyset \neq V \cap A$

このような U と V を，A を**分離する開集合**という．$U \neq \emptyset \neq V$ である．
部分集合 $A \subset X$ が**連結**であるとは，上の「連結でない」の否定が成り立つ場合をいう．

★ 否定の仕方については，3.6 節を参照．

位相空間 $(X, \boldsymbol{O})$ が「連結である」あるいは「連結でない」というのは，もちろん，上の定義で $A = X$ の場合で考える．

ところで，位相の公理 [O1] から，X と $\emptyset$ は常に X の開集合であり，同時に閉集合でもある（定理 5.1 (1)）．このような開集合でかつ閉集合でもある部分集合を利用して，連結性を特徴付けることができる（例題 4.28 参照）．

定理 5.3 位相空間 $(X, \boldsymbol{O})$ の連結性に関して，次が成り立つ：
(1) X が連結である $\Leftrightarrow$ X の部分集合で，開かつ閉となるものは X と $\emptyset$ に限る．
(2) X が連結でない $\Leftrightarrow$ X と $\emptyset$ 以外に，X の開かつ閉なる部分集合が存在する．

[証明] 定義より，(1) と (2) は同値な命題であるから，(2) を証明する．
($\Rightarrow$) U と V を，X を分離する開集合とすると，(DC1) と (DC2) より，
$$U = X - V, \quad V = X - U$$
であるから，U と V は X の閉集合でもある．(DC3) より，$U \neq \emptyset \neq V$ であり，したがって，$U \neq X \neq V$ でもある．
($\Leftarrow$) U を，X の開集合で，$U \neq X, U \neq \emptyset$ なるものとすると，$V = X - U$ も X の開集合で，U と V が X を分離することは容易に確かめられる． ◆

★ 位相空間 $(X, \boldsymbol{O})$ が連結であることを，定理 5.3 (1) によって定義することが多い．この場合，部分集合 $A \subset X$ が連結であるとは，$(X, \boldsymbol{O})$ の部分空間として $(A, \boldsymbol{O}(A))$ が連結であることと定める．

この後は，4.6 節「距離空間の連結性」で取り上げた性質を，位相空間で定式化していく．証明は基本的に同じであるのものが多い．

例題 5.30 ─────────────────── 連結集合の閉包 ─

$(X, \boldsymbol{O})$ を位相空間とする．部分集合 $A \subset X$ が連結で，$A \subset B \subset A^a$ ならば，B も連結であることを証明しなさい．

[解答] 背理法で証明する．B が連結でないとすると，B を分離する X の開集合 U, V が存在する；$B \subset U \cup V, U \cap V = \emptyset, U \cap B \neq \emptyset \neq V \cap B$.

このとき，$A \subset B$ より，$A \subset U \cup V$ であり，当然 $U \cap V = \emptyset$ である．

また，$U \cap A \subset U \cap B \neq \emptyset$ だから，点 $b \in U \cap B$ が存在する．$U \cap A = \emptyset$ とすると，$b \in A^a$ となり，$B \subset A^a$ に反する．よって，$U \cap A \neq \emptyset$ である．同様にして，$V \cap A \neq \emptyset$ も示される．よって，U, V は連結集合 A を分離する開集合ある．これは，A が連結であることに矛盾する．したがって，B は連結である． ◆

問題

5.61 位相空間 $(X, \boldsymbol{O})$ の部分集合 A が連結ならば，閉包 A^a も連結であることを証明しなさい．

5.62 位相空間 $(X, \boldsymbol{O})$ において，1 点からなる集合 $\{a\} \subset X$ は連結であることを確認しなさい．また，2 点からなる集合 $\{a, b\} \subset X \,(a \neq b)$ は連結でないといえるか．

5.63 $(X, \boldsymbol{O}_X), (Y, \boldsymbol{O}_Y)$ を位相空間とし，$f : X \to Y$ を連続写像とする．部分集合 $A \subset X$ が連結ならば，$f(A) \subset Y$ も連結であることを証明しなさい．

5.64 (**中間値の定理**) $(X, \boldsymbol{O})$ を位相空間とし，$f : X \to \mathbb{R}^1$ を連続写像とする．部分集合 $A \subset X$ が連結ならば，次が成り立つことを証明しなさい：

(1) $\forall \alpha, \beta \in f(A) \,(\alpha < \beta \Rightarrow [\alpha, \beta] \subset f(A))$

(2) $\forall a, b \in A, f(a) < f(b) \Rightarrow \forall \gamma \in \mathbb{R}^1, f(a) < \gamma < f(b), \exists c \in A \,(f(c) = \gamma)$

5.65 位相空間 $(X, \boldsymbol{O})$ に関して，次の命題は同値であることを証明しなさい：

(1) X は連結である．

(2) X の部分集合で，開かつ閉であるものは X と $\emptyset$ である．

(3) 離散空間 $\{0, 1\}$ への連続写像 $f : X \to \{0, 1\}$ は定値写像に限る．

(4) $(X = A \cup B) \wedge (A^a \cap B = \emptyset) \wedge (A \cap B^a = \emptyset) \Rightarrow (A = \emptyset) \vee (B = \emptyset)$

5.66 $(X, \boldsymbol{O})$ を位相空間とし，$\{A_\lambda \mid \lambda \in \Lambda\}$ を X の連結な部分集合族とする．$\bigcap_{\lambda \in \Lambda} A_\lambda \neq \emptyset$ ならば，和集合 $A = \bigcup_{\lambda \in \Lambda} A_\lambda$ も連結であることを証明しなさい．

5.6 位相空間の連結性

連結成分 位相空間 $(X, \boldsymbol{O})$ の点 x について, x を含むような X の連結集合すべての和集合を $C(x)$ で表し, 点 x を含む X の**連結成分**という.

1点集合 $\{x\}$ は連結であるから (問題 5.62), $C(x) \neq \emptyset$ である.

例題 3.34 と同じようにして, 次が得られる：

> **定理 5.4** 位相空間 $(X, \boldsymbol{O})$ について, 次が成り立つ：
> (1) 点 $x \in X$ について, $C(x)$ は x を含む X の最大の連結集合である.
> (2) 点 $x, y \in X$ について, $C(x) \cap C(y) \neq \emptyset \Rightarrow C(x) = C(y)$.

★ 定理 5.4(2) から, X 上の二項関係 $\boldsymbol{R}$ を,
$$(x, y) \in \boldsymbol{R} \equiv C(x) = C(y)$$
と定義すると, これは同値関係となる. この同値関係により, X は連結成分によって分割される；
$$X = \bigcup C(x), \quad X/\boldsymbol{R} = \{C(x) | x \in X\}$$

問 題

5.67 $(X, \boldsymbol{O}_X), (Y, \boldsymbol{O}_Y)$ を位相空間とする. 部分集合 $A \subset X, B \subset Y$ がともに連結ならば, 直積集合 $A \times B$ も直積空間 $(X \times Y, \boldsymbol{O}_X \times \boldsymbol{O}_Y)$ の部分集合として連結であることを証明しなさい.

ヒント 例題 3.35 の証明と全く同じである.

5.68 $(X, \boldsymbol{O})$ を位相空間とし, $A \subset B \subset X$ とする. 次を証明しなさい.
$$A \text{ が部分空間 } (B, \boldsymbol{O}(B)) \text{ で連結} \Leftrightarrow A \text{ が } (X, \boldsymbol{O}) \text{ で連結}$$

弧状連結性 $(X, \boldsymbol{O})$ を位相空間とする. 部分集合 $A \subset X$ に対して, 閉区間 $[0, 1]$ から部分空間 $(A, \boldsymbol{O}(A))$ への連続写像 $w : [0, 1] \to A$ を A における**道**といい, 点 $w(0)$ をその**始点**, 点 $w(1)$ をその**終点**という. このとき, A の2点 $w(0)$ と $w(1)$ は道 w によって**結ばれる**という.

位相空間 $(X, \boldsymbol{O})$ の部分空間 $(A, \boldsymbol{O}(A))$ の任意の2点が道によって結ばれるとき, A は**弧状連結**であるという.

例 5.7 (例 4.5 参照) 位相空間 $(X, \boldsymbol{O})$ において, 1点からなる集合 $\{a\} \subset X$ は弧状連結である. 実際, 点 a に値をとる定値写像 $c_a : [0, 1] \to A, c_a([0, 1]) = \{a\}$, は連続である. つまり, c_a は a と a を結ぶ $\{a\}$ の道である.

弧状連結成分　まず，道についての基本的性質を，簡単にまとめる．
(1) A の2点 a と b が道で結ばれるならば，b と a も道で結ばれる．実際，$w:[0,1] \to A$ を $w(0)=a, w(1)=b$ なる A の道とすると，w の逆の道
$$\overline{w}:[0,1] \to A, \quad \overline{w}(t)=w(1-t) \quad (0 \leqq t \leqq 1)$$
が得られ，$\overline{w}(0)=w(1)=b, \overline{w}(1)=w(0)=a$ である．

(2) A の3点 a,b,c について，a と b が道によって結ばれ，かつ b と c が道によって結ばれるならば，a と c は道によって結ばれる．実際，
$$u:[0,1] \to A \text{ を } u(0)=a, u(1)=b \text{ なる道,}$$
$$v:[0,1] \to A \text{ を } v(0)=b, v(1)=c \text{ なる道}$$
とするとき，u と v の**道の積** $u \star v:[0,1] \to A$ を
$$(u \star v)(t) = \begin{cases} u(2t) & (0 \leqq t \leqq 1/2), \\ v(2t-1) & (1/2 \leqq t \leqq 1). \end{cases}$$
と定義すると，$(u \star v)(0)=u(0)=a, (u \star v)(1)=v(1)=c$ が成り立つ．

上の2つの性質と定値写像を用いると，位相空間 $(X, \mathcal{O})$ において，「道によって結ばれる」という関係は X 上の同値関係となり，各同値類を X の**弧状連結成分**という．

問題

5.69 $(X, \mathcal{O})$ を位相空間とする．部分集合 $A \subset X$ が弧状連結であることと，次の (∗) は同値な条件であることを証明しなさい：

(∗)　1点 $a \in A$ が存在して，A の任意の点は a と道で結ばれる．

5.70 $(X, \mathcal{O})$ を位相空間とし，$\{A_\lambda | \lambda \in \Lambda\}$ を X の弧状連結な部分集合族とする．$\bigcap_{\lambda \in \Lambda} A_\lambda \neq \emptyset$ ならば，和集合 $A = \bigcup_{\lambda \in \Lambda} A_\lambda$ も弧状連結であることを証明しなさい．

5.71 位相空間 $(X, \mathcal{O})$ の点 x について，x を含むような X の弧状連結集合すべての和集合を $C^*(x)$ で表す．次を証明しなさい．

(1) $C^*(x)$ は「道によって結ばれる」という X 上の同値関係による，点 x の同値類と一致する．

(2) 点 $x \in X$ について，$C^*(x)$ は x を含む最大の弧状連結成分である．

(3) 点 $x, y \in X$ について，$C^*(x) \cap C^*(y) \neq \emptyset \Rightarrow C^*(x) = C^*(y)$．

5.72 $(X, \mathcal{O}_X), (Y, \mathcal{O}_Y)$ を距離空間，$f: X \to Y$ を連続写像とする．$A \subset X$ が弧状連結ならば，$f(A) \subset Y$ も弧状連結であることを証明しなさい．

5.73 弧状連結な位相空間 $(X, \mathcal{O})$ は連結であることを証明しなさい．

問題解答

第1章

1.1 (1) $P \vee Q \Leftrightarrow Q \vee P$ (2) $P \wedge Q \Leftrightarrow Q \wedge P$

P	Q	$P \vee Q$	$Q \vee P$	$P \wedge Q$	$Q \wedge P$	$P \vee Q \Leftrightarrow Q \vee P$	$P \wedge Q \Leftrightarrow Q \wedge P$
T	T	T	T	T	T	T	T
T	F	T	T	F	F	T	T
F	T	T	T	F	F	T	T
F	F	F	F	F	F	T	T

1.2 (1) $\neg(\neg P) \Leftrightarrow P$

P	$\neg P$	$\neg(\neg P)$	$\neg(\neg P) \Leftrightarrow P$
T	F	T	T
F	T	F	T

(2) $(P \Rightarrow Q) \Leftrightarrow (\neg Q \Rightarrow \neg P)$

P	Q	$\neg P$	$\neg Q$	$P \Rightarrow Q$	$\neg Q \Rightarrow \neg P$	$(P \Rightarrow Q) \Leftrightarrow (\neg Q \Rightarrow \neg P)$
T	T	F	F	T	T	T
T	F	F	T	F	F	T
F	T	T	F	T	T	T
F	F	T	T	T	T	T

1.3 命題 $P \vee (Q \vee R) \Leftrightarrow (P \vee Q) \vee R$ の真理値

P	Q	R	$Q \vee R$	$P \vee Q$	$P \vee (Q \vee R)$	$(P \vee Q) \vee R$	$\Leftrightarrow$
T	T	T	T	T	T	T	T
T	T	F	T	T	T	T	T
T	F	T	T	T	T	T	T
F	T	T	T	T	T	T	T
T	F	F	F	T	T	T	T
F	T	F	T	T	T	T	T
F	F	T	T	F	T	T	T
F	F	F	F	F	F	F	T

1.4 命題 $\neg(P \wedge Q) \Leftrightarrow (\neg P) \vee (\neg Q)$ の真理値

P	Q	$\neg P$	$\neg Q$	$\neg(P \wedge Q)$	$(\neg P) \vee (\neg Q)$	$\neg(P \wedge Q) \Leftrightarrow (\neg P) \vee (\neg Q)$
T	T	F	F	F	F	T
T	F	F	T	T	T	T
F	T	T	F	T	T	T
F	F	T	T	T	T	T

1.5 命題 $P \wedge (Q \vee R) \Leftrightarrow (P \wedge Q) \vee (P \wedge R)$ の真理値

P	Q	R	$Q \vee R$	$P \wedge Q$	$P \wedge R$	$P \wedge (Q \vee R)$	$(P \wedge Q) \vee (P \wedge R)$	$\Leftrightarrow$
T	T	T	T	T	T	T	T	T
T	T	F	T	T	F	T	T	T
T	F	T	T	F	T	T	T	T
F	T	T	T	F	F	F	F	T
T	F	F	F	F	F	F	F	T
F	T	F	T	F	F	F	F	T
F	F	T	T	F	F	F	F	T
F	F	F	F	F	F	F	F	T

1.6 定理 1.1 (4) より, $\neg(P \wedge (\neg Q)) \Leftrightarrow \neg P \vee Q$ を得る. 例 1.1 と合わせて,
$$(P \Rightarrow Q) \Leftrightarrow (\neg P \vee Q) \Leftrightarrow \neg(P \wedge (\neg Q))$$
例 1.1 の表に 1 行追加して, 真理値表で計算してもよい.

1.7 (1) $\neg(\exists x\,(P(x) \wedge Q(x))) \equiv \forall x\,(\neg(P(x) \wedge Q(x)))$ ($\because$ 定理 1.3 (2))
$\equiv \forall x\,(\neg P(x) \vee \neg Q(x))$ ($\because$ 定理 1.2 (2))
$\equiv \forall x\,(\neg(\neg P(x)) \Rightarrow (\neg Q(x)))$ ($\because$ 例 1.1)
$\equiv \forall x\,(P(x) \Rightarrow (\neg Q(x)))$ ($\because$ 定理 1.1 (5))

(2) $\neg(\exists x\,(P(x) \wedge Q(x) \Rightarrow R(x))) \equiv \forall x\,(\neg(P(x) \wedge Q(x) \Rightarrow R(x)))$ ($\because$ 定理 1.3 (2))
$\equiv \forall x\,(\neg(\neg(P(x) \wedge Q(x)) \vee R(x)))$ ($\because$ 例 1.1)
$\equiv \forall x\,(\neg(\neg P(x) \vee (\neg Q(x) \vee R(x))))$ ($\because$ 定理 1.2 (2))
$\equiv \forall x\,(P(x) \wedge Q(x) \wedge \neg R(x))$ ($\because$ 定理 1.2 (1))

(3) $\neg(\forall x\,(P(x) \Rightarrow Q(x) \wedge R(x))) \equiv \exists x\,(\neg(P(x) \Rightarrow Q(x) \wedge R(x)))$ ($\because$ 定理 1.3 (1))
$\equiv \exists x\,(\neg(\neg P(x) \vee (Q(x) \wedge R(x))))$ ($\because$ 例 1.1)
$\equiv \exists x\,(P(x) \wedge \neg(Q(x) \wedge R(x)))$ ($\because$ 定理 1.2 (1))
$\equiv \exists x\,(P(x) \wedge (\neg Q(x) \vee \neg R(x)))$ ($\because$ 定理 1.2 (2))

1.8 $A \subset B \equiv \forall x\,((x \in A) \Rightarrow (x \in B)) \equiv \forall x\,(\neg(x \in A) \vee (x \in B))$ ($\because$ 例 1.1)
$\equiv \forall x\,((x \in B) \vee \neg(x \in A)) \equiv \forall x(\neg(\neg(x \in B)) \vee (\neg(x \in A)))$
$\equiv \forall x\,(\neg(x \in B) \Rightarrow (\neg(x \in A))) \equiv \forall x\,((x \notin B) \Rightarrow (x \notin A)) \equiv B^c \subset A^c$

1.9 省略. いずれも, (左辺) ⊂ (右辺) と (左辺) ⊃ (右辺) を確かめるとよい.

1.10 $x \in (A \cap B)^c \Leftrightarrow \neg(x \in A \cap B) \Leftrightarrow \neg((x \in A) \wedge (x \in B))$
$\Leftrightarrow \neg(x \in A) \vee \neg(x \in B) \Leftrightarrow (x \in A^c) \vee (x \in B^c) \Leftrightarrow x \in A^c \cup B^c$

1.11 (1) $x \in A \Rightarrow (x \in A) \vee (x \in B) \Rightarrow x \in A \cup B$ (2) も同様.
(3) $x \in A \cap B \Rightarrow (x \in A) \wedge (x \in B) \Rightarrow x \in A$ (4) も同様.

1.12 (1) $x \in A \cup B \Rightarrow (x \in A) \vee (x \in B)$. 仮定 $(A \subset C) \wedge (B \subset C)$ より, いずれにしても, $x \in C$ となる. よって, $A \cup B \subset C$.

(2) $x \in D$ とする. 仮定 $(D \subset A) \wedge (D \subset B)$ より, $(x \in A) \wedge (x \in B)$ が成り立つ. よって, $D \subset A \cap B$.

1.13 $x \in A \cup (B \cap C) \Leftrightarrow (x \in A) \vee (x \in B \cap C) \Leftrightarrow (x \in A) \vee ((x \in B) \wedge (x \in C))$
$\Leftrightarrow ((x \in A) \vee (x \in B)) \wedge ((x \in A) \vee (x \in C))$ （∵ 定理 1.2 (3)）
$\Leftrightarrow (x \in A \cup B) \wedge (x \in A \cup C) \Leftrightarrow x \in (A \cup B) \cap (A \cup C)$

1.14 いずれも，定理1.4の結合律・交換律のもとに，例題1.3の分配律を繰り返し使って変形するだけである．証明は，いずれも，省略する．

1.15 省略．いずれも，(左辺) ⊂ (右辺) と (左辺) ⊃ (右辺) を確かめるとよい．

1.16 (1) $x \in A \Leftrightarrow (x \in A \wedge x \in B) \vee (x \in A \wedge x \in B^c) \Leftrightarrow x \in (A \cap B) \vee x \in (A - B)$

(2) $A \cup B = ((A \cap B) \cup (A - B)) \cup B$ （∵ 上の (1) を代入）
$= (A - B) \cup ((A \cap B) \cup B) = (A - B) \cup B$

(3) $B \cap (A - B) = \{x | (x \in B) \wedge (x \in A - B)\} = \{x | (x \in B) \wedge (x \in A) \wedge (x \in B^c)\}$
$= \{x | (x \in B) \wedge (x \in B^c)\} = \emptyset$

1.17 (1) $x \in B - C \Leftrightarrow (x \in B) \wedge (x \in C^c) \Rightarrow (x \in A) \wedge (x \in C^c)$ （∵ $B \subset A$）
$\Leftrightarrow x \in A - C$

(2) $x \in A - B \Leftrightarrow (x \in A) \wedge (x \in B^c) \Rightarrow (x \in A) \wedge (x \in D^c)$ （∵ $D^c \supset B^c$）
$\Leftrightarrow x \in A - D$

1.18 ($\Rightarrow$) 問題 1.16 (1) より，$A \cap B = \emptyset$ ならば，$A = (A \cap B) \cup (A - B) = A - B$．
($\Leftarrow$) $A - B = A$ ならば，$A \cap B = (A - B) \cap B = (A \cap B^c) \cap B = \emptyset$．

1.19 例題 1.5 で (1)⇔(2)⇔(3)⇔(6) を証明したので，(4) と (5) については，これら4つのうちのいずれかとの同値関係を示せば十分である．

〔(1)⇔(4) の証明〕 ($\Rightarrow$) 対偶「$A - B \neq \emptyset \Rightarrow \neg(A \subset B)$」を証明する．
$A - B \neq \emptyset \Leftrightarrow \exists x \in A - B \Leftrightarrow \exists x ((x \in A) \wedge (x \in B^c))$ ∴ $\neg(A \subset B)$
($\Leftarrow$) 対偶「$\neg(A \subset B) \Rightarrow A - B \neq \emptyset$」を証明する．
$\neg(A \subset B) \Rightarrow \exists x ((x \in A) \wedge (x \in B^c)) \Leftrightarrow \exists x (x \in A - B)$ ∴ $A - B \neq \emptyset$

〔(2)⇔(5) の証明〕 $A \cup B = A \cup (B - A)$ を証明すれば十分である．
$A \cup B \supset A \cup (B - A) : B \supset B - A$ より，明らかである．
$A \cup B \subset A \cup (B - A) : x \in A \cup B$ とする；$(x \in A) \vee (x \in B)$．$x \in A$ ならば $x \in A \cup (B - A)$ である．$x \notin A$ ならば，$x \in B$ であり，したがって，$x \in B - A$ である．よって，$x \in A \cup (B - A)$ が成り立つ．

1.20 (1) $x \in (A \cup B) - C \Leftrightarrow (x \in A \cup B) \wedge (x \in C^c) \Leftrightarrow ((x \in A) \vee (x \in B)) \wedge (x \in C^c) \Leftrightarrow ((x \in A) \wedge (x \in C^c)) \vee ((x \in B) \wedge (x \in C^c)) \Leftrightarrow (x \in A - C) \vee (x \in B - C) \Leftrightarrow x \in (A - C) \cup (B - C)$

(2) $x \in (A \cap B) - C \Leftrightarrow (x \in A \cap B) \wedge (x \in C^c) \Leftrightarrow ((x \in A) \wedge (x \in B)) \wedge (x \in C^c) \Leftrightarrow ((x \in A) \wedge (x \in C^c)) \wedge ((x \in B) \wedge (x \in C^c)) \Leftrightarrow (x \in A - C) \wedge (x \in B - C) \Leftrightarrow x \in (A - C) \cap (B - C)$

1.21 (1) $\emptyset, \{1\}, \{2\}, \{3\}, \{1, 2\}, \{2, 3\}, \{3, 1\}, \{1, 2, 3\} = J_3$

(2) $\emptyset, \{1\}, \{2\}, \{3\}, \{4\}, \{1, 2\}, \{1, 3\}, \{1, 4\}, \{2, 3\}, \{2, 4\}, \{3, 4\},$
$\{1, 2, 3\}, \{1, 2, 4\}, \{1, 3, 4\}, \{2, 3, 4\}, \{1, 2, 3, 4\} = J_4$

(3) n 個の要素からなる集合を $A = \{a_1, a_2, a_3, \cdots, a_n\}$ とする．A の部分集合の作り方は，a_1 を入れるか入れないかで 2 通り，a_2 を入れるか入れないかで 2 通り，a_3 を入れるか入れないかで 2 通り，$\cdots$，a_n を入れるか入れないかで 2 通りある．これらは独立だから，部分集合の作り方は 2^n 通りある．

1.22 A_n の条件 $0 \leqq x \leqq 1/n$ より，任意の $n \in \mathbb{N}$ について，$0 \in A_n$ だから，$0 \in \bigcap A_n$；つまり，$\{0\} \subset \bigcap A_n$ が成り立つ．

一方，任意の $x \in \mathbb{R}, x \neq 0$，に対して，十分大きな自然数 $N \in \mathbb{N}$ が存在して，$1/N < |x|$ となるから，$x \notin A_N$ となる．したがって，$x \notin \bigcap A_n$ である．よって，$\bigcap A_n = \{0\}$．

1.23 〔例題 1.7 (2)（結合律）の証明〕 $x \in (\bigcap A_\lambda) \cap B \Leftrightarrow (x \in \bigcap A_\lambda) \wedge (x \in B) \Leftrightarrow (\forall \lambda \in \Lambda (x \in A_\lambda)) \wedge (x \in B) \Leftrightarrow \forall \lambda \in \Lambda (x \in A_\lambda \cap B) \Leftrightarrow x \in \bigcap (A_\lambda \cap B)$

1.24 〔例題 1.8 (1) の証明〕 $x \in (\bigcup A_\lambda) \cap B \Leftrightarrow (x \in \bigcup A_\lambda) \wedge (x \in B)$
$\Leftrightarrow (\exists \mu \in \Lambda (x \in A_\mu)) \wedge (x \in B) \Leftrightarrow \exists \mu \in \Lambda (x \in A_\mu \cap B) \Leftrightarrow x \in \bigcup (A_\lambda \cap B)$

1.25 例題 1.8 (1), (2) の証明と本質的に同じである．
(1) $x \in A \cup (\bigcap B_\lambda) \Leftrightarrow (x \in A) \vee (x \in \bigcap B_\lambda) \Leftrightarrow (x \in A) \vee (\forall \lambda \in \Lambda (x \in B_\lambda))$
$\Leftrightarrow \forall \lambda \in \Lambda (x \in A \cup B_\lambda) \Leftrightarrow x \in \bigcap (A \cup B_\lambda)$
(2) $x \in A \cap (\bigcup B_\lambda) \Leftrightarrow (x \in A) \wedge (x \in \bigcup B_\lambda) \Leftrightarrow (x \in A) \wedge (\exists \mu \in \Lambda (x \in A_\mu))$
$\Leftrightarrow \exists \mu \in \Lambda (x \in A \cap B_\mu) \Leftrightarrow x \in \bigcup (A \cap B_\lambda)$

1.26 直積 $A \times B$ の要素 (x, y) の，x の位置には A の m 個の要素が入り得るし，その各々について，y の位置には B の n 個の要素が入り得る．

1.27 (1) $(x, y) \in (A \cup B) \times C \Leftrightarrow (x \in A \cup B) \wedge (y \in C)$
$\Leftrightarrow ((x \in A) \vee (x \in B)) \wedge (y \in C) \Leftrightarrow ((x \in A) \wedge (y \in C)) \vee ((x \in B) \wedge (y \in C))$
$\Leftrightarrow (x, y) \in A \times C) \vee (x, y) \in B \times C) \Leftrightarrow ((x, y) \in A \times C) \vee ((x, y) \in B \times C)$
$\Leftrightarrow (x, y) \in (A \times C) \cup (B \times C)$
(3) $(x, y) \in A \times (B \cup C) \Leftrightarrow (x \in A) \wedge (y \in B \cup C) \Leftrightarrow (x \in A) \wedge ((y \in B) \vee (y \in C))$
$\Leftrightarrow ((x \in A) \wedge (y \in B)) \vee ((x \in A) \wedge (y \in C))$
$\Leftrightarrow ((x, y) \in A \times B) \vee ((x, y) \in A \times C) \Leftrightarrow (x, y) \in (A \times B) \cup (A \times C)$
(4) $(x, y) \in A \times (B \cap C) \Leftrightarrow (x \in A) \wedge (y \in B \cap C) \Leftrightarrow (x \in A) \wedge ((y \in B) \wedge (y \in C))$
$\Leftrightarrow ((x \in A) \wedge (y \in B)) \wedge ((x \in A) \wedge (y \in C))$
$\Leftrightarrow ((x, y) \in A \times B) \wedge ((x, y) \in B \times C)) \Leftrightarrow (x, y) \in (A \times B) \cap (A \times C)$

1.28 $X - A = A^c, Y - B = B^c$ とする；$X = A \cup A^c, Y = B \cup B^c$ である．よって，
$$X \times Y = (A \cup A^c) \times (B \cup B^c)$$
$$= (A \times B) \cup (A \times B^c) \cup (A^c \times B) \cup (A^c \times B^c) \quad (\because 例題 1.9)$$
ところで，直積集合の定義から，右辺の 4 つの集合は互いに共通の要素をもたない．よって，
$$(X \times Y) - (A \times B) = (A \times B^c) \cup (A^c \times B) \cup (A^c \times B^c) \cdots ①$$
が成り立つ．一方，同じく例題 1.9 を用いると，次も成り立つ：
$$((X - A) \times Y) \cup (X \times (Y - B)) = (A^c \times (B \cup B^c)) \cup ((A \cup A^c) \times B^c)$$
$$= (A^c \times B) \cup (A^c \times B^c) \cup (A \times B^c) \cup (A^c \times B^c)$$

第 1 章 の 解 答

$$= (A \times B^c) \cup (A^c \times B) \cup (A^c \times B^c) \cdots ②$$

①，② より，証明すべき等式が得られた．

1.29 $(f \circ g)(x) = 2x^2 + 2x + 5,$ $\quad (g \circ f)(x) = 4x^2 + 14x + 13,$ $\quad (f \circ f)(x) = 4x + 9$
$(g \circ g)(x) = x^4 + 2x^3 + 4x^2 + 3x + 3$

1.30 (1) $x, x' \in X$ について，$(g \circ f)(x) = (g \circ f)(x')$ ならば，合成写像の定義から，$g(f(x)) = g(f(x'))$．g が単射であるから，$f(x) = f(x')$．ところが f も単射であるから，$x = x'$ が結論される．よって，$g \circ f$ は単射である．

(2) 任意の $z \in Z$ に対して，g が全射であるから，$y \in Y$ が存在して，$g(y) = z$ となる．この y に対して，f が全射であるから，$x \in X$ が存在して，$f(x) = y$ となる．$z = g(f(x)) = (g \circ f)(x)$ だから，$g \circ f$ も全射である．

1.31 任意の $x \in X$ について，
$$(I_Y \circ f)(x) = I_Y(f(x)) = f(x) = f(I_X(x)) = (f \circ I_X)(x).$$

1.32 ($\Rightarrow$) 任意の元 $y \in f(X) \subset Y$ について，f が単射であるから，元 $x \in X$ がただ 1 つ存在して，$f(x) = y$ となる．そこで，$g(y) = x$ と定める．また，任意に 1 つ元 $x_0 \in X$ を選び，任意の元 $y \in Y - f(X)$ に対して，$g(y) = x_0$ と定める．$(g \circ f)(x) = x = I_X(x)$ である．

($\Leftarrow$) $g \circ f = I_X$ なる写像 g が存在するならば，例題 1.12 より，f は単射である．

1.33 省略．逆写像の定義を確認するだけ．

1.34 (1) $x \in X$ について，$f(x) = y \in Y$ とすると，逆写像の定義から，$f^{-1}(y) = x$ である．再び逆写像の定義から，$(f^{-1})^{-1}(x) = y$ である．よって，$(f^{-1})^{-1} = f$．

(2) f, g が全単射だから，問題 1.30 により，合成 $g \circ f$ も全単射である．したがって，逆写像 $(g \circ f)^{-1} : Z \to X$ が存在する．$x \in X$ について，$f(x) = y \in Y, g(y) = z \in Z$ とすると，$(g \circ f)(x) = g(f(x)) = g(y) = z$ だから，逆写像の定義より，$(g \circ f)^{-1}(z) = x$ である．一方，合成写像の定義から，$(f^{-1} \circ g^{-1})(z) = f^{-1}(g^{-1}(z)) = f^{-1}(y) = x$ が成り立つ．よって，$(g \circ f)^{-1} = f^{-1} \circ g^{-1}$ である．

1.35 $g \circ f = I_X$ だから，例題 1.12 より，f は単射で，g は全射である．また，$f \circ g = I_Y$ だから，例題 1.12 より，g は単射で，f は全射である．したがって，f も g も全単射であるから，逆写像 f^{-1}, g^{-1} が存在する．$g \circ f = I_X : X \to X$ と写像 $g^{-1} : X \to Y$ を合成すると，$g^{-1} \circ (g \circ f) = g^{-1} \circ I_X$ を得る．例題 1.10 (写像の結合律) と問題 1.31 より，$f = g^{-1}$ が得られる．全く同様にして，$g = f^{-1}$ も得られる．

1.36 (1) $B = [-1, 4]$ とすると，$f^{-1}(B) = [-2, 2]$．$f([-2, 2]) = [0, 4] \subsetneq [-1, 4]$．

(2) $A = [1, 2]$ とすると，$f(A) = [1, 4]$．$f^{-1}([1, 4]) = [-2, -1] \cup [1, 2] \supsetneq [1, 2]$．

1.37 〔例題 1.13 (4), (5) の証明〕 (4) $y \in f(A^c) \Rightarrow \exists x \in A^c (y = f(x))$．ところで，$y = f(x) \in f(A)$ とすると，$\exists x' \in A(y = f(x'))$ となるが，f の単射性から，$x = x'$ となり，矛盾．

$\therefore \quad y \notin f(A) \quad \therefore \quad y \in (f(A))^c \quad \therefore \quad f(A^c) \subset (f(A))^c$

(5) $x \in f^{-1}(B^c) \Leftrightarrow f(x) \in B^c \Leftrightarrow \neg(f(x) \in B) \Leftrightarrow \neg(x \in f^{-1}(B)) \Leftrightarrow x \in (f^{-1}(B))^c$

1.38 〔例題 1.14 (1), (3), (4) の証明〕 (1) $y \in Y$ について, $y \in f(A_1 \cup A_2) \Leftrightarrow \exists x \in A_1 \cup A_2 \, (y = f(x)) \Leftrightarrow (\exists x \in A_1 \, (y = f(x))) \vee (\exists x \in A_2 \, (y = f(x))) \Leftrightarrow (y \in f(A_1)) \vee (y \in f(A_2)) \Leftrightarrow y \in f(A_1) \cup f(A_2)$

(3) $x \in X$ について, $x \in f^{-1}(B_1 \cup B_2) \Leftrightarrow f(x) \in B_1 \cup B_2 \Leftrightarrow (f(x) \in B_1) \vee (f(x) \in B_2) \Leftrightarrow (x \in f^{-1}(B_1)) \vee (x \in f^{-1}(B_2)) \Leftrightarrow x \in f^{-1}(B_1) \cup f^{-1}(B_2)$

(4) $x \in X$ について, $x \in f^{-1}(B_1 \cap B_2) \Leftrightarrow f(x) \in B_1 \cap B_2 \Leftrightarrow (f(x) \in B_1) \wedge (f(x) \in B_2) \Leftrightarrow (x \in f^{-1}(B_1)) \wedge (x \in f^{-1}(B_2)) \Leftrightarrow x \in f^{-1}(B_1) \cap f^{-1}(B_2)$

1.39 〔例題 1.15 (2), (3) の証明〕 (2) $y \in Y$ について, $y \in f(\bigcap A_\lambda) \Leftrightarrow \exists x \in \bigcap A_\lambda (f(x) = y) \Rightarrow \forall \lambda \in \Lambda, \exists x \in A_\lambda (f(x) = y) \Leftrightarrow \forall \lambda \in \Lambda (y \in f(A_\lambda)) \Leftrightarrow y \in \bigcap f(A_\lambda)$

(3) $x \in X$ について, $x \in f^{-1}(\bigcup B_\mu) \Leftrightarrow f(x) \in \bigcup B_\mu \Leftrightarrow \exists \alpha \in M (f(x) \in B_\alpha) \Leftrightarrow \exists \alpha \in M (x \in f^{-1}(B_\alpha)) \Leftrightarrow x \in \bigcup f^{-1}(B_\mu)$

1.40 (E1) 任意の $n \in \mathbb{Z}$ について, $n - n = 0$ で, 0 は p の倍数だから, $(n, n) \in \boldsymbol{R}$.

(E2) $(m, n) \in \boldsymbol{R}$ とすると, $k \in \mathbb{Z}$ が存在して, $m - n = pk$ となる. $n - m = -(m - n) = p(-k)$ で, $-k \in \mathbb{Z}$ だから, $(n, m) \in \boldsymbol{R}$.

(E3) $(m, n), (n, s) \in \boldsymbol{R}$ とすると, $k, h \in \mathbb{Z}$ が存在して, $m - n = pk, n - s = ph$ となる.
$$m - s = (m - n) + (n - s) = pk + ph = p(k + h)$$
で, $k + h \in \mathbb{Z}$ だから, $(m, s) \in \boldsymbol{R}$.

1.41 (E1) 任意の $A \in \boldsymbol{A}$ について, 恒等写像 $I_A : A \to A$ は全単射だから, $A \sim A$.

(E2) $A, B \in \boldsymbol{A}$ について, $A \sim B$ とすると, 全単射 $f : A \to B$ が存在する. 逆写像 $f^{-1} : B \to A$ も全単射であるから, $B \sim A$.

(E3) $A, B, C \in \boldsymbol{A}$ について, $A \sim B, B \sim C$ とすると, 全単射 $f : A \to B, g : B \to C$ が存在するが, このとき合成写像 $g \circ f : A \to C$ も全単射 (問題 1.30) だから, $A \sim C$.

1.42 (1) $C(0) = \{np | n \in \mathbb{Z}\} = C(p), C(1) = \{np + 1 | n \in \mathbb{Z}\}, C(2) = \{np + 2 | n \in \mathbb{Z}\}, C(3) = \{np + 3 | n \in \mathbb{Z}\}, \cdots, C(p - 1) = \{np + (p - 1) | n \in \mathbb{Z}\}$

(2) p と q が互いに素であるから, $\exists a, b \in \mathbb{Z} (ap + bq = 1)$ が成り立つ. 写像 $\varphi : \mathbb{Z}/\boldsymbol{R} \to \mathbb{Z}/\boldsymbol{R}$ を $\varphi(C(x)) = C(bx)$ と定める. 任意の $C(x) \in \mathbb{Z}/\boldsymbol{R}$ について,
$\psi(\varphi(C(x))) = \psi(C(bx)) = C(qbx) = C((1 - ap)x) = C(x)$ ∴ $\psi \circ \varphi = I_{\mathbb{Z}/\boldsymbol{R}}$
$\varphi(\psi(C(x))) = \varphi(C(qx)) = C(bqx) = C((1 - ap)x) = C(x)$ ∴ $\varphi \circ \psi = I_{\mathbb{Z}/\boldsymbol{R}}$

1.43 (1) (E1) 任意の $x \in X$ について, $f(x) = f(x)$ より, $(x, x) \in \boldsymbol{R}$.

(E2) $x, y \in X$ について, $f(x) = f(y)$ ならば, $f(y) = f(x)$ だから, $(x, y) \in \boldsymbol{R} \Rightarrow (y, x) \in \boldsymbol{R}$.

(E3) $x, y, z \in X$ について, $(f(x) = f(y)) \wedge (f(y) = f(z)) \Rightarrow f(x) = f(z)$ だから, $(x, y) \in \boldsymbol{R} \wedge (y, z) \in \boldsymbol{R} \Rightarrow (x, z) \in \boldsymbol{R}$.

(2) 〔全射の証明〕 $B = f(X)$ より, $\forall b \in B, \exists x \in X (f(x) = b)$. $\Gamma(C(x)) = f(x) = b$ より全射.

〔単射であることの証明〕 $C(x), C(y) \in X/\mathbf{R}$ について，$\Gamma(C(x)) = \Gamma(C(y))$ ならば，$f(x) = f(y)$ であるから，$C(x) = C(y)$. よって，Γ は単射.

1.44 (E4) $(x,y),(x',y') \in X \times Y$ について $(x,y) \ll (x',y') \wedge (x',y') \ll (x,y)$ ならば，
$$(((x \leqq x') \wedge (x \neq x')) \vee ((x = x') \wedge (y \preceq y')))$$
$$\wedge (((x' \leqq x) \wedge (x' \neq x)) \vee ((x' = x) \wedge (y' \preceq y)))$$
が定義より得られるが，これを定理 1.1 の結合律と定理 1.2 の分配律を使って変形すると，
$$\Leftrightarrow ((x \leqq x') \wedge (x \neq x') \wedge (x' \leqq x)) \wedge (x' \neq x)$$
$$\vee ((x = x') \wedge (y \preceq y') \wedge (x' \leqq x) \wedge (x' \neq x))$$
$$\vee ((x \leqq x') \wedge (x \neq x') \wedge (x = x') \wedge (y' \preceq y))$$
$$\vee ((x = x') \wedge (y \preceq y') \wedge (x' = x) \wedge (y' \preceq y))$$
$$\Leftrightarrow (x = x') \wedge (y \preceq y') \wedge (y' \preceq y) \Leftrightarrow (x = x') \wedge (y = y') \Leftrightarrow (x,y) = (x',y')$$

1.45 (E1) 任意の $f \in \mathbb{R}^X$ について，$\forall x \in X(f(x) \leqq f(x))$ が成り立つから，$f \ll f$.

(E3) $f,g,h \in \mathbb{R}^X$ について，$f \ll g \wedge g \ll h$ ならば，$\forall x \in X(f(x) \leqq g(x) \wedge g(x) \leqq h(x))$ が成り立つから，$\forall x \in X(f(x) \leqq h(x))$ が成り立つ．よって，$f \ll h$.

(E4) $f,g \in \mathbb{R}^X$ について，$f \ll g \wedge g \leqq f$ ならば，$\forall x \in X(f(x) \leqq g(x) \wedge g(x) \leqq f(x))$ が成り立つが，これは $\forall x \in X(f(x) = g(x))$ を意味する．よって，$f = g$.

第 2 章

2.1 (1) 加法単位元を $0, 0'$ とすると $0' = 0' + 0$ ($\because$ 0 は単位元) $= 0$ ($\because$ $0'$ は単位元). 乗法単位元を $1, 1'$ とすると $1' = 1' \times 1$ ($\because$ 1 は単位元) $= 1$ ($\because$ $1'$ は単位元).

(2) a, b を x の加法逆元とすると，$a = a + 0 = a + (x + b) = (a + x) + b = 0 + b = b$.
c, d を x の乗法逆元とすると，$c = c \times 1 = c \times (x \times d) = (c \times x) \times d = 1 \times d = d$.

2.2 (1) $x \cdot y + x \cdot (-y) = x \cdot (y + (-y)) = x \cdot 0 = 0$ より，$x \cdot (-y) = -(x \cdot y)$.
$x \cdot y + (-x) \cdot y = (x + (-x)) \cdot y = 0 \cdot y = 0$ より，$(-x) \cdot y = -(x \cdot y)$.

(2) $(-x) \cdot (-y) = -(x \cdot (-y)) = -(-(x \cdot y)) = x \cdot y$

2.3 省略．

2.4 (1) $x > 0 \Rightarrow -x \neq 0$. $-x > 0$ とすると，$x + (-x) > 0 + 0 = 0$ で矛盾. $\therefore -x < 0$.

(2) $x < 0 \Rightarrow -x > 0$. $\therefore (-x)^2 > 0$.

(3) $(x > 0) \wedge (x^{-1} < 0) \Rightarrow x \cdot x^{-1} = 1 < 0$ となり，(2) の $1 > 0$ に反する．

2.5 (1) $x \geqq 0, y \geqq 0$ のとき，$|xy| = x \cdot y = |x| \cdot |y|$
$x \geqq 0, y < 0$ のとき，$|xy| = x \cdot (-y) = |x| \cdot |y|$. $x < 0, y \geqq 0$ のときも同様．
$x < 0, y < 0$ のとき，$|xy| = (-x) \cdot (-y) = |x| \cdot |y|$

(2) $|x| - |y| < 0$ のときは，$|x - y| \geqq 0$ だから，$|x| - |y| \leqq |x - y|$.
$|x| - |y| \geqq 0$ のとき，$(|x| - |y|)^2 = |x|^2 - 2|x| \cdot |y| + |y|^2 \leqq x^2 - 2xy + y^2 = |x - y|^2$
また，一般に，$|x - y|^2 = x^2 - 2xy + y^2 \leqq x^2 + 2|x| \cdot |y| + y^2 = (|x| + |y|)^2$
$\therefore |x| - |y| \leqq |x - y| \leqq |x| + |y|$

2.6 x, y が有理数ならば，例題 2.3 で済んでいるので，それ以外の場合を考える．ここでは，無理数について知っていること（例えば，無限小数で表されること）を使って，いろいろ調べてみるだけでよい．

2.7 〔例題 2.4 (2) の証明〕 α, β を A の最小値とする．最小値の定義から，$\alpha \in A, \beta \in A$ であり，α の最小性から $\alpha \leqq \beta$，また，β の最小性から $\beta \leqq \alpha$ である．よって，反対称律より，$\alpha = \beta$ である．

2.8 省略．

2.9 ($\Rightarrow$) (i) は下限の定義から，明らか．(ii) を背理法で示す．ある $\varepsilon > 0$ に対して，任意の $a \in A$ について $t + \varepsilon \leqq a$ であるとすれば，$t + \varepsilon$ は A の下界である．これは，t が下界の最大値であることに反する．

($\Leftarrow$) 背理法で示す．A の下界 t' で，$t < t'$ となるものが存在したとする．$\varepsilon = t' - t$ とすれば，(ii) より $t \leqq a < t'$ を満たす $a \in A$ が存在する．これは t' が A の下界であることに反する．

2.10 (1) $a = \max A$ とする．定義から，$a \in A$ で，任意の $x \in A$ について $x \leqq a$ が成り立つ．これより，a は A の上界の 1 つである．任意の $\varepsilon > 0$ について，$a - \varepsilon < a$ だから，例題 2.5 (1) により，a は A の上限である．

(2) $b = \min A$ とすると，$b \in A$ で，任意の $x \in A$ について $b \leqq x$ が成り立つ．これより，b は A の下界の 1 つである．任意の $\varepsilon > 0$ について，$b < b + \varepsilon$ だから，例題 2.5 (2) により，b は A の下限である．

2.11 (1) 条件「$\forall a \in A, \exists \alpha \in \mathbb{R}\, (a \leqq \alpha)$」より，$\alpha$ は A の上界の 1 つである．よって，$\sup A \leqq \alpha$．(2) は省略．

2.12 〔例題 2.6 (2) の証明〕 $T(A)$ を A の下界全体の集合とすれば，下限 $\inf A$ が存在するという条件から，$T(A) \neq \emptyset$ である．問題 2.10 (1) より，$\max T(A)$ は一意的だから，$\max T(A) = \inf A$ も一意的である．

2.13 (1) $x \in A$ ならば $x \in B$ だから，$x \leqq \sup B$ である．これは $\sup B$ が A の上界であることを示す．A の上限の最小性から，$\sup A \leqq \sup B$ である．

(2) $x \in A$ ならば $x \in B$ だから，$x \geqq \inf B$ である．これは $\inf B$ が A の下界であることを示す．A の下限の最大性から，$\inf B \leqq \inf A$ である．

2.14 (1) $b \in B$ とすると，仮定から，任意の $a \in A$ について，$a \leqq b$．よって，b は A の上界の 1 つである．上限の最小性より，$\sup A \leqq b$．ところで，$b \in B$ は任意であったから，これは $\sup A$ が B の下界の 1 つであることを示す．下限の最大性より，$\sup A \leqq \inf B$．

(2) 任意の $a \in A$ について，$\exists b \in B\, (a \leqq b)$ より，b は A の上界の 1 つである．上限の最小性より，$\sup A \leqq b$．ところで，$b \in B$ だから，上限の定義より，$b \leqq \sup B$．よって，$\sup A \leqq \sup B$．

2.15 (1) A が上に有界だから，$\forall a \in A, \exists b \in \mathbb{R}\, (a \leqq b)$ である．定義から，$x \in (-A) \Leftrightarrow -x \in A$ で，$-x \leqq b \Leftrightarrow x \geqq -b$ だから，$-A$ は下に有界である．

次に，$s = \sup A$ とおくと，次が成り立つ：

   (i) $x \in (-A) \Rightarrow x \geqq -s$ (ii) $\forall \varepsilon > 0, \exists a \in A\, (s - \varepsilon < a \leqq s)$

第 2 章 の 解 答

$$\therefore \quad \exists -a \in (-A)(-s \leqq -a < -s + \varepsilon)$$

よって, 例題 2.5 より, $-s = \inf(-A)$.

(2) 上の (1) と本質的に同じであるから, 省略.

(3) $\forall a \in A, \forall b \in B$ について, $a + b \leqq \sup A + \sup B$ であるから, $\sup A + \sup B$ は $A + B$ の上界の 1 つである. よって, $\sup(A+B) \leqq \sup A + \sup B$.

(4) $\forall a \in A, \forall b \in B$ について, $\inf A + \inf B \leqq a+b$ であるから, $\inf A + \inf B$ は $A + B$ の下界の 1 つである. よって, $\inf A + \inf B \leqq \inf(A+B)$.

2.16 $x_i \to \alpha\,(i \to \infty)$ だから, 定義より, 次が成り立つ:

$$\forall \varepsilon > 0, \exists N \in \mathbb{N}(\forall n \in \mathbb{N}, n \geqq N \Rightarrow |x - \alpha| < \varepsilon)$$

ところが, 部分列の定義より, $\iota(i) \to \infty\,(i \to \infty)$ であるから,

$$\forall \varepsilon > 0, \exists N_0 \in \mathbb{N}(\forall k \in \mathbb{N}, k \geqq N_0 \Rightarrow \iota(k) \geqq N)$$

が成り立つ. したがって,

$$\forall \varepsilon > 0, \exists N_0 \in \mathbb{N}(\forall k \in \mathbb{N}, k \geqq N_0 \Rightarrow |x_{\iota(k)} - \alpha| < \varepsilon)$$

が成り立つ. これは, 部分列 $\{x_{\iota(i)}\}$ が α に収束することを示す.

2.17 $x_i \to \alpha\,(i \to \infty), y_i \to \beta\,(i \to \infty)$ とすると, 収束の定義から, 次が成り立つ:

$$\forall \varepsilon > 0, \exists N_x \in \mathbb{N}(\forall n \in \mathbb{N}, n \geqq N_x \Rightarrow |x_n - \alpha| < \varepsilon/2)$$
$$\forall \varepsilon > 0, \exists N_y \in \mathbb{N}(\forall m \in \mathbb{N}, m \geqq N_y \Rightarrow |y_m - \beta| < \varepsilon/2)$$

ここで, $= \max\{N_x, N_y\}$ とおくと, 次が成り立つ:

$$\forall k \in \mathbb{N}, k \geqq N \Rightarrow |x_k - \alpha| < \varepsilon/2, |y_k - \beta| < \varepsilon/2$$
$$\therefore \quad \forall \varepsilon > 0, \exists N \in \mathbb{N}(\forall k \in \mathbb{N}, k \geqq N \Rightarrow |(x_k + y_k) - (\alpha + \beta)| < \varepsilon)$$

よって, $x_i + y_i \to \alpha + \beta\,(i \to \infty)$ である.

2.18 $a = 0$ ならば $\{ax_i + by_i\} = \{by_i\}$, $b = 0$ ならば $\{ax_i + by_i\} = \{ax_i\}$, $a = 0 = b$ ならば $\{ax_i + by_i\}$ はすべての項が 0 である数列であるから, いずれの場合にも $a\alpha + b\beta$ に収束する. そこで, $a \neq 0 \neq b$ とする. 収束の条件から, 次が成り立つ:

$$\forall \varepsilon > 0, \exists N_x \in \mathbb{N}(\forall n \in \mathbb{N}, n \geqq N_x \Rightarrow |x_n - \alpha| < \varepsilon/2|a|)$$
$$\forall \varepsilon > 0, \exists N_y \in \mathbb{N}(\forall m \in \mathbb{N}, m \geqq N_y \Rightarrow |y_m - \beta| < \varepsilon/2|b|)$$

ここで, $N = \max\{N_x, N_y\}$ とおけば, 次が成り立つ:

$$\forall \varepsilon > 0, \exists N \in \mathbb{N}(\forall k \in \mathbb{N}, k \geqq N \Rightarrow |(ax_k + by_k) - (\alpha + \beta)| < \varepsilon)$$

よって, $ax_i + by_i \to a\alpha + b\beta\,(i \to \infty)$ である.

2.19 (1) $x_i \to \alpha\,(i \to \infty)$ とする. $\alpha > M$ と仮定する. $\varepsilon = \alpha - M > 0$ に対して,

$$\exists N \in \mathbb{N}(\forall n \in \mathbb{N}, n \geqq N \Rightarrow |x_n - \alpha| < \varepsilon)$$

が成り立つ. 特に, $|x_N - \alpha| < \varepsilon = \alpha - M$ である. ここで絶対値 $|\ |$ をはずすと,

$$M = \alpha - (\alpha - M) < x_N < \alpha + (\alpha - M)$$

が得られるが, これは $M < x_N$ を意味し, 問題の仮定「$\forall i \in \mathbb{N}(x_i \leqq M)$」に反する.

(2) 上の (1) の証明と本質的に同じであるから, 省略する.

2.20 数列 $\{x_i\}$ が有界ならば, 定義から, $M, L \in \mathbb{R}$ が存在して, $\forall i \in \mathbb{N}(x_i \leqq M \wedge x_i \geqq L)$ が成り立つ. いま, $\max\{|M|, |L|\}$ を改めて M とすると, $\forall i \in \mathbb{N}(|x_i| \leqq M)$ である.

逆に，「$\forall i \in \mathbb{N}, \exists M \in \mathbb{R}\,(|x_i| \leqq M)$」が成り立つならば，$M = M, L = -M$ とすれば，$\forall i \in \mathbb{N}\,(x_i \leqq M \wedge x_i \geqq L)$ であるから，この数列は有界である．

2.21 $\forall \varepsilon > 0$ に対して，仮定より，次が成り立つ：
$$\exists N_x \in \mathbb{N}\,(\forall n \in \mathbb{N}, n \geqq N_x \Rightarrow |x_n - \alpha| < \varepsilon) \quad \therefore \quad \alpha - \varepsilon < x_n < \alpha + \varepsilon$$
$$\exists N_z \in \mathbb{N}\,(\forall n \in \mathbb{N}, n \geqq N_y \Rightarrow |z_n - \alpha| < \varepsilon) \quad \therefore \quad \alpha - \varepsilon < z_n < \alpha + \varepsilon$$
ここで，$N = \max\{N_x, N_y\}$ とおけば，$\forall n \in \mathbb{N}, n \geqq N$ について，$\alpha - \varepsilon < x_n \leqq y_n \leqq z_n < \alpha + \varepsilon$，したがって，$|y_n - \alpha| < \varepsilon$ が成り立つ．これは，$y_i \to \alpha\,(i \to \infty)$ を示す．

2.22 (1) $\alpha > 0$ の場合：$\varepsilon = \alpha/2 > 0$ である．この $\varepsilon > 0$ に対して，収束の定義から，
$$\exists N_1 \in \mathbb{N}\,(\forall n \in \mathbb{N}, n \geqq N_1 \Rightarrow |x_n - \alpha| < \varepsilon = \alpha/2)$$
が成り立つ．したがって，$\alpha - \alpha/2 < x_n < \alpha + \alpha/2$ が成り立つ．結局，次が成り立つ：
$$\exists N_1 \in \mathbb{N}\,(\forall n \in \mathbb{N}, n \geqq N_1 \Rightarrow x_n > \alpha - \alpha/2 = \alpha/2 > 0)$$
$\alpha < 0$ の場合：$\varepsilon = |\alpha|/2 > 0$ である．この $\varepsilon > 0$ に対して，収束の定義から，
$$\exists N_2 \in \mathbb{N}\,(\forall n \in \mathbb{N}, n \geqq N_2 \Rightarrow |x_n - \alpha| < \varepsilon = -\alpha/2)$$
が成り立つ．したがって，$\alpha + \alpha/2 < x_n < \alpha - \alpha/2$ が成り立つ．結局，次が成り立つ：
$$\exists N_2 \in \mathbb{N}\,(\forall n \in \mathbb{N}, n \geqq N_2 \Rightarrow x_n < \alpha - \alpha/2 = \alpha/2 < 0)$$

(2) 上の (1) で，$N = \max\{N_1, N_2\}$ とすれば，$\forall i \in \mathbb{N}\,(|x_{N+i}| > |\alpha|/2)$ であるから，
$$\frac{1}{|x_{N+i}|} < \frac{1}{|\alpha|/2} = \frac{2}{|\alpha|}$$
が成り立つ．よって，次が得られる：
$$\left| y_i - \frac{1}{\alpha} \right| = \left| \frac{1}{x_{N+i}} - \frac{1}{\alpha} \right| = \frac{|\alpha - x_{N+i}|}{|x_{N+i}||\alpha|} < \frac{2}{|\alpha|} \frac{|\alpha - x_{N+i}|}{|\alpha|}$$
このとき，$x_{N+i} \to \alpha\,(i \to \infty)$ であるから，$y_i \to 1/\alpha\,(i \to \infty)$ も成り立つ．

2.23 例題 2.9 より，数列 $[1/y_i]$ が $1/\beta$ に収束することを示せば十分である．この事実は，問題 2.22 (2) ですでに示した．改めて，簡潔に書くと次のようになる：
$y_i \to \beta\,(i \to \infty)$ より，$|\beta|/2 > 0$ に対して，次が成り立つ：
$$\exists N_0 \in \mathbb{N}\,(\forall n \in \mathbb{N}, n \geqq N_0 \Rightarrow |y_n - \beta| < |\beta|/2) \quad \therefore \quad |y_n| > |\beta|/2$$
再び $y_i \to \beta\,(i \to \infty)$ より，次が成り立つ：
$$\forall \varepsilon > 0, \exists N_1 \in \mathbb{N}\,(N_1 > N_0, \forall n \in \mathbb{N}, n \geqq N_1 \Rightarrow |y_n - \beta| < \varepsilon|\beta|/2)$$
$\therefore \quad |1/y_n - 1/\beta| = |y_n - \beta|/(|y_n||\beta|) < \varepsilon \quad \therefore \quad 1/y_i \to 1/\beta\,(i \to \infty)$

2.24 実数 $1\,(>0)$ に対して，$\exists N \in \mathbb{N}\,(\forall n \in \mathbb{N}, n \geqq N \Rightarrow |x_n - x_N| < 1)$ が成り立つ．
$$\therefore \quad x_N - 1 < x_n < x_N + 1$$
そこで，$M = \max\{x_1, x_2, \cdots, x_N, x_N + 1\}, L = \min\{x_1, x_2, \cdots, x_N, x_N - 1\}$ とおけば，任意に $i \in \mathbb{N}$ について，$L \leqq x_i \leqq M$ であるから，数列 $[x_i]$ は有界である．

2.25 (1) $[x_i], [y_i]$ が基本列であるから，$\forall \varepsilon > 0$ に対して，次が成り立つ：
$$\exists N_1 \in \mathbb{N}\,(\forall m, n \in \mathbb{N}, m, n \geqq N_1 \Rightarrow |x_m - x_n| < \varepsilon/2)$$
$$\exists N_2 \in \mathbb{N}\,(\forall m, n \in \mathbb{N}, m, n \geqq N_2 \Rightarrow |y_m - y_n| < \varepsilon/2)$$
ここで，$N = \max\{N_1, N_2\}$ とおけば，上の $\varepsilon > 0$ に対して，次が成り立つ：

$\forall m, n \in \mathbb{N}, m, n \geqq N \Rightarrow |(x_m + y_m) - (x_n + y_n)| = |(x_m - x_n) + (y_m - y_n)| < \varepsilon$

これは，数列 $[x_i + y_i]$ が基本列であることを示す．

(2) 問題 2.24 より，基本列は有界であるから，問題 2.20 より，次が成り立つ：
$$\forall i \in \mathbb{N}, \exists M_x \in \mathbb{R}(|x_i| \leqq M_x), \qquad \forall i \in \mathbb{N}, \exists M_y \in \mathbb{R}(|y_i| \leqq M_y)$$

そこで，$M = \max\{M_x, M_y\}$ とおくと，任意の $\varepsilon > 0$ に対して，次が成り立つ：
$$\exists N_x \in \mathbb{N}(\forall m, n \in \mathbb{N}, m, n \geqq N_x \Rightarrow |x_m - x_n| < \varepsilon/2M)$$
$$\exists N_y \in \mathbb{N}(\forall m, n \in \mathbb{N}, m, n \geqq N_y \Rightarrow |y_m - y_n| < \varepsilon/2M)$$

ここで，$N = \max\{N_x, N_y\}$ とおけば，上の $\varepsilon > 0$ に対して，次が成り立つ：
$$|x_m \cdot y_m - x_n \cdot y_n| = |x_m \cdot y_m - x_m \cdot y_n + x_m \cdot y_n - x_n \cdot y_n|$$
$$\leqq |x_m||y_m - y_n| + |x_m - x_n||y_n|$$
$$< M \cdot \varepsilon/2M + M \cdot \varepsilon/2M = \varepsilon$$

よって，数列 $[x_i \cdot y_i]$ も基本列である．

2.26 (1) (E1) 反射律, (E2) 対称律は明らかであるから, (E3) 推移律のみ証明する．$[x_i]$, $[y_i]$, $[z_i] \in \boldsymbol{S}$ について，$[x_i] \sim [y_i]$, $[y_i] \sim [z_i]$ とすると，

$\lim |x_i - y_i| = 0 \wedge \lim |y_i - z_i| = 0$
$\Rightarrow 0 \leqq \lim |x_i - z_i| = \lim |x_i - y_i + y_i - z_i| \leqq \lim(|x_i - y_i| + |y_i - z_i|) = 0$
$\qquad \therefore \ \lim |x_i - z_i| = 0 \qquad \therefore \ [x_i] \sim [z_i]$

(2) $[x_i] \sim [y_i]$ だから，$\lim |x_i - y_i| = 0$．よって，次が成り立つ：
$$\forall \varepsilon > 0, \exists N_1 \in \mathbb{N}(\forall n \in \mathbb{N}, n \geqq N_1 \Rightarrow |x_n - y_n| < \varepsilon/3)$$

一方，$[x_i]$ が基本列だから，同じ $\varepsilon > 0$ に対して，次が成り立つ：
$$\exists N_2 \in \mathbb{N}(\forall m, n \in \mathbb{N}, m, n \geqq N_2 \Rightarrow |x_m - x_n| < \varepsilon/3)$$

ここで，$N = \max\{N_1, N_2\}$ とおけば次が成り立ち，$[y_i]$ も基本列であることがわかる：
$\forall m, n \in \mathbb{N}, m, n \geqq N \Rightarrow |y_m - y_n| = |y_m - x_m + x_m - x_n + x_n - y_n|$
$$\leqq |y_m - x_m| + |x_m - x_n| + |x_n - y_n| < \varepsilon$$

2.27 $m, n \in \mathbb{N}$ について，$m > n$ とする．
$$|x_m - x_n| = |x_m - x_{m-1} + x_{m-1} - x_n|$$
$$\leqq |x_m - x_{m-1}| + |x_{m-1} - x_n|$$
$$\leqq |x_m - x_{m-1}| + |x_{m-1} - x_{m-2}| + |x_{m-2} - x_n|$$
$$\leqq |x_m - x_{m-1}| + |x_{m-1} - x_{m-2}| + \cdots + |x_{n+1} - x_n|$$

ところで，仮定から，任意の $k \in \mathbb{N}$ について，次式が成り立つ：
$$|x_{k+1} - x_k| \leqq r|x_k - x_{k-1}| \leqq r^2|x_{k-1} - x_{k-2}| \leqq \cdots \leqq r^{k-1}|x_2 - x_1|$$
$$\therefore \ |x_m - x_n| \leqq r^{m-2}|x_2 - x_1| + r^{m-3}|x_2 - x_1| + \cdots + r^{n-1}|x_2 - x_1|$$
$$= r^{n-1}(1 + r + \cdots + r^{m-n-1})|x_2 - x_1|$$
$$= r^{n-1}\frac{1 - r^{m-n}}{1 - r}|x_2 - x_1| < \frac{r^{n-1}}{1 - r}|x_2 - x_1|$$

条件 $0 < r < 1$ より，$\lim_{n \to \infty} r^{n-1}/(1 - r) = 0$ だから，任意の $\varepsilon > 0$ に対して，$N \in \mathbb{N}$ が存在して，$n > N$ ならば，$r^{n-1}|x_2 - x_1|/(1 - r) < \varepsilon$ が成り立つ．よって，$[x_i]$ は基本列である．

2.28 基本列ではない．この数列が収束しないことは，微積分の教科書で確認されたい．

2.29 (1) 数列 $\{x_{2i}\}, \{x_{2i-1}\}$ がともに α に収束するから，次が成り立つ：
$$\forall \varepsilon > 0, \exists N_0 \in \mathbb{N}(\forall n \in \mathbb{N}, n \geqq N_0 \Rightarrow |x_{2n} - \alpha| < \varepsilon)$$
$$\forall \varepsilon > 0, \exists N_1 \in \mathbb{N}(\forall n \in \mathbb{N}, n \geqq N_1 \Rightarrow |x_{2n-1} - \alpha| < \varepsilon)$$
ここで，$N = \max\{N_0, N_1\}$ とおくと，$\forall n \geqq N$ について，$|x_{2n}-\alpha| < \varepsilon, |x_{2n-1}-\alpha| < \varepsilon$ が成り立つ．ゆえに，$n \geqq 2N-1$ ならば，$|x_n - \alpha| < \varepsilon$ である．

(2) 必ずしも基本列とはならない．(1) のように，$\{x_{2i}\}$ と $\{x_{2i-1}\}$ が同一の極限値をもつ場合は，$\{x_i\}$ は収束列だから，基本列でもあるが，異なる極限値をもつ場合は収束もせず，したがって基本列でもない．例：$x_i = (-1)^i$．

2.30 閉区間の端点で得られる数列 $\{a_i\}$ は単調増加で上に有界であり，数列 $\{b_i\}$ は単調減少で下に有界である．したがって，[III] より，これらの数列は収束する．$a_i \to \alpha$ $(i \to \infty)$，$b_i \to \beta$ $(i \to \infty)$ とすると，[IV] の条件 (2) より，$\alpha = \beta$ である．ところで，例題 2.14 の証明でみたように，α は集合 $\{a_i | i \in \mathbb{N}\}$ の上限であり，β は集合 $\{b_i | i \in \mathbb{N}\}$ の下限であるから，任意の $i \in \mathbb{N}$ について，$a_i \leqq \alpha = \beta \leqq b_i$ である．したがって，任意の $i \in \mathbb{N}$ について，$\alpha \in [a_i, b_i]$ であるから，$\alpha \in \bigcap A_i$ である．

一方，$c \in \bigcap A_i$ とすると，任意の $i \in \mathbb{N}$ について，$a_i \leqq c \leqq b_i$ である．よって，問題 2.19 により，$\lim a_i \leqq c \leqq \lim b_i$ である．条件 (2) と合わせて，$c = \alpha$ が結論される．

2.31 数列 $\{x_i\}$ は有界だから，$a, b \in \mathbb{R}$ が存在して，$\forall i \in \mathbb{N}(a \leqq x_i \leqq b)$ が成り立つ．区間 $[a, (a+b)/2]$ と区間 $[(a+b)/2, b]$ のうちで $\{x_i\}$ の部分列を含む方を $A_1 = [a_1, b_1]$ とし，A_1 から部分列の 1 つの項を選んで $x_{\iota(1)}$ とする．次に，区間 $[a_1, (a_1 + b_1)/2]$ と $[(a_1 + b_1)/2, b_1]$ のうちで $\{x_i\}$ の部分列を含む方を $A_2 = [a_2, b_2]$ とし，A_2 から部分列の 1 項 $x_{\iota(2)}$ を $\iota(1) < \iota(2)$ となるように選ぶ．この操作を反復する．一般に，区間 $[a, b]$ の中に区間 $A_k = [a_k, b_k]$ が定められ，A_k には $\{x_i\}$ の部分列が含まれ，この部分列の 1 項 $x_{\iota(k)}$ が選ばれているとする．そこで区間 $[a_k, (a_k + b_k)/2]$ と区間 $[(a_k + b_k)/2, b_k]$ のうちで $\{x_i\}$ の部分列を含む方を $A_{k+1} = [a_{k+1}, b_{k+1}]$ とし，A_{k+1} から部分列の 1 項 $x_{\iota(k+1)}$ を $\iota(k) < \iota(k+1)$ となるように選ぶ．この結果，

閉区間の列　　$A_1 \supset A_2 \supset \cdots \supset A_k \supset A_{k+1} \supset \cdots, \quad A_k = [a_k, b_k]$,
$\{x_i\}$ の部分列　$\{x_{\iota(k)}\}, \quad b_k - a_k = (b_{k-1} - a_{k-1})/2$

を得る．$b_k - a_k = (b-a)/2^k$ より，$\lim(b_k - a_k) = 0$ であるから，[IV] より $\bigcap A_k$ は 1 つの要素からなる集合である．この要素を α とすると，部分列 $\{x_{\iota(k)}\}$ は α に収束する．

2.32 $\{x_i\}$ を基本列とすると，定義から，$\varepsilon = 1$ に対して，次が成り立つ：
$$\exists N \in \mathbb{N}(\forall m, n \in \mathbb{N}, m, n \geqq N \Rightarrow |x_m - x_n| < 1)$$
特に，$n \geqq N+1$ のとき，$|x_n - x_N| < 1$ であるから，
$$M = \max\{|x_1|, |x_2|, \cdots, |x_N|, |x_N| + 1\}$$
とおくと，任意の $i \in \mathbb{N}$ について，$-M \leqq x_i \leqq M$ であるから，$\{x_i\}$ は有界である．[V] より，$\{x_i\}$ は収束する部分列を含む．例題 2.11 より，$\{x_i\}$ も収束する．

2.33 〔例題 2.15 $\Rightarrow$ 問題 2.33〕 $b/a \in \mathbb{R}$ に対して，例題 2.15 より，$\exists n \in \mathbb{N}(b/a < n)$．

〔問題 2.33⇒ 例題 2.15〕 問題 2.33 の条件「$0 < a < b$」において, $a = 1$ すると, $\exists n \in \mathbb{N}\,(b < n)$ が成り立つ. これは,「任意の実数 $b > 0$ に対して, 自然数 n が存在して $b < n$ を満たす」ということだから, $\mathbb{N}$ が上に有界でないことの別の表現である.

2.34 (1) 任意の $0 < \varepsilon < 1$ に対して, アルキメデスの原理 (問題 2.33) より, $\exists N \in \mathbb{N}\,(1 < N\varepsilon)$ が成り立つ. よって,「$\forall n \in \mathbb{N}, n \geqq N \Rightarrow |1/n - 0| < \varepsilon$」が成り立つ.

(2) $h > 0$ だから, $(1+h)^n > 1 + nh$ が成り立つ. 任意の $0 < \varepsilon < 1/h$ に対して, アルキメデスの原理より, $\exists N \in \mathbb{N}\,(1 < N\varepsilon h)$ が成り立つ. よって, 次が成り立つ:
$$\forall n \in \mathbb{N}, n \geqq N \Rightarrow |1/(1+h)^n - 0| < |1/(1+nh)| < |1/nh| < \varepsilon$$

2.35 (1) $a \in \mathbb{Z}$ ならば, $n = a$ とすればよいから, 以下 $a \in \mathbb{R} - \mathbb{Z}$ とする.
● $0 < a < 1$ のとき, $n = 0$ とすればよい.
● $1 < a$ のとき, アルキメデスの原理から, $\exists m \in \mathbb{N}\,(a < m)$ が成り立つ.
① $m - a < 1$ ならば, $m - 1 < a$ である. よって, $n = m - 1$ とすればよい.
② $m - a > 1$ ならば, $a < m - 1$ である. $(m - 1) - a > 1$ ならば, $a < m - 2$ である. このような比較を続けると, $\exists k \in \mathbb{N}\,(m - a < k)$. そこで, $n = m - k$ とおけばよい.
● $-1 < a < 0$ のとき, $n = -1$ とすればよい.
● $a < -1$ のとき, $0 < 1 < -a$ である. これにアルキメデスの原理を適用すると, $\exists m \in \mathbb{N}\,(-a < m)$. よって, $-m \in \mathbb{Z}$ で, $-m < a$ が成り立つ.
①' $a - (-m) = a + m < 1$ ならば, $a < -m + 1$ である. そこで, $n = -m$ とすればよい.
②' $a - (-m) = a + m > 1$ ならば, $-m + 1 < a$ である. $a - (-m + 1) = a + m - 1 > 1$ ならば, $-m + 2 < a$ である. このような比較を続けると, $\exists k \in \mathbb{N}\,(a < -m + k)$. そこで, $n = -m + k - 1$ とすればよい.

いずれの場合も, このような n は一意的である.

(2) 上の (1) の証明とほとんど同じなので, 省略する.

2.36 $\lfloor a \rfloor < \lfloor b \rfloor$ のとき, つまり $b - a > 1$ のとき, $r = \lceil a \rceil$ あるいは $r = \lfloor b \rfloor$ とすればよい. $a < 0 < b$ の場合は, $r = 0$ とすればよい. そこで, $0 < a < b < 1$ の場合を証明すれば十分である. $0 < (b - a) < 1$ にアルキメデスの原理を適用すると, $\exists N \in \mathbb{N}\,(1 < (b-a)N)$ が成り立つ. 有理数 $0, 1/2N, 2/2N, 3/2N, \cdots, (2N-1)/2N, 2N/2N = 1$ は区間 $[0, 1]$ を $2N$ 等分するが, このうちの少なくとも 1 つは開区間 (a, b) にある.

2.37 (3) $f(n) = f(m)$ ならば, $2n - 1 = 2m - 1$ だから $n = m$ となり, f は単射である. 一方, 任意の $x \in \mathbb{N}(\mathrm{odd})$ に対して, $n \in \mathbb{N}$ が存在して, $x = 2n - 1$ と書ける. これは $f(n) = x$ を意味するから, f は全射である.

(4) $(-\mathbb{N}) = \{-n | n \in \mathbb{N}\}$ とおくと, $h : \mathbb{N}(\mathrm{odd}) \to (-\mathbb{N}) \cup \{0\}$ は全単射, $h : \mathbb{N}(\mathrm{even}) \to \mathbb{N}$ は全単射で, $\mathbb{N}(\mathrm{odd}) \cap \mathbb{N}(\mathrm{even}) = \emptyset, (-\mathbb{N}) \cup \{0\} \cup \mathbb{N} = \mathbb{Z}$ であるから, $h : \mathbb{N} \to \mathbb{Z}$ も全単射.

2.38 省略. 上の問題 2.37 (4) を参照.

2.39 (1) 写像 $f : \mathbb{N} \to \{3n | n \in \mathbb{N}\}$ を, $f(n) = 3n$ で定義する. $f(n) = f(m)$ ならば, $3n = 3m$ だから, $m = n$ となり f は単射である. 一方, 任意の $x \in \{3n | n \in \mathbb{N}\}$ に対し, ある $n \in \mathbb{N}$ が存在して $x = 3n$ となるが, これは $f(n) = x$ を意味するから f は全射である.

(2) 写像 $f:\mathbb{N} \to \{2n+3|n\in\mathbb{N}\}$ を，$f(n)=2n+1$ と定義する．$f(n)=f(m)$ ならば，$2n+1=2m+1$ だから，$n=m$ となり f は単射である．一方，任意の $x\in\{2n+1|n\in\mathbb{N}\}$ に対して，$n\in\mathbb{N}$ が存在して，$x=2n+1$ となるから，$f(n)=x$ となり f は全射でもある．

(3) 写像 $f:\mathbb{N} \to \{2^n|n\in\mathbb{N}\}$ を，$f(n)=2^n$ で定義する．$f(n)=f(m)$ ならば，$2^n=2^m$ だから $n=m$ となり f は単射である．一方，任意の $x\in\{2^n|n\in\mathbb{N}\}$ に対して，$n\in\mathbb{N}$ が存在して $x=2^n$ となるが，これは $f(n)=x$ を意味するから，f は全射でもある．

2.40 (1) A の要素を小さい順に $a_1, a_2, a_3, \cdots$ とならべて，$a_1 \to 1, a_2 \to 2, a_3 \to 3, \cdots$ と対応させれば，全単射が得られる．

(2) $\mathbb{N}(\mathrm{odd}), \mathbb{N}(\mathrm{even})$ がともに有限集合ではないことを示せば十分であるが，有限集合の定義から，これは明らかである．

(3) 仮定から，全単射 $f:\mathbb{N} \to X$ が存在する．任意の $i\in\mathbb{N}$ について，$f(i)=x_i$ とすれば，$X=\{x_i|i\in\mathbb{N}\}$ と書ける．この写像で部分集合 A の要素にも添え字が付けられる．

2.41 (1) 写像 $f:\mathbb{N}\to\mathbb{N}\cup A$ を $f(1)=a_1, f(2)=a_2, \cdots, f(n)=a_n, f(n+1)=1, f(n+2)=2, \cdots, f(n+k)=k, \cdots$ と定義する．f が全単射であることの確認は省略する．

(2) $\mathbb{N}=\mathbb{N}(\mathrm{odd})\cup\mathbb{N}(\mathrm{even})$ で，例題 2.16 と仮定から，$\mathbb{N}(\mathrm{odd})\sim\mathbb{N}\sim X, \mathbb{N}(\mathrm{even})\sim\mathbb{N}\sim Y$ だから，それぞれの全単射を使って，全単射 $f:\mathbb{N}\to X\cup Y$ を作ればよい．

(3) $A\cap\mathbb{N}\ne\emptyset$ の場合：$A-\mathbb{N}$ を改めて A として，(1) の証明をすればよい．
$X\cap Y=B\ne\emptyset$ の場合：$X\subset Y$ または $X\supset Y$ のときは，それぞれ，$X\cup Y=Y, X\cup Y=X$ であるから，$\mathbb{N}\sim X\cup Y$ は明らかである．一般に，$X\cap Y=B\ne\emptyset$ として，$Y-B$ が有限集合の場合は (1) の方法で，無限集合の場合は問題 2.40 (1) から $Y-B\sim\mathbb{N}$ であるか (2) の方法で，全単射 $\mathbb{N}\to X\cup Y$ を作ればよい．

2.42 $f:A\to B, g:X\to Y$ を全単射とすると，写像 $\psi:A\times X\to B\times Y, \psi(a,x)=(f(a),g(x))$ は全単射である．

2.43 正の有理数の全体を $\mathbb{Q}^+$ とする．$\mathbb{Q}^+=\{m/n|m\in\mathbb{N}, n\in\mathbb{N}\}$ と書けるから $m/n\in\mathbb{Q}^+$ を $(m,n)\in\mathbb{N}\times\mathbb{N}$ に対応させることにより，$\mathbb{N}\times\mathbb{N}$ の部分集合となる．例題 2.17 から，これは $\mathbb{N}$ のある無限部分集合と対等になる．問題 2.40 から，$\mathbb{Q}^+$ は可算集合である．

2.44 負の有理数の全体 $\mathbb{Q}^-=\{-m/n|m\in\mathbb{N}, n\in\mathbb{N}\}$ は，$\mathbb{Q}^+$ と対等だから，可算集合である．ところで，$\mathbb{Q}=\mathbb{Q}^+\cup\{0\}\cup\mathbb{Q}^-$ であるから，例題 2.16 (4) $\mathbb{N}\sim\mathbb{Z}$ の証明と同様にして，$\mathbb{N}\sim\mathbb{Q}$ が示される．

2.45 (いろいろな証明が考えられるが，例題 2.18 を利用した証明をする．) xy-平面で，x-軸と平行な直線 $y=i(i\in\mathbb{Z})$ 上の格子点の集合を A_i とすれば，これらは互いに対等で，しかも $\mathbb{Z}$ と対等であるから，例題 2.16 (4) により，可算集合である．よって，例題 2.18 により，格子点の集合 $\mathbb{Z}\times\mathbb{Z}$ は可算集合である．

2.46 (1) Λ が可算集合で，全ての A_i が可算集合の場合が例題 2.18 である．この場合も，例題 2.18 の証明と同じように A_i の要素を i 行目に横に並べる．この結果，$\bigcup A_i$ は全てが可算集合である場合の部分集合とみなせる．$\{A_i|i\in\Lambda\}$ の中に可算集合がある場合，または Λ が可算集合の場合は，$\bigcup A_i$ は無限集合だから，問題 2.40 により $\bigcup A_i$ も可算集合になる．したがって，Λ が有限集合で，すべての A_i が有限集合の場合に限り $\bigcup A_i$ は有限集合となる．

(2) $A = \{a_1, a_2, a_3, \cdots\}, B = \{b_1, b_2, b_3, \cdots\}$ として，$A \times B = \{(a_i, b_j) | a_i \in A, b_j \in B\}$ の要素を，次のように並べる：

	b_1列	b_2列	b_3列	b_4列	$\cdots$
a_1行	(a_1, b_1)	(a_1, b_2)	(a_1, b_3)	(a_1, b_4)	$\cdots$
a_2行	(a_2, b_1)	(a_2, b_2)	(a_2, b_3)	(a_2, b_4)	$\cdots$
a_3行	(a_3, b_1)	(a_3, b_2)	(a_3, b_3)	(a_3, b_4)	$\cdots$
$\vdots$	$\vdots$	$\vdots$	$\vdots$	$\vdots$	

このように並べると，a_n 行の b_m 列の要素 (a_n, b_m) と例題 2.17 の格子の (n, m) にある自然数との間に 1 対 1 の対応が付けられる．A または B が無限集合の場合は，$A \times B$ も無限集合であるから，問題 2.40 により，$A \times B$ は可算集合である．したがって，$A \times B$ が有限集合となるのは，A と B がともに有限集合の場合に限る (問題 1.26)．

★ 数学的帰納法を用いることにより，有限個の可算集合 $A_1, A_2, \cdots, A_m$ の直積集合 $A_1 \times A_2 \times \cdots \times A_m$ も可算集合であることが証明される．

2.47 整数係数の多項式 $f(x) = a_0 x^n + a_1 x^{n-1} + a_2 x^{n-2} + \cdots + a_{n-1} x + a_n$ ($n \geq 1, a_0 \neq 0$) に対して，$\rho(f) = n + |a_0| + |a_1| + |a_2| + \cdots + |a_{n-1}| + |a_n|$ とおくと，$\rho(f) \geqq 2$ は自然数である．逆に，自然数 $\rho \geqq 2$ を与えると，$\rho(f) = \rho$ となるような整数係数の多項式 $f(x)$ 全体の集合 $F(\rho)$ は有限集合である (何故か)．各 $f(x) \in F(\rho)$ について $f(x) = 0$ の解は高々 n 個であるから，集合 $S(\rho) = \{f(x) = 0 \text{ の解} | f(x) \in F(\rho)\}$ も有限集合である．よって，問題 2.46 により，代数的数全体の集合 ($\subset \bigcup S(\rho)$) は可算集合である．

2.48 (1) $f^{-1}(y) = \dfrac{d-y}{d-c} \cdot a + \dfrac{y-c}{d-c} \cdot b = \dfrac{b-a}{d-c} \cdot y + \dfrac{ad-bc}{d-c}$

(2) 〔例題 2.19 (4) の証明〕 例題 2.19 (2) より $[a, b] \sim [0, 1), (a, b] \sim (-1, 0]$ だから $[0, 1) \sim (-1, 0]$ を示せば十分である．$r : [0, 1) \to (-1, 0]$ を $r(x) = -x$ と定めると，r は全単射．

〔例題 2.19 (6) の証明〕 例題 2.19 (1), (3) より，$[a, b] \sim [-1, 1], (a, b) \sim (-1, 1)$ だから，$[-1, 1] \sim (-1, 1)$ を示せば十分である．例題 2.19 (5) より，全単射 $g : [0, 1] \to [0, 1)$ を得たが，$g(0) = 0$ である．$r \circ g \circ r^{-1} : [-1, 0] \to [0, 1] \to [0, 1) \to (-1, 0]$ も全単射で，$r \circ g \circ r^{-1}(0) = 0$ だから，これらを合わせて，求める全単射 $[-1, 1] \to (-1, 1)$ を得る．(r は上で定義した写像．)

2.49 関数 $f : (-1, 1) \to \mathbb{R}$ を，$f(x) = x/(1-x^2)$ で与えると，f は全単射である．あるいは，関数 $g : (-1, 1) \to \mathbb{R}$ を，$g(x) = \tan \pi x/2$ とすると，g も全単射である．

2.50 恒等写像 $I_X : X \to X$ は全単射である．

2.51 単射 $f : X \to Y, g : Y \to Z$ の合成写像 $g \circ f : X \to Z$ も単射である (問題 1.30)．

2.52 $f : X \to Y$ を全単射とする．写像 $\psi : 2^X \to 2^Y$ を，$A \in 2^X$ について，$\psi(A) = f(A) = \{f(a) | a \in A\}$ と定義する．$A, B \in 2^X$ について，$\psi(A) = f(A) = f(B) = \psi(B)$ ならば，元 $a \in A$ が存在して，$f(a) \in f(B)$ である．f が全単射だから，$a \in f^{-1}(f(B)) = B$ が成り立ち，$A = B$ である．よって，ψ は単射である．一方，任意の $B \in 2^Y$ に対して，$f^{-1}(B) \in 2^X$ で，$\psi(f^{-1}(B)) = f(f^{-1}(B)) = B$ だから，ψ は全射でもある．

2.53 多項式の次数 n に関する帰納法で証明する. $n=1$ の場合は, $f(x) = a_0 + a_1 x$ である. 任意の $\alpha \in \mathbb{R}$ と α に収束する任意の数列 $[x_i]$ について, 数列 $[f(x_i)] = [a_0 + a_1 x_i]$ は $f(\alpha) = a_0 + a_1 \alpha$ に収束する (問題 2.18). よって, f は連続関数である.

次に, k 次の多項式で与えられた関数はすべて連続関数であると仮定する. このとき, $k+1$ 次の多項式 $f(x) = a_0 + a_1 x + a_2 x^2 + \cdots + a_k x^k + a_{k+1} x^{k+1}$ は, k 次の多項式 $g(x) = a_1 + a_2 x + \cdots + a_k x^{k-1} + a_{k+1} x^k$ を用いて, $f(x) = a_0 + x g(x)$ と表される. 任意の $\alpha \in \mathbb{R}$ と α に収束する任意の数列 $[x_i]$ について, 帰納法の仮定から, 数列 $[g(x_i)]$ は $g(\alpha)$ に収束する. よって, 問題 2.18 により, 数列 $[f(x_i)] = [a_0 + x_i g(x_i)]$ は $f(\alpha) = a_0 + \alpha g(\alpha)$ に収束する. よって, f も連続関数である.

2.54 $f(X) = \{b\}, b \in \mathbb{R}$, とする. 任意の $\alpha \in X$ と α に収束する任意の数列 $[x_i]$ について, $f(x_i) = b$ であるから, 数列 $[f(x_i)]$ はすべての項が b であるような数列である. よって, 数列 $[f(x_i)]$ は $f(\alpha) = b$ に収束する. ゆえに, f は連続関数である.

2.55 次の問題 2.56 の特別な場合であるから, 省略. 次数 n に関する帰納法で証明する.

2.56 多項式の次数 n に関する帰納法で証明する. $n=1$ の場合は, $f(x) = a_0 + a_1 x$ である. このとき, 任意の $\alpha \in \mathbb{R}$ と任意の $\varepsilon > 0$ に対して, $\delta = \varepsilon/(1 + |a_1|)$ とすれば, $|x - \alpha| < \delta$ ならば, $|f(x) - f(\alpha)| = |(a_0 + a_1 x) - (a_0 + a_1 \alpha)| = |a_1||x - \alpha| < |a_1|\varepsilon/(1 + |a_1|) < \varepsilon$ だから, f は点 α で連続である. $\alpha \in \mathbb{R}$ は任意であったから, f は $\mathbb{R}$ で連続である.

$k(\geqq 1)$ 次の多項式によって与えられた連続関数に関しては, 任意の $\alpha \in \mathbb{R}$ と任意の $\varepsilon > 0$ に対して, $\delta > 0$ が存在して, 例題 2.22 の (**) を満たすとする. このとき, $(k+1)$ 次の多項式 $f(x) = a_0 + a_1 x + a_2 x^2 + \cdots + a_k x^k + a_{k+1} x^{k+1}$ によって与えられた関数 f は, 問題 2.53 の証明と同じように, k 次の多項式 $g(x)$ を用いて, $f(x) = a_0 + x g(x)$ と表すことができる. 任意の $\alpha \in \mathbb{R}$ と任意の $\varepsilon > 0$ に対して, $\varepsilon_1 = \varepsilon/2(1 + |\alpha|)$ と定める. $g(x)$ に対して, 帰納法の仮定から, $\delta_1 > 0$ が存在して, 次が成り立つ: $\forall x \in \mathbb{R} (|x - \alpha| < \delta_1 \Rightarrow |g(x) - g(\alpha)| < \varepsilon_1)$. そこで, $\delta = \min\{\delta_1, \varepsilon/2(g(\alpha) + \varepsilon)\}$ とすれば, 次が成り立つ: $\forall x \in \mathbb{R} (|x - \alpha| < \delta \Rightarrow |f(x) - f(\alpha)| < \varepsilon)$. よって, f は連続である.

2.57 (1) f, g が任意の点 $\alpha \in \mathbb{R}$ で連続であるから, 次が成立する:
$$\forall \varepsilon > 0, \exists \delta_1 > 0 (\forall x \in \mathbb{R}, |x - \alpha| < \delta_1 \Rightarrow |f(x) - f(\alpha)| < \varepsilon/2)$$
$$\forall \varepsilon > 0, \exists \delta_2 > 0 (\forall x \in \mathbb{R}, |x - \alpha| < \delta_2 \Rightarrow |g(x) - g(\alpha)| < \varepsilon/2)$$
そこで, $\delta = \min\{\delta_1, \delta_2\}$ とおくと, $\forall x \in \mathbb{R}, |x - \alpha| < \delta$ について, 次が成り立つ:
$|(f+g)(x) - (f+g)(\alpha)| = |(f(x) + g(x)) - (f(\alpha) + g(\alpha))|$
$= |(f(x) - f(\alpha)) + (g(x) - g(\alpha))| \leqq |f(x) - f(\alpha)| + |g(x) - g(\alpha)| < \varepsilon/2 + \varepsilon/2 = \varepsilon$

(2) $c = 0$ の場合は, cf は 0 に値をもつ定値写像であるから, 問題 2.54 により連続である. $c \neq 0$ の場合, f が任意の点 $\alpha \in \mathbb{R}$ で連続であるから, 次が成り立つ:
$$\forall \varepsilon > 0, \exists \delta > 0 (\forall x \in \mathbb{R}, |x - \alpha| < \delta \Rightarrow |f(x) - f(\alpha)| < \varepsilon/|c|)$$
よって, この $\varepsilon > 0$ と $\delta > 0$ について, $\forall x \in \mathbb{R}, |x - \alpha| < \delta$ ならば, 次が成り立つ:
$|(cf)(x) - (cf)(\alpha)| = |cf(x) - cf(\alpha)| = |c||f(x) - f(\alpha)| < |c| \cdot \varepsilon/|c| = \varepsilon$

(3) f, g が任意の点 $\alpha \in \mathbb{R}$ で連続だから, $|f(\alpha)|, |g(\alpha)|$ が定数であることを考慮すると,

第2章の解答

$$\forall \varepsilon > 0, \exists \delta_1 > 0 \, (\forall x \in \mathbb{R}, |x - \alpha| < \delta_1 \Rightarrow |f(x) - f(\alpha)| < \varepsilon/2(|g(\alpha)| + 1))$$
$$\forall \varepsilon > 0, \exists \delta_2 > 0 \, (\forall x \in \mathbb{R}, |x - \alpha| < \delta_2 \Rightarrow |g(x) - g(\alpha)| < \varepsilon/2(|f(\alpha)| + 1))$$

が成り立つ. さらに, もし $\varepsilon > 1$ ならば, f と g が α で連続であるから, ($\varepsilon = 1$ に対応して)
$$\exists \delta_3 > 0 \, (\forall x \in \mathbb{R}, |x - \alpha| < \delta_3 \Rightarrow |g(x) - g(\alpha)| < 1)$$
も成り立つ. したがって, $|g(x)| < |g(\alpha)| + 1$ が成り立つ. そこで, $\delta = \min\{\delta_1, \delta_2, \delta_3\} > 0$ とすれば, $\forall x \in \mathbb{R}, |x - \alpha| < \delta$ について, 上の3つの結論がすべて成り立つ. よって,

$$|(f \cdot g)(x) - (f \cdot g)(\alpha)| = |f(x) \cdot g(x) - f(\alpha) \cdot g(\alpha)|$$
$$= |f(x) \cdot g(x) - f(\alpha) \cdot g(x) + f(\alpha) \cdot g(x) - f(\alpha) \cdot g(\alpha)|$$
$$\leqq |f(x) \cdot g(x) - f(\alpha) \cdot g(x)| + |f(\alpha) \cdot g(x) - f(\alpha) \cdot g(\alpha)|$$
$$= |f(x) - f(\alpha)||g(x)| + |f(\alpha)||g(x) - g(\alpha)|$$
$$< |f(x) - f(\alpha)|(|g(\alpha)| + 1) + (|f(\alpha)| + 1)|g(x) - g(\alpha)|$$
$$< \frac{\varepsilon}{2(|g(\alpha)| + 1)} \cdot (|g(\alpha)| + 1) + (|f(\alpha)| + 1) \cdot \frac{\varepsilon}{2(|f(\alpha)| + 1)} = \varepsilon$$

2.58 $\forall \varepsilon > 0$ に対して, $\delta = \varepsilon$ とすれば, $\forall \alpha \in \mathbb{R}$ について, 次が成り立つ:
$$\forall x \in \mathbb{R}, |x - \alpha| < \delta \Rightarrow |f(x) - f(\alpha)| = ||x| - |\alpha|| \leqq |x - \alpha| < \varepsilon$$

2.59 (1) f が点 $\alpha \in \mathbb{R}$ で連続であるから, $\varepsilon = f(\alpha)/2 > 0$ に対して, 次が成り立つ:
$$\exists \delta > 0 \, (\forall x \in \mathbb{R}, |x - \alpha| < \delta \Rightarrow |f(x) - f(\alpha)| < \varepsilon)$$
$\therefore \quad |f(x) - f(\alpha)| < f(\alpha)/2 \quad \therefore \quad f(\alpha) - f(\alpha)/2 < f(x) < f(\alpha) + f(\alpha)/2$
$$\therefore \quad f(\alpha)/2 < f(x)$$

(2) f が点 $\alpha \in \mathbb{R}$ で連続であるから, 上の(1) が成り立っている. また, 連続の定義から, $\varepsilon = f(\alpha)/2 > 0$ に対して, $\exists \delta_1 > 0 \, (\forall x \in \mathbb{R}, |x - \alpha| < \delta_1 \Rightarrow |f(x) - f(\alpha)| < \varepsilon)$ が成り立つ. そこで, δ と δ_1 の小さい方を改めて δ とすると, $\forall x \in \mathbb{R}, |x - \alpha| < \delta$, について,

$$\left| \left(\frac{1}{f}\right)(x) - \left(\frac{1}{f}\right)(\alpha) \right| = \left| \frac{1}{f(x)} - \frac{1}{f(\alpha)} \right| = \frac{|f(\alpha) - f(x)|}{f(x)f(\alpha)} < \frac{2\epsilon}{f(\alpha)^2}$$

2.60 省略. 区間の定義から, A を区間とすると, 次が成り立つ (定理 3.6 を参照):
$$\forall a, b \in A, a < b \Rightarrow [a, b] \subset A$$

2.61 多項式 $f(x) = x^2 - a$ で与えられる関数 $f : \mathbb{R} \to \mathbb{R}$ は, 問題 2.53 より, 連続であり, また $f(0) = -a < 0$ である. $a = 1$ の場合は $b = \pm 1$ が条件を満たす. $0 < a < 1$ の場合, $f(1) = 1 - a > 0$ だから, 例題 2.24 から, $f(0) = -a < 0 < f(1) = 1 - a$ に対して, $b \in [0, 1]$ が存在して, $f(b) = b^2 - a = 0$ を満たす. $1 < a$ の場合, $f(a) = a^2 - a = a(a - 1) > 0$ だから, 例題 2.24 から, $f(0) = -a < 0 < f(a) = a(a - 1)$ に対して, $b \in [0, a]$ が存在して, $f(b) = b^2 - a = 0$ を満たす.

2.62 $a = 1$ の場合は $b = 1$ のみが条件を満たす. 多項式 $f(x) = x^n - a$ で与えられる関数 $f : \mathbb{R} \to \mathbb{R}$ は, 問題 2.53 より, 連続であり, $f(0) = -a < 0$ である. $0 < a < 1$ の場合, $f(1) = 1 - a > 0$ だから, 例題 2.24 から, $f(0) = -a < 0 < f(1) = 1 - a$ に対して, $b \in [0, 1]$ が存在して, $f(b) = b^n - a = 0$ を満たす. $1 < a$ の場合, $f(a) = a^n - a = a(a^{n-1} - 1) > 0$ だから, 例題 2.24 から, $f(0) = -a < 0 < f(a) = a^n - a$ に対して,

$b \in [0, a]$ が存在して, $f(b) = b^n - a = 0$ を満たす. ところで, $f'(x) = nx^{n-1}$ だから, $0 < x$ において f は単調増加関数であるから, このような b は一意的である.

〔別解〕 多項式 $f(x) = x^n - a$ で与えられる関数 $f: \mathbb{R} \to \mathbb{R}$ は, 問題 2.53 により, 連続である. 集合 $A = \{x \in \mathbb{R} | f(t) < 0 \, (0 \leqq t \leqq x)\}$ を考えると, $0 \in A$ だから, $A \neq \emptyset$ である. しかも, 十分大きな x について $f(x) > 0$ であるから, A は上に有界である. よって, 実数の連続性に関する公理 [II] により, $\sup A = b$ が存在する. $f(b) > 0$ とすると, 問題 2.59 (1) より, b のごく近くでは $f(x) > 0$ となり, b が A の上限であることに反する. $f(b) < 0$ とすると, 同様に b のごく近くでは $f(x) < 0$ となり, これも b が A の上限であることに反する. よって, $f(b) = b^n - a = 0$ である. また, 例題 2.6 より, このような b は一意的である.

2.63 例題 2.25 により, $f([a, b]) \subset \mathbb{R}$ は有界集合なので, 実数の連続性に関する公理 [II] により, その上限 M と下限 L が存在する. $f(\gamma) = M, f(\gamma') = L$ を満たす $x, x' \in [a, b]$ の存在を示せば $M = \max f([a, b]), L = \min f([a, b])$ となる. 最大値の存在のみ証明する.

$f([a, b])$ の上限 M が存在するので, $f([a, (a+b)/2])$ と $f([(a+b)/2, b])$ の少なくとも一方の上限は M である. $f([a, (a+b)/2])$ の上限が M ならば, $a_1 = a, b_1 = (a+b)/2$ とする. $f([(a+b)/2, b])$ の上限が M ならば, $a_1 = (a+b)/2, b_1 = b$ とする. このとき, $f([a_1, (a_1+b_1)/2])$ と $f([(a_1+b_1)/2, b_1])$ の少なくとも一方の上限は M である. そこで, 同じようにして, 上限が M である方を利用して区間 $[a_2, b_2]$ をつくる. この操作を反復して閉区間 $[a_i, b_i]$ をつくると, $f|[a_i, b_i]$ は有界な連続関数であり, $f([a_i, b_i])$ 上限は M で, 次が成り立つ: $a_1 \leqq a_2 \leqq a_3 \leqq \cdots \leqq a_i \leqq b_i \leqq \cdots \leqq b_3 \leqq b_2 \leqq b_1$.

2 つの数列 $\{a_i\}, \{b_i\}$ は単調有界であるから, 実数の連続性に関する公理 [III] により, 収束するが, $b_i - a_i = (b - a)/2^i$ であるから, それらは同一の極限をもつ; その極限を γ とする. 任意の $i \in \mathbb{N}$ について, $a \leqq a_i \leqq b$ だから, $a \leqq \gamma \leqq b$ である.

ところで, 任意の $i \in \mathbb{N}$ について, $M - 1/i$ は $f([a_i, b_i])$ の上限ではないので, 点 $x_i \in [a_i, b_i]$ を $M - 1/i < f(x_i) \leqq M$ を満たすように選ぶことができる. f は連続なので, $\lim f(x_i) = f(\lim x_i) = f(\gamma)$ が成り立つ. また, 問題 2.21 (はさみうちの原理) によって, $\lim f(x_i) = M$ であるから, $f(\gamma) = M$ が結論される.

最小値の存在については, 証明を省略する.

2.64 任意の $x \in (a, \infty)$ に対して, $\varepsilon = x - a$ とおけば, $\varepsilon > 0$ で $N(x; \varepsilon) = (x - \varepsilon, x + \varepsilon) \subset (a, \infty)$ が成り立つ. 任意の $x \in (-\infty, a)$ に対して, $\varepsilon = a - x$ とおけば, $\varepsilon > 0$ で $N(x; \varepsilon) = (x - \varepsilon, x + \varepsilon) \subset (-\infty, a)$ が成り立つ.

2.65 $[a, \infty)^c = \mathbb{R} - [a, \infty) = (-\infty, a), (-\infty, a]^c = \mathbb{R} - (-\infty, a] = (a, \infty)$ であり, これらは問題 2.64 によって開集合であるから, $[a, \infty), (-\infty, a]$ はいずれも閉集合である.

2.66 任意の点 $a \in \mathbb{R}$ について, $\{a\}^c = \mathbb{R} - \{a\} = (-\infty, a) \cup (a, \infty)$ である. $\varepsilon = |x - a|$ とすれば, $N(x; \varepsilon) = (x - \varepsilon, x + \varepsilon) \subset (-\infty, a) \cup (a, \infty)$ だから, $\{a\}^c$ は開集合である. よって, $\{a\}$ は閉集合である.

2.67 任意の $x \in \mathbb{R} - \mathbb{Z}$ について, $\varepsilon = \min\{x - \lfloor x \rfloor, \lceil x \rceil - x\}$ とおけば, $N(x; \varepsilon) = (x - \varepsilon, x + \varepsilon) \subset \mathbb{R} - \mathbb{Z}$ である.

2.68 任意の $x \in \mathbb{Q}$ と任意の $\varepsilon > 0$ について, $N(x;\varepsilon) = (x-\varepsilon, x+\varepsilon)$ は無理数を含む（無理数の稠密性）から, $\mathbb{Q}$ は開集合ではない. また, 任意の $y \in \mathbb{Q}^c$ (無理数) と任意の $\varepsilon > 0$ について, $N(y;\varepsilon) = (y-\varepsilon, y+\varepsilon)$ は有理数を含む（有理数の稠密性）から, $\mathbb{Q}^c$ は開集合ではない. よって, $\mathbb{Q}$ は閉集合でもない.

2.69 $[a,b]^c = (-\infty, a) \cup (b, \infty)$ である. 任意の $x \in [a,b]^c$ について, $\varepsilon = \min\{|a-x|, |x-b|\}$ とおけば, $N(x;\varepsilon) = (x-\varepsilon, x+\varepsilon) \subset (-\infty, a) \cup (b, \infty)$ だから, $[a,b]^c$ は開集合である. よって, $[a,b]$ は閉集合である.

2.70 点 $a \in [a,b)$ に関しては, 任意の $\varepsilon > 0$ について $N(a;\varepsilon) \not\subset [a,b)$ であるから, $[a,b)$ は開集合ではない. $[a,b)^c = (-\infty, a) \cup [b, \infty)$ であり, 問題 2.64 から $(-\infty, a)$ は開集合, 問題 2.65 から $[b, \infty)$ は閉集合である. $(-\infty, a) \cap [b, \infty) = \emptyset$ であるから, $[a,b)^c$ は開集合でもなくかつ閉集合でもないことが直ちに示される. よって, $[a,b)$ は閉集合でもない.

$(a,b]$ については, 全く同様なので, 省略する.

2.71 $\forall x \in \bigcup U_\lambda$ について, $\exists \mu \in \Lambda\, (x \in U_\mu)$ が成立する. U_λ が開集合であるから, $\exists \varepsilon > 0\, (N(x;\varepsilon) \subset U_\mu \subset \bigcup U_\lambda)$ を満たす. よって, $\bigcup U_\lambda$ は開集合である.

2.72 ド・モルガンの法則 (例題 1.2) より, $(F_1 \cup F_2 \cup \cdots \cup F_m)^c = F_1^c \cap F_2^c \cap \cdots \cap F_m^c$ が成り立ち, 各 F_i^c は開集合だから, 例題 2.27 により $F_1^c \cap F_2^c \cap \cdots \cap F_m^c$ は開集合である. よって, $F_1 \cup F_2 \cup \cdots \cup F_m$ は閉集合である.

2.73 ド・モルガンの法則 (定理 1.5) より, $(\bigcap F_\lambda)^c = \bigcup F_\lambda^c$ が成り立ち, 各 F_λ^c 集合だから, 問題 2.71 により, $\bigcup F_\lambda^c$ は開集合. よって, $\bigcap F_\lambda$ は閉集合である.

2.74 〔(2)⇒(3) の証明〕任意の閉集合 $F \subset \mathbb{R}$ について, 例題 1.13 (5) より, $(f^{-1}(F))^c = f^{-1}(F^c)$ が成り立つ. F^c は開集合であるから, 条件 (2) より, $f^{-1}(F^c)$ は開集合である. よって, $f^{-1}(F)$ は $\mathbb{R}$ の閉集合である.

〔(3)⇒(2) の証明〕任意の開集合 $U \subset \mathbb{R}$ について, 例題 1.13 (5) より, $(f^{-1}(U))^c = f^{-1}(U^c)$ が成り立つ. U^c は閉集合だから, 条件 (3) より, $f^{-1}(U^c)$ は閉集合である. よって, $f^{-1}(U)$ は $\mathbb{R}$ の開集合である.

第 3 章

3.1 $x = (x_1, x_2, \cdots, x_n), y = (y_1, y_2, \cdots, y_n), z = (z_1, z_2, \cdots, z_n) \in \mathbb{R}^n$ について, 証明すべき式は, $d^{(n)}(x,z) \leqq d^{(n)}(x,y) + d^{(n)}(y,x)$ を定義によって書くと,
$$\sqrt{(x_1-x_1)^2 + (x_2-z_2)^2 + \cdots + (x_n-z_n)^2}$$
$$\leqq \sqrt{(x_1-y_1)^2 + (x_2-y_2)^2 + \cdots + (x_n-y_n)^2}$$
$$+ \sqrt{(y_1-z_1)^2 + (y_2-z_2)^2 + \cdots + (y_n-z_n)^2}$$
である. ここで, $a_i = x_i - y_i, b_i = y_i - z_i\, (i = 1, 2, \cdots, n)$ とおくと, $a_i + b_i = x_i - z_i$ となるから, 証明すべき上の不等式は, 次のようになる:
$$\sqrt{(a_1+b_1)^2 + (a_2+b_2)^2 + \cdots + (a_n+b_n)^2}$$
$$\leqq \sqrt{a_1^2 + a_2^2 + \cdots + a_n^2} + \sqrt{b_1^2 + b_2^2 + \cdots + b_n^2}$$
この両辺は負でないから, 両辺をそれぞれ 2 乗して比較する. 2 乗して, 展開して整理す

ると，結局次の不等式を証明すればよいことがわかる：
$$a_1b_1 + a_2b_2 + \cdots + a_nb_n \leqq \sqrt{a_1^2 + a_2^2 + \cdots + a_n^2}\sqrt{b_1^2 + b_2^2 + \cdots + b_n^2}$$
ところが，これはシュワルツの不等式である．

3.2 省略．

3.3 $x, y, z \in \mathbb{R}^n$ について，[D3] は，$d(x,z) \leqq d(x,y) + d(y,z)$ であるが，これを書き換えて，$d(x,z) - d(x,y) \leqq d(y,z)$ を得る．x, y, z を入れ換えて，$d(x,y) - d(x,z) \leqq d(y,z)$ が得られる．これらの式をまとめると [D3′] の式 $|d(x,z) - d(x,y)| \leqq d(y,z)$ が得られる．逆に，[D3′] の式の絶対値をはずすと，[D3] の式になる．

3.4 [N1], [N2] は，$\|x\| = \sqrt{\langle x,x \rangle}$ を使って，例題 3.1 の (1), (2) を書き換えるだけである．[N3] については，$x - y = X, y - z = Y$ とおくと，$X + Y = x - z$ となるから，これを用いて定理 3.1 の [D3] (三角不等式) を書き換えるとよい．

3.5 (1) $(左辺)^2 = \sum\limits_{i=1}^{n} |x_i - y_i|^2 + 2\sum\limits_{i>j} |x_i - y_i||x_j - y_j| \geqq \sum\limits_{i=1}^{n} |x_i - y_i| = (右辺)^2$

(2) 任意の $i \in \{1, 2, \cdots, n\}$ について，定義式から，次が得られる：
$$\|x - y\| = \sqrt{\langle x-y, x-y \rangle}$$
$$= \sqrt{(x_1 - y_1)^2 + (x_2 - y_2)^2 + \cdots + (x_n - y_n)^2} \geqq |x_i - y_i|$$
この式を n 回，辺々加えると証明すべき不等式になる．

3.6 任意の点 $x \in X$ に対して，$\varepsilon = d(a,x) - r$ とすると，$d(a,x) > r$ より，$\varepsilon > 0$ である．このとき，任意の点 $y \in N(x;\varepsilon)$ について，$d(x,y) < \varepsilon$ だから，三角不等式より，$d(a,y) \geqq d(a,x) - d(x,y) > d(a,x) - \varepsilon = r$ が成り立つ．よって，$y \in X$ が成り立つから，$N(y;\varepsilon) \subset X$ が結論される．ゆえに，X は開集合である．

3.7 任意の点 $x \in \mathbb{R}^n - \{a\}$ に対して，$\varepsilon = d(a,x) > 0$ とする．このとき，任意の点 $y \in N(x;\varepsilon)$ について，$d(x,y) < \varepsilon$ だから，三角不等式より，$d(a,y) \geqq d(a,x) - d(x,y) > 0$ が成り立つ．よって，$y \neq a$ だから，$N(x;\varepsilon) \cap \{a\} = \emptyset$．つまり，$N(x;\varepsilon) \subset \mathbb{R}^n - \{a\}$ が成り立つ．

3.8 (1) 任意の点 $\alpha = (x,y) \in H^2$ に対して，$\varepsilon = y$ とすると，H^2 の定義から，$\varepsilon > 0$ である．任意の点 $\beta = (a,b) \in N(\alpha;\varepsilon)$ について，$\|\alpha - \beta\| < \varepsilon$ だから，問題 3.5 (2) より，$|y - b| \leqq y$ が成り立ち，$0 < b(< 2y)$ が得られる．よって，$\beta = (a,b) \in H^2$ だから，$N(\alpha;\varepsilon) \subset H^2$ が結論される．よって，H^2 は開集合である．

(2) 任意の点 $\alpha = (x_1, x_2, \cdots, x_n) \in H^n$ に対して，$\varepsilon = x_n > 0$ とする．任意の点 $\beta = (a_1, a_2, \cdots, a_n) \in N(\alpha;\varepsilon)$ について，$\|\alpha - \beta\| < \varepsilon$ だから，問題 3.5 (2) より，$|x_n - a_n| < x_n$ である．よって，$0 < a_n$ が得られ，$\beta \in H^n$，したがって，$N(\alpha;\varepsilon) \subset H^n$ が結論される．

3.9 点 $(a,b) \in H$ に対して，$\varepsilon = |a-b|/\sqrt{2}$ とする（ε は (a,b) と直線 $y = x$ の距離である）．$(a,b) \in H$ より，$b > a$ であるから，$\varepsilon > 0$ である．また，任意の点 $(u,v) \in N((a,b);\varepsilon)$ について，$d((a,b),(u,v)) < \varepsilon$ である．
$$v - u = (v - b) + b - (u - a) - a = (v - b) + (a - u) + (b - a)$$
$$\geqq (b - a) - |(v - b) + (a - u)| \cdots ①$$

また，一般に $|A|+|B| \leqq \sqrt{2}\sqrt{A^2+B^2}$ が成り立つから，次を得る：
$$|(v-b)+(a-u)| \leqq |v-b|+|a-u| \leqq \sqrt{2}\sqrt{|v-b|^2+|a-u|^2}$$
$$= \sqrt{2}\,d((a,b),(u,v)) < \sqrt{2}\,\varepsilon = |a-b|\cdots ②$$

② を ① に代入して，$v-u \geqq (b-a)-|a-b|$ を得る．いま，$b-a>0$ だから，$v-u>0$ を得る．よって，$N((a,b);\varepsilon) \subset H$ が成立するから，H は開集合である．

3.10 (1) 点 $x=(x_1,x_2) \in B^2$ に対して，$\varepsilon = \min\{|x_1-a_1|,|x_1-b_1|,|x_2-a_2|,|x_2-b_2|\}>0$ とすると，任意の点 $y=(y_1,y_2) \in N(x;\varepsilon)$ について，次が成り立つ：

$|y_1-x_1| \leqq d(x,y) < \varepsilon \leqq \min\{|x_1-a_1|,|x_1-b_1|\}$ だから，$a_1 < y_1 < b_1$，
$|y_2-x_2| \leqq d(x,y) < \varepsilon \leqq \min\{|x_2-a_2|,|x_2-b_2|\}$ だから，$a_2 < y_2 < b_2$
よって，$y \in B$，したがって，$N(x;\varepsilon) \subset B^2$ である．よって，B^2 は開集合である．

(2) 任意の点 $x=(x_1,x_2,\cdots,x_n) \in B^n$ に対して，$\varepsilon = \min\{|x_i-a_i|,|x_i-b_i| \mid i=1,2,\cdots,n\}>0$ とすると，この後は上の (1) と全く同様である．詳細は省略する．

3.11 〔定理 3.3 の証明〕(1) は問題 2.72，(2) は問題 2.73 の証明と同じであるから省略.

3.12 問題 3.7 により，$\{a\}^c = \mathbb{R}^n-\{a\}$ は開集合だから，定義により $\{a\}$ は閉集合である．

3.13 $(H_0^2)^c = \{(x,y) \in \mathbb{R}^2 \mid y<0\}$ であり，一般に $(H_0^n)^c = \{(x_1,x_2,\cdots,x_n) \in \mathbb{R}^n \mid x_n<0\}$ であるが，問題 3.8 により，これらはいずれも開集合である．

3.14 $F^c = \{(x,y) \in \mathbb{R}^2 \mid y>x\}$ であり，これは問題 3.9 により，開集合である．

3.15 (1) $[a_1,b_1] \subset \mathbb{R}^1, [a_2,b_2] \subset \mathbb{R}^1$ と考えると，問題 1.28 により，
$$(C^2)^c = ([a_1,b_1] \times [a_2,b_2])^c = ([a_1,b_1]^c \times \mathbb{R}^1) \cup (\mathbb{R}^1 \times [a_2,b_2]^c)$$
が成り立つ．したがって，次が成り立つ：
$$x=(x_1,x_2) \in (C^2)^c \Leftrightarrow x_1 \in [a_1,b_1]^c \vee x_2 \in [a_2,b_2]^c$$

(i) $x_1 \in [a_1,b_1]^c \Leftrightarrow (x_1<a_1) \vee (x_1>b_1)$ だから，$x_1<a_1$ のとき $\varepsilon = a_1-x_1$，$x_1>b_1$ のとき $\varepsilon = x_1-b_1>0$ とすると，$N(x;\varepsilon) \cap C^2 = \emptyset$．

(ii) $x_2 \in [a_2,b_2]^c \Leftrightarrow (x_2<a_2) \vee (x_2>b_2)$ だから，$x_2<a_2$ のとき $\varepsilon = a_2-x_2$，$x_2>b_2$ のとき $\varepsilon = x_2-b_2>0$ とすると，$N(x;\varepsilon) \cap C^2 = \emptyset$．

いずれの場合も $N(x;\varepsilon) \subset (C^2)^c$ が成り立つから，$(C^2)^c$ は開集合で，C^2 は閉集合．

(2) 一般に，次が成り立つ：
$$x=(x_1,x_2,\cdots,x_n) \in (C^n)^c \Leftrightarrow \exists i \in \{1,2,\cdots,n\}\,((x_i<a_i) \vee (x_i>b_i))$$
そこで，$x_i<a_i$ のとき $\varepsilon = a_i-x_i$，$x_i>b_i$ のとき $\varepsilon = x_i-b_i$ とすれば，$N(x;\varepsilon) \subset (C^n)^c$ が成り立つから，$(C^n)^c$ は開集合であり，したがって C^n は閉集合である．

3.16 原点 $\mathbf{0} \in \mathbb{R}^n$ に対して，可算無限の開球体の族 $\{U_n = N(\mathbf{0};1/n) \subset \mathbb{R}^n \mid n \in \mathbb{N}\}$ を考えると，共通集合 $\bigcap U_n = \{\mathbf{0}\}$ となる．また，可算無限の閉球体の族 $\{F_n = D(\mathbf{0};1-1/n) \mid n \in \mathbb{N}\}$ については，和集合 $\bigcup F_n = N(\mathbf{0};1)$ となる．

3.17 (1) $H(t)$ は閉集合である．実際，$H(t)^c = \{(x_1,x_2,\cdots,x_n) \in \mathbb{R}^n \mid x_n>t\} \cup \{(x_1,x_2,\cdots,x_n) \in \mathbb{R}^n \mid x_n<t\}$ となるが，問題 3.8 により，右辺の 2 つの集合はいずれも $\mathbb{R}^n$ の開集合であるから，定理 3.2 により，$H(t)^c$ は開集合である．

(2) $S[a,b]$ は閉集合である．実際，$S[a,b]^c = \{(x_1,x_2,\cdots,x_n) \in \mathbb{R}^n \mid x_n<a\} \cup \{(x_1,x_2,\cdots,x_n) \in \mathbb{R}^n \mid x_n>b\}$ となるが，右辺の 2 つは問題 3.8 により開集合である．

(3) $S[a,b)$ は開集合でも閉集合でもない．実際，$S[a,b)^c = \{(x_1, x_2, \cdots, x_n) \in \mathbb{R}^n | x_n < a\} \cup \{(x_1, x_2, \cdots, x_n) \in \mathbb{R}^n | x_n \geqq b\}$ となるが，右辺の第 1 集合は問題 3.8 により開集合で，第 2 集合は問題 3.13 により閉集合である．

(4) $S(a,b)$ は開集合である．直接証明も容易である．補集合を調べて問題 3.13 を使う．

(5) B^+ は閉集合である．実際，B^+ は，原点 $\mathbf{0}$ を中心とする半径 1 の閉球体 $D(\mathbf{0};1)$ の上半分であるから，補空間 $(B^+)^c$ は $X = H_0^n - D(\mathbf{0};1)$ と $Y = \{(x_1, x_2, \cdots, x_n) \in \mathbb{R}^n | x_n < 0\}$ の和集合となるが，点 $x \in X$ については問題 3.6 の証明を適用して $\varepsilon > 0$ を，点 $x \in Y$ については問題 3.8 (2) の証明のように $\varepsilon > 0$ を定めると，$N(x;\varepsilon) \subset (B^+)^c$ となる．

(6) B は開集合でも閉集合でもない．

(7) B_0^+ は開集合である．例題 3.2 の証明と，問題 3.8 (2) の証明を合体させるとよい．

3.18 (1) $B \subset A$ が $\mathbb{R}^n$ の開集合ならば，$B \subset A^i$ であることを証明する．$x \in B$ とすると，B は開集合なので，$\exists \varepsilon > 0 \, (N(x;\varepsilon) \subset B)$ が成立する．いま，$B \subset A$ だから，$\exists \varepsilon > 0 \, (N(x;\varepsilon) \subset A)$ も成り立つ．内点の定義より，$x \in A^i$．よって，$B \subset A^i$．

(2) $A^e = (A^c)^i$ であるから，(1) より，(2) も証明された．

3.19 定理 3.3 より，$(A^f)^c = A^i \cup A^e$ で，A^i と A^e は例題 3.6 より開集合であるから，定理 3.2 (2) より，$(A^f)^c$ は開集合である．よって，A^f は閉集合である．

3.20 $A \cup B \supset A, A \cup B \supset B$ だから，例題 3.6 (1) により，$(A \cup B)^i \supset A^i, (A \cup B)^i \supset B^i$ であるから，$(A \cup B)^i \supset A^i \cup B^i$ である．$\mathbb{R}^1$ の部分集合 $A = (-1,0), B = [0,1)$ について，$A^i = A = (-1,0), B^i = (0,1)$ であるから，$A^i \cup B^i = (-1,0) \cup (0,1)$．一方，$A \cup B = (-1,1)$ だから $(A \cup B)^i = (-1,1)$ ($B^i = (0,1)$ については，あとの問題 3.21 を参照)．

一般に，問題 3.17 の (6), (7) を使って，$\mathbb{R}^n$ での例も容易に作ることができる．

3.21 (1) $(0,1) \subset A$ で，開区間 $(0,1)$ は開集合だから，問題 3.18 (1) より，$(0,1) \subset A^i$．ところで，任意の $\varepsilon > 0$ について，$N(0;\varepsilon) = (-\varepsilon, \varepsilon)$ だから，有理数の稠密性により，$-\varepsilon < r < 0$ なる有理数が存在する．よって，$N(0;\varepsilon) \not\subset A$ であり，したがって，$0 \notin A^i$ が結論されるから，$A^i = (0,1)$ である．

(2) $A^c = (-\infty, 0) \cup [1, \infty)$ であるから，$(-\infty, 0) \cup (1, \infty) \subset A^c$ で，$(-\infty, 0)$ と $(1, \infty)$ は開集合であるから，問題 3.18 (2) より，$(-\infty, 0) \cup (1, \infty) \subset A^e$ である．また，(1) と同様にして，点 $1 \notin A^e$ が結論されるから，$A^e = (-\infty, 0) \cup (1, \infty)$ である．

(3) は，(1) と (2) および定理 3.3 から結論される．

3.22 (1) $(0,1)^i = (0,1), (0,1)^e = (-\infty, 0) \cup (1, \infty), (0,1)^f = \{0, 1\}$

(2) $A^i = \varnothing, A^e = (-\infty, 0) \cup (1, \infty) \cup \left(\bigcup_{i \in \mathbb{N}} (1/(n+1), 1/n) \right), A^f = A \cup \{0\}$

(3) $(\mathbb{N}^c)^i = \mathbb{N}^c, (\mathbb{N}^c)^e = \varnothing, (\mathbb{N}^c)^f = \mathbb{N}$

3.23 (1) 問題 2.42 より，$\mathbb{Q}$ は可算集合であるから，問題 2.45 (2) より，$\mathbb{Q}^n = \mathbb{Q} \times \mathbb{Q} \times \cdots \times \mathbb{Q}$ (n 個の $\mathbb{Q}$ の直積) も可算集合である．

(2) 例題 3.8 と本質的に同じである．任意の点 $z = (z_1, z_2, \cdots, z_n) \in \mathbb{R}^n$ と任意の $\varepsilon > 0$ について，有理数・無理数の稠密性から，各座標上で開区間 $(z_i - \varepsilon/\sqrt{n}, z_i + \varepsilon/\sqrt{n})$ は有

理数も無理数も含む．よって，$N(z;\varepsilon)\cap\mathbb{Q}^n\neq\varnothing, N(z;\varepsilon)\cap(\mathbb{Q}^n)^c\neq\varnothing$ が成り立つから，$z\in(\mathbb{Q}^n)^f$ である．よって，$(\mathbb{Q}^n)^f=\mathbb{R}^n$. 定理 3.3 より，$(\mathbb{Q}^n)^i=\varnothing=(\mathbb{Q}^n)^e$.

3.24 (3) 任意の点 $z\in\{(x_1,x_2,\cdots,x_n)\in\mathbb{R}^n|x_n\geqq 0\}=H_0^n$ が $\mathbb{Q}^{n+}$ の境界点であることの証明は，上の問題 3.22 (2) の証明と同じである．

(2) 任意の点 $z=(z_1,z_2,\cdots,z_n)\in\{(x_1,x_2,\cdots,x_n)\in\mathbb{R}^n|x_n<0\}$ について，$z_n<0$ だから，$\varepsilon=|z_n|>0$ とすると，問題 3.8 (2) の証明と同じようにして，$N(z;\varepsilon)\cap\mathbb{Q}^{n+}=\varnothing$ が示されるから，$z\in(\mathbb{Q}^{n+})^e$ である．

(1) は，(2) と (3) と定理 3.3 から得られる．

3.25 (1) ($\Rightarrow$) A が閉集合ならば，例題 3.9 の A^a の最小性より，$A\supset A^a$ である．一般に，$A\subset A^a$ であるから，$A=A^a$ が成り立つ．($\Leftarrow$) 例題 3.9 より，A^a は閉集合である．

(2) 上の (1) から，直ちにわかる．

3.26 $x\in A^d$ とすると，定義より，任意の $\varepsilon>0$ に対して，$N(x;\varepsilon)\cap(A-\{x\})\neq\varnothing$ が成り立つ．いま，$A\subset B$ だから，$A-\{x\}\subset B-\{x\}$ でもあるから，$N(x;\varepsilon)\cap(A-\{x\})\subset N(x;\varepsilon)\cap(B-\{x\})\neq\varnothing$ である．よって，$x\in B^a$，したがって，$A^d\subset B^d$ である．

3.27 (1) 閉包・導集合の定義と，問題 3.22 (1) より，$(0,1)^a=[0,1]=(0,1)^d$

(2) $(0,1]^a=[0,1]=(0,1]^d$ (3) $A^a=A\cup\{0\}, A^d=\{0\}$

(4) $(\mathbb{N}^c)^a=\mathbb{R}=(\mathbb{N}^c)^d$

3.28 $A\cap B\subset A$, $A\cap B\subset B$ だから，例題 3.10 より，$(A\cap B)^a\subset A^a$, $(A\cap B)^a\subset B^a$ である．よって，$(A\cap B)^a\subset A^a\cap B^a$.

$\mathbb{R}^1$ において，$A=(-1,0), B=(0,1)$ とすると，問題 3.27 より，$A^a=[-1,0], B^a=[0,1]$ だから，$A^a\cap B^a=\{0\}$. 一方，$(A\cap B)^a=\varnothing^a=\varnothing$ である．

3.29 〔$(A\cup B)^d\supset A^d\cup B^d$ の証明〕 $A\cup B\supset A, A\cup B\supset B$ だから，問題 3.26 より，$(A\cup B)^d\supset A^d, (A\cup B)^d\supset B^d$ だから，$(A\cup B)^d\supset A^d\cup B^d$.

〔$(A\cup B)^d\subset A^d\cup B^d$ の証明〕 $x\in(A\cup B)^d$ とする．いま，$x\notin A^d$ と仮定すると，$\exists\delta>0 (N(x;\delta)\cap(A-\{x\})=\varnothing)$ が成り立つ．ところが，$x\in(A\cup B)^d$ だから，$\forall\varepsilon>0$, $0<\varepsilon<\delta$ に対して $N(x;\varepsilon)\cap(A\cup B-\{x\})\neq\varnothing, N(x;\varepsilon)\cap(A-\{x\})=\varnothing$ が成り立つ．

$$N(x;\varepsilon)\cap(A\cup B-\{x\})=N(x;\varepsilon)\cap\{(A-\{x\})\cup(B-\{x\})\}$$
$$=(N(x;\varepsilon)\cap(A-\{x\}))\cup(N(x;\varepsilon)\cap(B-\{x\}))$$

であるから，$N(x;\varepsilon)\cap(B-\{x\})\neq\varnothing$ が成り立ち，$x\in B^d$ である．

全く同様にして，$x\notin B^d$ と仮定すると，$x\in A^d$ が結論される．したがって，常に $x\in A^d\cup B^d$ となるから，$(A\cup B)^d\subset A^d\cup B^d$ である．

3.30 $U^a\cap V=\varnothing$ を証明すれば十分である．背理法で証明する．$U^a\cap V\neq\varnothing$ とすると，点 $x\in U^a\cap V$ が存在する．$(x\in U^a)\wedge(x\in V)$ である．V は開集合なので，$\exists\varepsilon>0 (N(x;\varepsilon)\subset V)$ が成り立つ．ところが，この $\varepsilon>0$ について，$U\cap N(x;\varepsilon)\subset U\cap V=\varnothing$ であるから，$x\in U^a$ に矛盾する．よって，$U^a\cap V=\varnothing$ である．

3.31 (1) 三角不等式より，$\forall a\in A, \forall b\in B (d(a,b)\leqq d(x,a)+d(x,b))$ が成り立つ．

$\therefore$ $\mathrm{dist}(A,B)=\inf\{d(a,b)|a\in A, b\in B\}\leqq d(x,a)+d(x,b)$

よって，$\mathrm{dist}(A,B) - d(x,b)$ は集合 $\{d(x,a)|a \in A\}$ の下界の 1 つである.
$$\therefore \quad \mathrm{dist}(A,B) - d(x,b) \leqq \inf\{d(x,a)|a \in A\} = \mathrm{dist}(x,A)$$
よって，$\mathrm{dist}(A,B) - \mathrm{dist}(x,A)$ は集合 $\{d(x,b)|b \in B\}$ の下界の 1 つである.
$$\therefore \quad \mathrm{dist}(A,B) - \mathrm{dist}(x,A) \leqq \inf\{d(x,b)|b \in B\} = \mathrm{dist}(x,B)$$
$$\therefore \quad \mathrm{dist}(A,B) \leqq \mathrm{dist}(x,A) + \mathrm{dist}(x,B)$$
(2) 成り立たない．$\mathbb{R}^n$ の部分集合 $A, B, C\,(\neq \emptyset)$ を次のように与えると反例となる．$A \cap C = \emptyset, \mathrm{dist}(A,C) > 0, A \cap B = \emptyset = B \cap C$.

3.32 (1) $x \in A^a \Leftrightarrow \forall \varepsilon > 0\,(N(x;\varepsilon) \cap A \neq \emptyset)$
$$\Leftrightarrow \forall \varepsilon > 0, \exists a \in A\,(d(x,a) < \varepsilon) \Leftrightarrow \mathrm{dist}(x,A) = 0.$$
(2) $x \in A^i \Leftrightarrow \exists \varepsilon > 0\,(N(x;\varepsilon) \subset A)$
$$\Leftrightarrow \exists \varepsilon > 0\,(N(x;\varepsilon) \cap A^c = \emptyset) \Leftrightarrow \mathrm{dist}(x, A^c) = 0.$$

3.33 $f(\mathbb{R}^n) = \{b\}, b \in \mathbb{R}^n$，とする．任意の $\alpha \in \mathbb{R}^n$ と α に収束する任意の数列 $[x_i]$ について，$f(x_i) = b$ であるから，数列 $[f(x_i)]$ はすべての項が b であるような〈有限型〉数列である．よって，数列 $[f(x_i)]$ は $f(\alpha) = b$ に収束する．ゆえに，f は連続写像である．

3.34 問題 2.57 (1), (2) とほとんど同じであるから，省略する．$\mathbb{R}^1$ 上の絶対値 $|\ |$ を $\mathbb{R}^n$ のノルム $\|\ \|$ に置き換えるだけである．

3.35 点 b が原点，つまり零ベクトルの場合は，任意の $x \in \mathbb{R}^n$ について $f(x) = 0$ だから，f は 0 に値をとる定値写像であるから，問題 3.33 により，f は連続関数である．b が零ベクトルでないとする．任意の点 $a \in \mathbb{R}^n$ と任意の $\varepsilon > 0$ に対して，$x \in \mathbb{R}^n$ ならば，
$$d(f(x), f(a)) = d(\langle b, x\rangle, \langle b, a\rangle) = |\langle b, x\rangle - \langle b, a\rangle| = |\langle b, x-a\rangle| \leqq \|b\|\,\|x-a\|$$
であるから，$\delta = \varepsilon/2\|b\|$ とすると，$\|x-a\| < \delta \Rightarrow d(f(x), f(a)) \leqq \varepsilon/2 < \varepsilon$ が成り立つので，f は a で連続である．$a \in \mathbb{R}^n$ は任意だから，f は連続関数である．

3.36 例題 3.12 により，任意の $x, y \in \mathbb{R}^n$ について，$|f(x) - f(y)| \leqq d(x,y)$ が成り立つ．そこで，任意の $a \in \mathbb{R}^n$ と任意の $\varepsilon > 0$ に対して，$\delta = \varepsilon$ とすれば，次が成り立つ：
$$\forall x \in \mathbb{R}^n, d(x,a) < \delta \Rightarrow |f(x) - f(a)| \leqq \varepsilon$$
よって，f は点 $a \in \mathbb{R}^n$ で連続である．a は任意であるから，f は連続関数である．

3.37 制限写像の定義から自明である．実際，任意の点 $a \in A \subset X$ と任意の $\varepsilon > 0$ に対して，f が連続であることから，$\delta > 0$ が存在して，$\forall x \in A \subset X, d(x,a) < \delta \Rightarrow d(f(x), f(a)) < \varepsilon$ が成り立つ．制限写像の定義から，$(f|A)(x) = f(x), (f|A)(a) = f(a)$ であるから，同じ $\delta > 0$ について，$d((f|A)(x), (f|A)(a)) < \varepsilon$ でもある．

3.38 行列 A の第 j 列を n 次列ベクトル a_j とすると，点 $(=$ ベクトル$)$ $x \in \mathbb{R}^n$ について，$f(x) = xA = (\langle x, a_1\rangle, \langle x, a_2\rangle, \cdots, \langle x, a_m\rangle) \in \mathbb{R}^m$ である．ここで，シュワルツの不等式より，$|\langle x, a_j\rangle| \leqq \|x\|\,\|a_j\|$ が成り立つから，次を得る：
$$\|f(x)\| = \sqrt{\sum_{j=1}^n \langle x, a_j\rangle^2} \leqq \sqrt{\sum_{j=1}^n \|x\|^2 \|a_j\|^2} = \|x\|\sqrt{\sum_{j=1}^n \|a_j\|^2}$$
そこで，$M = \sqrt{\sum_{j=1}^n \|a_j\|^2} > 0$ とおけば，$\|f(x)\| \leqq M\|x\|$ が得られる．

さて，任意の点 $\alpha \in \mathbb{R}^n$ と任意の $\varepsilon > 0$ に対して，$\delta = \varepsilon/M > 0$ とすれば，
$$d(x,\alpha) \leqq \delta \Rightarrow d(f(x),f(\alpha)) = \|f(x) - f(\alpha)\| = \|xA - \alpha A\| = \|(x-\alpha)A\|$$
$$= \|f(x-\alpha)\| \leqq M\|x-\alpha\| = Md(x,\alpha) < M \cdot \delta = \varepsilon$$
が得られる．よって，f は α で連続である．点 $\alpha \in \mathbb{R}^n$ は任意だから，f は連続である．

3.39 ($\Rightarrow$) f が連続で，例題 3.15 により，射影 $p_i\,(i=1,2,\cdots,m)$ も連続であるから，例題 3.14 により，合成写像 f_i も連続である．

($\Leftarrow$) 任意の点 $a \in \mathbb{R}^n$ において，各 f_i が連続であるから，次が成り立つ：
$$\forall \varepsilon > 0, \exists \delta_i > 0\,(\forall x \in \mathbb{R}^n, \|x-a\| < \delta_i \Rightarrow |f_i(x) - f_i(a)| < \varepsilon/m)$$
ここで，$\delta = \min\{\delta_1, \delta_2, \cdots, \delta_m\} > 0$ とおけば，すべての $i\,(i=1,2,\cdots,m)$ について，
$$\|x-a\| < \delta \Rightarrow |f_i(x) - f_i(a)| < \varepsilon/m$$
が成り立つ．よって，問題 3.5 (1) により，$\|x-a\| < \delta$ ならば，次が成り立つ：
$$\|f(x) - f(a)\| \leqq |f_1(x) - f_1(a)| + |f_2(x) - f_2(a)| + \cdots + |f_m(x) - f_m(a)| < \varepsilon$$
これは，f が点 a で連続であることを示している．$a \in \mathbb{R}^n$ は任意だから，f は連続である．

3.40 (1) 上の問題 3.39 により，f が連続だから，各 f_i も連続である．問題 2.59 (1) と同じ議論で，次が成り立つ：$\exists \delta_i > 0\,(\forall x \in \mathbb{R}^n, x \in N(\alpha;\delta) \Rightarrow f_i(x) > 0)$．そこで，$\delta = \min\{\delta_1, \delta_2, \cdots, \delta_m\} > 0$ とおけばよい．

(2) 問題 2.59 (2) と同様であるから，省略する．

(3) 上の問題 3.39 の ($\Leftarrow$) の証明で，f_i を g_i に置き換えるだけであるから，省略する．

3.41 〔例題 3.16 (3)$\Rightarrow$(2) の証明〕任意の開集合 $U \subset \mathbb{R}^m$ について，例題 1.13 (5) より，$(f^{-1}(U))^c = f^{-1}(U^c)$ が成り立つ．U^c は閉集合であるから，条件 (3) より，$f^{-1}(U^c)$ は閉集合である．よって，$f^{-1}(U)$ は開集合である．

3.42 〔(1)$\Rightarrow$(4) の証明〕任意の $y \in f(A^a)$ について，点 $x \in A^a$ が存在して，$f(x) = y$ となる．任意の $\varepsilon > 0$ に対して，条件 (1) より，$\delta > 0$ が存在して，$f(N(x;\delta)) \subset N(y;\varepsilon)$ を満たす．よって，$N(x;\delta) \subset f^{-1}(N(y;\varepsilon))$ であるから，$f^{-1}(N(y;\varepsilon)) \cap A \neq \varnothing$ である．よって，$N(y;\varepsilon) \cap f(A) \supset f(f^{-1}(N(y;\varepsilon)) \cap A) \neq \varnothing$ が成り立つから，$y \in (f(A))^a$．

〔(4)$\Rightarrow$(3) の証明〕$F \subset \mathbb{R}^n$ を閉集合とする．条件 (4) と問題 3.25 (1) より，次が成り立つ：
$$f((f^{-1}(F))^a) \subset (f(f^{-1}(F)))^a \Rightarrow (f^{-1}(F))^a \subset f^{-1}(F).$$
よって，$f^{-1}(F)$ は閉集合である．

3.43 任意の点 $a \in X$ と任意の $\varepsilon > 0$ に対して，$\delta = \varepsilon$ とすると，$\forall x \in X, d^{(n)}(x,a) < \delta \Rightarrow d^{\times}(f(x),f(a)) = d^{\times}((x,b),(a,b)) = d^{(n)}(x,a) < \varepsilon (= \delta)$．よって，$f$ は任意の点 $a \in X$ で連続であるから，X 上で連続である．

3.44 $x_i \to \alpha\,(i \to \infty)$ であるから，次が成り立つ：$\forall \varepsilon > 0, \exists N \in \mathbb{N}\,(\forall k \in \mathbb{N}, k \geqq N \Rightarrow d(x_k, \alpha) < \varepsilon)$．ところが，部分列の定義より，$\iota(i) \to \infty\,(i \to \infty)$ であるから，次が成り立つ：$\exists N_0 \in \mathbb{N}\,(\forall h \in \mathbb{N}, h \geqq N_0 \Rightarrow \iota(h) \geqq N)$．したがって，同じ $\varepsilon > 0$ に対して，
$$\exists N_0 \in \mathbb{N}\,(\forall h \in \mathbb{N}, h \geqq N_0 \Rightarrow d(x_{\iota(h)}, \alpha) < \varepsilon)$$
が成り立つ．これは，$x_{\iota(i)} \to \alpha\,(i \to \infty)$ を示す．

3.45 $x_i \to \alpha\,(i \to \infty)$ とすると，$(\varepsilon =)1 > 0$ に対し，$N \in \mathbb{N}$ が存在して，$\forall k \in \mathbb{N}$,

$k \geqq N$, について, $d(x_k, \alpha) < 1$ が成り立つ. そこで, $L = \max\{d(x_1, \alpha), d(x_2, \alpha),$ $\cdots, d(x_N, \alpha), 1\}$ とおけば, 任意の $i \in \mathbb{N}$ について, $d(x_i, \alpha) \leqq L$ が成り立つ. そこで, $M = L + \|\alpha\|$ とすれば, 三角不等式から, 任意の $i \in \mathbb{N}$ について, $\|x_i\| \leqq M$ が成り立つ.

3.46 $x_i \to \alpha\,(i \to \infty)$ とすると, 収束の定義から, 次が成り立つ:
$$\forall \varepsilon > 0, \exists N \in \mathbb{N}\,(\forall k \in \mathbb{N}, k \geqq N \Rightarrow \|x_k - \alpha\| < \varepsilon/2)$$
したがって, $k, h \geqq N$ とすれば, $\|x_k - \alpha\| < \varepsilon/2, \|x_h - \alpha\| < \varepsilon/2$ が成り立つ. よって, 問題 3.4 [N3] を考慮すると, 次が成り立つから, 点列 $\{x_i\}$ は基本列である:
$$\|x_k - x_h\| = \|x_k - \alpha + \alpha - x_h\| \leqq \|x_k - \alpha\| + \|\alpha - x_h\| < \varepsilon/2 + \varepsilon/2 = \varepsilon$$

3.47 基本列の定義から, $(\varepsilon =)1 > 0$ に対して, $\exists N \in \mathbb{N}\,(\forall k \in \mathbb{N}, k \geqq N \Rightarrow \|x_k - x_N\| < 1)$ が成り立つ. よって, $\|x_N\| - 1 < \|x_k\| < \|x_N\| + 1$ を得る. そこで,
$$M = \max\{\|x_1\|, \|x_2\|, \cdots, \|x_N\|, \|x_N\| + 1\}$$
とおけば, 任意の $i \in \mathbb{N}$ について, $\|x_i\| \leqq M$ である.

3.48 任意の $\varepsilon > 0$ に対して, 基本列の定義から, 次が成り立つ:
$$\exists N_1 \in \mathbb{N}\,(\forall k, h \in \mathbb{N}, k \geqq N_1, h \geqq N_1 \Rightarrow \|x_k - x_h\| < \varepsilon/2)$$
また, 部分列 $\{x_{\iota(i)}\}$ が α に収束するから, 次が成り立つ:
$$\exists N_2 \in \mathbb{N}\,(\forall j \in \mathbb{N}, j \geqq N_2 \Rightarrow \|x_{\iota(j)} - \alpha\| < \varepsilon/2)$$
このとき, $N = \max\{\iota(N_2), N_1\}$ とすると, 次が成り立つ:
$$\forall m \in \mathbb{N}, m \geqq N \Rightarrow \|x_m - \alpha\| \leqq \|x_m - x_N\| + \|x_n - \alpha\| < \varepsilon/2 + \varepsilon/2 = \varepsilon$$
これは, $x_i \to \alpha\,(i \to \infty)$ を示している.

3.49 任意の $\varepsilon > 0$ に対して, 基本列の定義から, 次が成り立つ:
$$\exists N \in \mathbb{N}\,(\forall k, h \in \mathbb{N}, k \geqq N, h \geqq N \Rightarrow \|x_k - x_h\| < \varepsilon)$$
いま, 各項 x_i を $\mathbb{R}^n$ の座標を使って, $x_i = (x_{i1}, x_{i2}, \cdots, x_{in})$ と表すと, n 個の実数列 $\{x_{ij}\}\,(j = 1, 2, \cdots, n)$ が得られる. すると, 各 $j = 1, 2, \cdots, n$ について, 次が成り立つ:
$$\forall k, h \in \mathbb{N}, k \geqq N, h \geqq N \Rightarrow |x_{kj} - x_{hj}| \leqq \|x_k - x_h\| < \varepsilon$$
これは, 各 j について, 実数列 $\{x_{ij}\}$ が基本列であることを示している. 問題 2.24 と実数の連続性に関する公理 [IV] により (46 頁下の★を参照), これらの基本列は収束する; $x_{ij} \to \alpha_j$ とする. 例題 3.18 により, $\{x_i\}$ は $\alpha = (\alpha_1, \alpha_2, \cdots, \alpha_n)$ に収束する.

3.50 写像 f が点 α で連続であるから, 次が成り立つ:
$$\forall \varepsilon > 0, \exists \delta > 0\,(f(N(\alpha; \delta)) \subset N(f(\alpha); \varepsilon))$$
一方, $x_i \to \alpha\,(i \to \infty)$ より, この $\varepsilon > 0$ に対して, 次も成り立つ:
$$\exists N \in \mathbb{N}\,(\forall k \in \mathbb{N}, k \geqq N \Rightarrow x_k \in N(\alpha; \delta))$$
よって, $k \geqq N \Rightarrow f(x_k) \in N(f(\alpha); \varepsilon)$ が成り立つ. これは $f(x_i) \to f(\alpha)\,(i \to \infty)$ を示す.

3.51 例題 3.19 による集積点の特徴付けから, 明らかである.

3.52 省略.

3.53 直方体 $[a_1, b_1] \times [a_2, b_2] \times \cdots \times [a_n, b_n]$ を D で表す. $\{x_i\}$ を D の点列とする. 各区間 $[a_k, b_k]$ を 2 等分する; $[a_k, b_k] = [a_k, (a_k + b_k)/2] \cup [(a_k + b_k)/2, b_k]$. すると, D は 2^n 個の, 1辺の長さが半分の, 直方体に分割される. これらのなかに, $\{x_i\}$ の部分列を含むものが少なくとも 1 つ存在する; その 1 つを選んで $D_1 = [a_{11}, b_{11}] \times [a_{21}, b_{21}] \times \cdots \times [a_{n1}, b_{n1}]$

第3章の解答

とする．また，D_1 から部分列の項を1つ選んで $x_{\iota(1)}$ とする．次に，各区間 $[a_{k1}, b_{k1}]$ を2等分する；$[a_{k1}, (a_{k1}+b_{k1})/2] \cup [(a_{k1}+b_{k1})/2, b_{k1}]$．すると，直方体 D_1 は 2^n 個の直方体に分割されるが，これらのなかには $[x_i]$ の部分列を含むものが少なくとも1つ存在する；その1つを選んで $D_2 = [a_{12}, b_{12}] \times [a_{22}, b_{22}] \times \cdots \times [a_{n2}, b_{n2}]$ とする．また，D_2 から部分列の1項 $x_{\iota(2)}$ を $\iota(1) < \iota(2)$ となるように選ぶ．この操作を反復することにより，直方体の列 $D \supset D_1 \supset D_2 \supset \cdots \supset D_i \supset D_{i+1} \supset \cdots$ と $[x_i]$ の部分列 $[x_{\iota(i)}]$ を得る．また，直方体の n 個の辺（閉区間）の列

$$[a_{k1}, b_{k1}] \supset [a_{k2}, b_{k2}] \supset \cdots \supset [a_{ki}, b_{ki}] \supset [a_{k,i+1}, b_{k,i+1}] \supset \cdots \quad (k=1,2,\cdots,n)$$

については，$b_{ki} - a_{ki} = (b_k - a_k)/2^i$ であるから，$\lim(b_{ki} - a_{ki}) = 0$ である．カントールの区間縮小定理により，$\exists \alpha_k \in \bigcap [a_{ki}, b_{ki}]$ が成り立つ．このとき，$\alpha = (\alpha_1, \alpha_2, \cdots, \alpha_n) \in D$ とすると，$x_{\iota(i)} \to \alpha \ (i \to \infty)$ である．D の点に収束する部分列が得られたので，直方体 D は点列コンパクトである．

3.54 (1) $[x_i]$ を $X \cup Y$ の点列とすると，X と Y の少なくとも一方は $[x_i]$ の部分列 $[x_{\iota(i)}]$ を含む．X がこの部分列を含む場合は，仮定から $[x_{\iota(i)}]$ の部分列 $[x_{\kappa(i)}]$ で X の点 α に収束するものが存在する．$[x_{\kappa(i)}]$ は $[x_i]$ の部分列であり，$\alpha \in X \cup Y$ である．Y が部分列 $[x_{\iota(i)}]$ を含む場合も同様である．よって，$X \cup Y$ は点列コンパクトである．

(2) $[x_i]$ を $X \cap Y$ の点列とする．これは X の点列であるから，点 $\alpha \in X$ が存在して，α に収束する部分列 $[x_{\iota(i)}]$ を含む．ところがこれは Y の点列であるから，点 $\beta \in Y$ が存在して，β に収束する $[x_{\iota(i)}]$ の部分列 $[x_{\kappa(i)}]$ が存在する．$[x_{\kappa(i)}]$ は $X \cap Y$ の点列で $[x_i]$ の部分列であり，問題 3.44 から，$\alpha = \beta \in X \cap Y$ である．よって，$X \cap Y$ も点列コンパクトである．

3.55 点列の有界の定義（80頁）と，部分集合の有界の定義（85頁）を比べてみるとよい．

3.56 〔例題 3.33 (2) $\Rightarrow$ (3) の証明〕 ある実数 R について，$X \subset N(0; R)$ とすると，次が成り立つ：$\forall x, y \in X (d(x, y) \leqq 2R)$．これは，$S = 2R$ が集合 $\{d(x, y) | x, y \in X\} \subset \mathbb{R}^1$ の上界の1つであることを示している．よって，$\mathrm{diam}(X) \leqq S$ が成り立つ．

3.57 〔例題 3.23 (2) $\Rightarrow$ (1) の証明〕 $[x_i]$ を X の点列とする．X は有界だから，$\exists L_1, L_2, \cdots, L_n, M_1, M_2, \cdots, M_n \in \mathbb{R} (X \subset [L_1, M_1] \times [L_2, M_2] \times \cdots \times [L_n, M_n])$ が成り立つ．問題 3.53 により，この n 次元直方体は点列コンパクトだから，この直方体のある点 α に収束する部分列 $[x_{\iota(i)}]$ が存在する．いま X は閉集合であるから，問題 3.52 より，$\alpha \in X^a = X$ が成り立つ．よって，X は点列コンパクトである．

3.58 ヒントの通りに議論すればよいので，省略する．

3.59 (1) 省略．

(2) (ア) 最大値 $f(1/2) = 2$, 最小値 $f(-1) = -1$ (イ) 最大値 $f(1/2) = 2$, 最小値 $f(-1) = -1$ (ウ) 最大値 $f(1/2) = 2$, 最小値 $f(-1) = -1$ (エ) 最大値 $f(1/2) = 2$, 最小値なし (オ) 最大値 $f(1/2) = 2$, 最小値 $f(1) = 1$ (カ) 最大値 $f(1/2) = 2$, 最小値 $f(2) = 1/2$ (キ) 最大値 $f(1/2) = 2$, 最小値 $f(2) = f(4) = 1/2$ (ク) 最大値 $f(1/2) = 2$, 最小値なし (ケ) 最大値 $f(1) = 1$, 最小値 $f(2) = 1/2$ (コ) 最大値 $f(3) = 3/2$, 最小値 $f(2) = 1/2$ (サ) 最大値 $f(3) = 3/2$, 最小値 $f(2) = 1/2$ (シ) 最大値 $f(3) = 3/2$, 最小値なし．

3.60 (1) $f:\mathbb{R}^1 \to \mathbb{R}^1$ を $f(x)=|x|$ で定義し，$X=(-1,1)$ とすると $f(X)=[0,1)$ である．よって，$f(X)$ の最大値はなく，最小値は $f(0)=0$ である．f の連続性は問題 2.58 による．

(2) 上の (1) と同じ関数 f で，$X=(-1,2]$ とすると，$f(X)=[0,2]$ となる．よって，最大値は $f(2)=2$, 最小値は $f(0)=0$ である．

(3) $f:\mathbb{R}^1 \to \mathbb{R}^1$ を，$f(x)=x^3-4x=x(x-2)(x+2)$ で定義し，$X=(-2,2)$ とすると，$f(X)=[-3,3]$ となる．よって，最大値は $f(-1)=3$, 最小値は $f(1)=-3$ である．f の連続性は問題 2.53 による．

3.61 $\boldsymbol{C}$ を B の開被覆とする．$\boldsymbol{C}^* = \boldsymbol{C} \cup \{B^c\}$ とすると，B^c は開集合であるから，$\boldsymbol{C}^*$ はコンパクト集合 A の開被覆となり，$\boldsymbol{C}^*$ の有限部分被覆 $\boldsymbol{C}^{**}$ が存在する；$\bigcup \boldsymbol{C}^{**} \supset A \supset B$. ところで，$B^c \cap B = \emptyset$ であるから，$\boldsymbol{C}^{**} - \{B^c\}$ は B に対する $\boldsymbol{C}$ の有限部分被覆である．

3.62 ヒントの通りに議論すればよいので，省略する．問題 3.53 の解答を参考にする．

3.63 問題の条件を満たすような $\delta > 0$ は存在しないとして，背理法で証明する．すると，$\varepsilon > 0$ に対して，$\delta = 1/i$ $(i \in \mathbb{N})$ とすると，次が成り立つ：
$$\exists x_i, y_i \in [a,b]((|x_i - y_i| < 1/i) \wedge (|f(x_i) - f(y_i)| \geqq \varepsilon))$$
こうして，$[a,b]$ の 2 つの数列 $\{x_i\}$, $\{y_i\}$ を得る．$[a,b]$ は点列コンパクトであるから，$\{x_i\}$ の部分列 $\{x_{\iota(i)}\}$ と点 $\alpha \in [a,b]$ が存在して，$x_{\iota(i)} \to \alpha$ $(i \to \infty)$ となる．このとき，対応する $\{y_i\}$ の部分列 $\{y_{\iota(i)}\}$ について，$|x_{\iota(i)} - y_{\iota(i)}| < 1/i$ であるから，$y_{\iota(i)} \to \alpha$ $(i \to \infty)$ である．f が連続であるから，実数値連続関数の定義 (55 頁) あるいは問題 3.50 により，$f(x_{\iota(i)}) \to f(\alpha)$ $(i \to \infty)$, $f(y_{\iota(i)}) \to f(\alpha)$ $(i \to \infty)$ である．したがって，実数列 $\{|f(x_{\iota(i)}) - f(y_{\iota(i)})|\}$ は 0 に収束する．よって，最初の $\varepsilon > 0$ に対して，次が成り立つ：
$$\exists N \in \mathbb{N}(\forall k \in \mathbb{N}, \iota(k) \geqq N \Rightarrow |f(x_{\iota(k)}) - f(y_{\iota(k)})| < \varepsilon)$$
これは最初の条件 $|f(x_i) - f(y_i)| \geqq \varepsilon$ に矛盾する．

3.64 例題 3.27 と問題 3.24 をあわせればよい．〔直接証明〕$\boldsymbol{C} = \{U_\lambda | \lambda \in \Lambda\}$ を $f(X)$ の開被覆とする．f は連続だから，例題 3.16 により，任意の $\lambda \in \Lambda$ について，$f^{-1}(U_\lambda)$ は $\mathbb{R}^n$ の開集合である．任意の点 $x \in X$ について，$f(x) \in f(X) \subset \bigcup U_\lambda$ だから，$x \in \bigcup f^{-1}(U_\lambda)$ が成り立つ．よって，$\{f^{-1}(U_\lambda) | \lambda \in \Lambda\}$ はコンパクト集合 X の開被覆である．よって，有限個の $U_1, U_2, \cdots, U_m$ が存在して，$X \subset f^{-1}(U_1) \cup f^{-1}(U_2) \cup \cdots \cup f^{-1}(U_m)$ となる．両辺を f で写すと，$f(X) \subset U_1 \cup U_2 \cup \cdots \cup U_m$ が得られるので，$f(X)$ は $\boldsymbol{C}$ の有限個で被覆された．よって，$f(X)$ はコンパクトである．

3.65 例題 3.27 と問題 3.58 をあわせればよい．

3.66 例題 3.27 と問題 3.61 をあわせればよい．〔直接証明〕$\{x_i\}$ を B の点列とすると，仮定 $B \subset A$ より，これは点列コンパクト集合 A の点列でもある．よって，部分列 $\{x_{\iota(i)}\}$ と点 $\alpha \in A$ が存在して，$x_{\iota(i)} \to \alpha$ $(i \to \infty)$ である．ところが，この部分列は B の点列であり，B は閉集合だから，$\alpha \in B$ でもある．

3.67 省略．

3.68 $\varepsilon = d(a,b) > 0$ について，$U = N(a; \varepsilon/2), V = N(b; \varepsilon/2)$ とおけば，U と V は開集合で (例題 3.2), (DC2) $U \cap V = \emptyset$ であり，$a \in U, b \in V$ より，(DC1) $\{a,b\} \subset U \cup V$, (DC3) $\{a,b\} \cap U \neq \emptyset \neq \{a,b\} \cap V$ も成り立つ．

3.69 $0 \in \mathbb{Q}$ だから, $U = (-\infty, 0), V = (0, \infty)$ とすると, 問題 2.64 より, これらは開集合で, (DC1) $U \cup V = \mathbb{R}^1 - \{0\} \supset \mathbb{Q}^c$, (DC2) $U \cap V = \emptyset$ が成り立つ. また, $-\sqrt{2} \in \mathbb{Q}^c$ で $-\sqrt{2} \in U$ だから, $\mathbb{Q}^c \cap U \neq \emptyset$, $\sqrt{2} \in \mathbb{Q}^c$ で $\sqrt{2} \in V$ だから, $\mathbb{Q}^c \cap V \neq \emptyset$ となり, (DC3) も満たす. よって, $\mathbb{Q}^c$ は連結でない.

3.70 背理法で証明する. A が連結でないとすると, A を分離する開集合 U, V が存在する. 1 点 $a \in \bigcap A_\lambda (\neq \emptyset)$ を選ぶ. $a \in A \subset U \cup V$ で $U \cap V = \emptyset$ だから, $a \in U$ と仮定してよい. 各 $\lambda \in \Lambda$ について, $a \in A_\lambda \cap U$ だから, $A_\lambda \cap U \neq \emptyset$ である. もし, ある $\mu \in \Lambda$ について, $A_\mu \cap V \neq \emptyset$ とすると, U と V は A_μ を分離する開集合となり, A_μ の連結性に反する. よって, 各 $\lambda \in \Lambda$ について, $A_\lambda \cap V = \emptyset$ である. これは, $V \cap A \neq \emptyset$ に矛盾する.

3.71 例題 3.31 より $f(X) \subset \mathbb{R}^1$ は連結である. 定理 3.6 より $f(X)$ は区間である. したがって, $\alpha, \beta \in f(X)$ で $\alpha < \beta$ ならば, $[\alpha, \beta] \subset f(X)$ が成り立つ. 定理 3.6 の★を参照.

3.72 省略. 定理 3.6 の★を参照.

3.73 $a_n > 0$ の場合: 十分に大きな実数 b について, $f(b) = \beta > 0$ であり, また絶対値が十分に大きな負の実数 a について, $f(a) = \alpha < 0$ となる. そこで, 中間値の定理 (例えば問題 3.72) を適用すれば, $f(c) = 0$ となる実数 $c \in [a, b]$ が存在する.

$a_n < 0$ の場合: 十分に大きな実数 b について, $f(b) = \alpha < 0$ であり, また絶対値が十分に大きな負の実数 a について, $f(a) = \beta > 0$ となる. 後は, 上の場合と同じである.

3.74 〔(1)⇒(2) の証明〕$A^a \cap B = \emptyset$ だから, $B \subset (A^a)^c$ である. $X = A \cup B$ で, 一般に $A \subset A^a$ だから, $X = A^a \cup B$ である. $(A^a)^c \cap (A^a \cup B) = ((A^a)^c \cap A^a) \cup ((A^a)^c \cap B) = B$ であり, 一方, $(A^a)^c \cap (A^a \cup B) = (A^a)^c \cap X = (A^a)^c$ だから, $B = (A^a)^c$ を得る. A^a は閉集合だから (例題 3.9), B は開集合である. 全く同様に, 条件 $A \cap B^a = \emptyset$ より, A も開集合である. $A \cap B = \emptyset$, $X = A \cup B$ で, X が連結だから, $A = \emptyset$ または $B = \emptyset$ である.

〔(2)⇒(1) の証明〕$\mathbb{R}^n$ の開集合 U, V について, (DC1) $U \cup V \supset X$, (DC2) $U \cap V = \emptyset$ を満たすとする. $A = X \cap U, B = X \cap V$ とすると, $X = X \cap (U \cup V) = (X \cap U) \cup (X \cap V) = A \cup B$ である. また, $U \subset V^c$ で V^c が閉集合であるから, $U^a \subset (V^c)^a = V^c$ が成り立つから, $U^a \cap V = \emptyset$ である. したがって, $A^a \cap B \subset U^a \cap V = \emptyset$ である. 全く同様にして, $A \cap B^a = \emptyset$ も導かれる. ゆえに, 条件 (2) より, $A = \emptyset$ または $B = \emptyset$ である. つまり, (DC1) と (DC2) を満たす開集合の対 U, V はすべて (DC3) を満たさないので, X は連結である.

3.75 例題 3.33 において, $B = A^a$ とおけば, $A^a \subset A^a$ だから, A^a は連結である.

3.76 必ずしも連結であるとはいえない. 例えば, $\mathbb{R}^2$ において, $A = D((1,0); 1) \cup D((-1,0); 1)$ とすると A は連結であるが, $A^i = N((1,0); 1) \cup N((-1,0); 1)$ は連結でない.

3.77 $m, n \in \mathbb{Z}, m < n$, とする. m, n を含む $\mathbb{Z}$ の部分集合を M とする. $\gamma = m + 1/2$ とすると, $m < \gamma < n$ で, $\gamma \in \mathbb{Z}^c$ である. そこで, $U = (-\infty, \gamma), V = (\gamma, \infty)$ とすると, これらは $\mathbb{R}^1$ の開集合で (問題 2.64), $M \subset U \cup V, U \cap V = \emptyset, m \in M \cap U \neq \emptyset, n \in M \cap V \neq \emptyset$ が成り立つ. よって, M は連結でない. $\mathbb{Z}$ の 2 点を含むような $\mathbb{Z}$ の部分集合はすべて連結でないから, 連結成分は 1 点集合である.

3.78 問題 3.77 と同じように，任意の 2 つの $p, q \in \mathbb{Q}, p < q$, に対して，これらを同時に含む部分集合 $M \subset \mathbb{Q}$ は連結でないことを示せば十分である．無理数の稠密性から，$\gamma \in \mathbb{Q}^c$ が存在して，$p < \gamma < q$ を満たす．そこで，$U = (-\infty, \gamma), V = (\gamma, \infty)$ とすると，これらは $\mathbb{R}^1$ の開集合で，$M \subset U \cup V, U \cap V = \emptyset, p \in M \cap V \neq \emptyset, p \in M \cap V \neq \emptyset$ が成り立つ．よって，M は連結でない．

3.79 上の問題 3.78 の解答とほとんど同じである．無理数の稠密性の代わりに，有理数の稠密性を使うとよい．

3.80 この問題と次の問題も証明の方針は上の 3 題と同じである．$p = (p_1, p_2, \cdots, p_n), q = (q_1, q_2, \cdots, q_n)$ を異なる格子点とし，$M \subset \mathbb{R}^n$ を p, q を含む集合とする．$p \neq q$ だから，これらの少なくとも 1 つの座標が異なる；$p_n < q_n$ として一般性を失わない．$\gamma = p_n + 1/2$ とすると，$p_n < \gamma < q_n$ で，$\gamma \in \mathbb{Z}^c$ である．$U = \{(x_1, x_2, \cdots, x_n) \in \mathbb{R}^n \mid x_n < \gamma\}, V = \{(x_1, x_2, \cdots, x_n) \in \mathbb{R}^n \mid x_n > \gamma\}$ とすると，問題 3.8 (2) により，これらは $\mathbb{R}^n$ の開集合で，$M \subset U \cup V, U \cap V = \emptyset, p \in M \cap U \neq \emptyset, q \in M \cap V \neq \emptyset$ が成り立つ．

3.81 上の問題 3.80 とほとんど同じである．γ の選び方を，問題 3.78 と同じく無理数の稠密性を利用する．

3.82 定理 3.6 により，$\mathbb{R}^1$ は連結である．$\mathbb{R}^n$ は n 個の $\mathbb{R}^1$ の直積であるから，例題 3.35 により，$\mathbb{R}^n$ も連結である．

3.83 $X \subset \mathbb{R}^n$ が連結でないから，X を分離する開集合 $U, V \subset \mathbb{R}^n$ が存在する．$U^* = U \times \mathbb{R}^m, V^* = V \times \mathbb{R}^m$ とすると，$X \times Y \subset U^* \cup V^*, U^* \cap V^* = \emptyset, (X \times Y) \cap U^* \neq \emptyset \neq (X \times Y) \cap V^*$ であるから，U^* と V^* が $\mathbb{R}^n \times \mathbb{R}^m = \mathbb{R}^{n+m}$ の開集合であることを示せば十分である．任意の点 $p = (x, y) \in U^* = U \times \mathbb{R}^m \subset \mathbb{R}^n \times \mathbb{R}^m$ に対して，$x \in U$ で U は開集合であるから，$\exists \varepsilon > 0 \; (N(x; \varepsilon) \subset U)$ が成り立つ．このとき，$N(p; \varepsilon)$ を点 p の $\mathbb{R}^n \times \mathbb{R}^m$ における ε-近傍とすると，明らかに $N(p; \varepsilon) \subset U \times \mathbb{R}^m$ である．よって，p は U^* の内点である．したがって，U^* は $\mathbb{R}^n \times \mathbb{R}^m$ の開集合である．V^* についても同様である．

第 4 章

4.1 [D1] $\forall i \in \{1, 2, \cdots, n\} \; (|x_i - y_i| \geqq 0)$ が成り立つので，$d_1(x, y) \geqq 0$ である．
$$d_1(x, y) = 0 \Leftrightarrow \forall i \in \{1, 2, \cdots, n\} \; (|xi - y_i| = 0)$$
$$\Leftrightarrow \forall i \in \{1, 2, \cdots, n\} \; (x_i = y_i) \Leftrightarrow x = y$$

[D2] $d_1(x, y) = |x_1 - y_1| + |x_2 - y_2| + \cdots + |x_n - y_n|$
$= |y_1 - x_1| + |y_2 - x_2| + \cdots + |y_n - x_n| = d(y, x)$

[D3] $d_1(x, z) = |x_1 - z_1| + |x_2 - z_2| + \cdots + |x_n - z_n|$
$= |x_1 - y_1 + y_1 - z_1| + |x_2 - y_2 + y_2 - z_2| + \cdots + |x_n - y_n + y_n - z_n|$
$\leqq |x_1 - y_1| + |y_1 - z_1| + |x_2 - y_2| + |y_2 - z_2| + \cdots + |x_n - y_n| + |y_n - z_n|$
$= \{|x_1 - y_1| + |x_2 - y_2| + \cdots + |x_n - y_n|\}$
$+ \{|y_1 - z_1| + |y_2 - z_2| + \cdots + |y_n - z_n|\} = d_1(x, y) + d(y, z)$

4.2 (1) [D1] $d_3(x, y) = |x^3 - y^3| \geqq 0; d_3(x, y) = |x^3 - y^3| = 0 \Leftrightarrow x^3 = y^3 \Leftrightarrow x = y$

[D2] $d_3(x,y) = |x^3 - y^3| = |y^3 - x^3| = d_3(y,x)$
[D3] $d_3(x,z) = |x^3 - z^3| = |x^3 - y^3 + y^3 - z^3| \leqq |x^3 - y^3| + |y^3 - z^3|$
$= d_3(x,y) + d_3(y,z)$　　ゆえに，d_3 は距離関数である．

(2) 2点 $1, -1 \in \mathbb{R}$ について $1 \neq -1$ であるが，$d_4(1,-1) = 0$ だから，距離関数でない．

4.3 直前の例題 4.2 で記したように，$C[a,b]$ の元はすべて有界な関数であるから，関数 d_s が定義される．実際，正の数 $M_f, M_g \in \mathbb{R}$ が存在して，次が成り立つ：
$$\sup\{|f(x)| | a \leqq x \leqq b\} \leqq M_f, \quad \sup\{|g(x)| | a \leqq x \leqq b\} \leqq M_g$$
$\therefore \quad \sup\{|f(x) - g(x)| | a \leqq x \leqq b\}$
$\leqq \sup\{|f(x)| | a \leqq x \leqq b\} + \sup\{|g(x)| | a \leqq x \leqq b\} \leqq M_f + M_g$

よって，関数 d_s が定まる．
距離の公理 [D1], [D2] が成り立つことは明らかであるから，[D3] のみを証明する．
$f, g, h \in C[a,b]$ に対して，
$d_s(f,h) = \sup\{|f(x) - h(x)| | a \leqq x \leqq b\}$
$= \sup\{|f(x) - g(x) + g(x) - h(x)| | a \leqq x \leqq b\}$
$\leqq \sup\{|f(x) - g(x)| + |g(x) - h(x)| | a \leqq x \leqq b\}$
$\leqq \sup\{|f(x) - g(x)| | a \leqq x \leqq b\} + \sup\{|g(x) - h(x)| | a \leqq x \leqq b\}$
$= d_s(f,g) + d_s(g,h)$

4.4 省略

4.5 $(x_1, y_1), (x_2, y_2), (x_3, y_3) \in X \times Y$ とする．

(1)　[D1] $d_X(x_1, x_2) \geqq 0, d_Y(y_1, y_2) \geqq 0$ であるから，
$d_1((x_1, y_1), (x_2, y_2)) = \max\{d_X(x_1, x_2), d_Y(y_1, y_2)\} \geqq 0$.
$d_1((x_1, y_1), (x_2, y_2)) = 0 \Leftrightarrow d_X(x_1, x_2) = 0 \wedge d_Y(y_1, y_2) = 0$
$\Leftrightarrow x_1 = x_2 \wedge y_1 = y_2 \Leftrightarrow (x_1, y_1) = (x_2, y_2)$

[D2] $d_1((x_1, y_1), (x_2, y_2)) = \max\{d_X(x_1, x_2), d_Y(y_1, y_2)\}$
$= \max\{d_X(x_2, x_1), d_Y(y_2, y_1)\} = d_1((x_2, y_2), (x_1, y_1))$.

[D3] $d_1((x_1, y_1), (x_3, y_3)) = \max\{d_X(x_1, x_3), d_Y(y_1, y_3)\}$

だから，$d_X(x_1, x_3) \geqq d_Y(y_1, y_3)$ としてよい（$d_Y(y_1, y_3) \geqq d_X(x_1, x_3)$ の場合も同様に証明される）．よって，
$d_1((x_1, y_1), (x_3, y_3)) = d_X(x_1, x_3) \leqq d_X(x_1, x_2) + d_X(x_2, x_3)$
$\leqq \max\{d_X(x_1, x_2), d_Y(y_1, y_2)\} + \max\{d_X(x_2, x_3), d_Y(y_2, y_3)\}$
$= d_1((x_1, y_1), (x_2, y_2)) + d_1((x_2, y_2), (x_3, y_3))$

(2)　[D1] $d_2((x_1, y_1), (x_2, y_2)) = d_X(x_1, x_2) + d_Y(y_1, y_2) \geqq 0$.
$d_2((x_1, y_1), (x_2, y_2)) = d_X(x_1, x_2) + d_Y(y_1, y_2) = 0$
$\Leftrightarrow d_X(x_1, x_2) = 0 \wedge d_Y(y_1, y_2) = 0$
$\Leftrightarrow x_1 = x_2 \wedge y_1 = y_2 \Leftrightarrow (x_1, y_1) = (x_2, y_2)$

[D2] $d_2((x_1, y_1), (x_2, y_2)) = d_X(x_1, x_2) + d_Y(y_1, y_2)$
$= d_X(x_2, x_1) + d_Y(y_2, y_1) = d_2((x_2, y_2), (x_1, y_1))$

[D3]　$d_2((x_1,y_1),(x_3,y_3)) = d_X(x_1,x_3) + d_Y(y_1,y_3)$
　　　　$\leqq \{d_X(x_1,x_2) + d_X(x_2,x_3)\} + \{d_Y(y_1,y_2) + d_Y(y_2,y_3)\}$
　　　　$= \{d_X(x_1,x_2) + d_Y(y_1,y_2)\} + \{d_X(x_2,x_3) + d_Y(y_2,y_3)\}$
　　　　$= d_2((x_1,y_1),(x_2,y_2)) + d_2((x_2,y_2),(x_3,y_3))$

4.6　(1)　2点 $(1,1),(1,2) \in \mathbb{R}^2$ について，$(1,1) \neq (1,2)$ であるが，$d_1((1,1),(1,2)) = 0$ であるから，d_1 は距離関数ではない．

(2)　[D1]　$d_2((x_1,y_1),(x_2,y_2)) = \alpha|x_1-x_2| + \beta|y_1-y_2| \geqq 0$.
　　$d_2((x_1,y_1),(x_2,y_2)) = \alpha|x_1-x_2| + \beta|y_1-y_2| = 0$
　　　$\Leftrightarrow |x_1-x_2| = 0 \wedge |y_1-y_2| = 0 \Leftrightarrow x_1 = x_2 \wedge y_1 = y_2 \Leftrightarrow (x_1,y_1) = (x_2,y_2)$
[D2]　$d_2((x_1,y_1),(x_2,y_2)) = \alpha|x_1-x_2| + \beta|y_1-y_2| = \alpha|x_2-x_1| + \beta|y_2-y_1|$
　　　　　$= d_2((x_2,y_2),(x_1,y_1))$
[D3]　$d_2((x_1,y_1),(x_3,y_3)) = \alpha|x_1-x_3| + \beta|y_1-y_3|$
　　　　$= \alpha|x_1-x_2+x_2-x_3| + \beta|y_1-y_2+y_2-y_3|$
　　　　$\leqq \alpha\{|x_1-x_2| + |x_2-x_3|\} + \beta\{|y_1-y_2| + |y_2-y_3|\}$
　　　　$= \{\alpha|x_1-x_2| + \beta|y_1-y_2|\} + \{\alpha|x_2-x_3| + \beta|y_2-y_3|\}$
　　　　$= d_2((x_1,y_1),(x_2,y_2)) + d_2((x_2,y_2),(x_3,y_3))$
ゆえに，d_2 は距離関数である．

4.7　[D1]　$d(x,y) = \sqrt{\sum(x_i-y_i)^2} \geqq 0$;　$d(x,y) = 0 \Leftrightarrow \forall i \in \mathbb{N}(x_i = y_i) \Leftrightarrow x = y$
[D2]　$d(x,y) = \sqrt{\sum(x_i-y_i)^2} = \sqrt{\sum(y_i-x_i)^2} = d(y,x)$
[D3]　$d(x,z) = \sqrt{\sum(x_i-z_i)^2} = \sqrt{\sum(x_i-y_i+y_i-z_i)^2}$
　　　　$= \lim_{n\to\infty} \sqrt{\sum_{i=1}^{n}\{(x_i-y_i)-(z_i-y_i)\}^2}$
　　　　$\leqq \lim_{n\to\infty} \sqrt{\sum_{i=1}^{n}(x_i-y_i)^2} + \lim_{n\to\infty}\sqrt{\sum_{i=1}^{n}(y_i-z_i)^2} = d(x,y) + d(y,z)$

4.8　任意の点 $y \in X - \{x\}$ について，$\varepsilon = d(y,x) > 0$ とおけば，次が成り立つ：
　　　　$N(y;\varepsilon) \cap \{x\} = \varnothing$　　　つまり　　$N(y;\varepsilon) \subset X - \{x\}$

4.9　任意の点 $(a,b) \in A \times B$ に対して，$\varepsilon_1 > 0, \varepsilon_2 > 0$ が存在して，$N_X(a;\varepsilon_1) \subset A$, $N_Y(b;\varepsilon_2) \subset B$ が成り立つ．ただし，N_X, N_Y は，それぞれ，X と Y における近傍を表す．そこで，$\varepsilon = \min\{\varepsilon_1,\varepsilon_2\}$ とおくと，任意の $(a,b) \in A \times B$ について，次が成り立つ：
$$N((a,b);\varepsilon) = \{(x,y) \in X \times Y \mid d^{\times}((x,y),(a,b)) < \varepsilon\}$$
$$= \{(x,y) \in X \times Y \mid \sqrt{d_X(x,a)^2 + d_Y(y,b)^2} < \varepsilon\}$$
$$\subset N_X(a;\varepsilon) \times N_Y(b;\varepsilon) \subset A \times B$$
よって，$A \times B$ は開集合である．

4.10　〔例題 4.6 [O3] の証明〕　任意の $x \in \bigcup U_\lambda$ に対して，ある $\mu \in \Lambda$ が存在して，$x \in U_\mu$ となる．U_λ は X の開集合だから，$\varepsilon > 0$ が存在して，$N(x;\varepsilon) \subset U_\mu$ が成り立つ．すると，$N(x;\varepsilon) \subset U_\mu \subset \bigcup U_\lambda$ であるから，$\bigcup U_\lambda$ は開集合である．

4.11 問題 4.8 により, 補集合 $\{x\}^c = X - \{x\}$ は開集合であるから, $\{x\}$ は閉集合である.

4.12 定理 3.3 (1), (2) の証明 (問題 3.11) と本質的に同じである.

〔例題 4.8 (2) の証明〕ド・モルガンの法則 (例題 1.2) より, $(F_1 \cup F_2 \cup \cdots \cup F_m)^c = F_1^c \cap F_2^c \cap \cdots \cap F_m^c$ が成り立ち, 各 F_i^c は開集合だから, 例題 4.6 [O2] により $F_1^c \cap F_2^c \cap \cdots \cap F_m^c$ は開集合である. よって, $F_1 \cup F_2 \cup \cdots \cup F_m$ は閉集合である.

〔例題 4.8 (3) の証明〕ド・モルガンの法則 (定理 1.5) より $(\bigcap F_\lambda)^c = \bigcup F_\lambda^c$ が成り立ち, 各 F_λ^c は開集合だから, 例題 4.6 [O3] により $\bigcup F_\lambda^c$ は開集合である. よって $\bigcap F_\lambda$ は閉集合である.

4.13 (1) A^i が開集合であることは, 例題 4.9 で示したので, $A^i \subset A$ の最大性を証明する. $B \subset X$ が X の開集合で, $B \subset A$ ならば, $B \subset A^i$ を示せばよい. $x \in B$ とすると, B は開集合なので, $\exists \varepsilon > 0 \, (N(x; \varepsilon) \subset B)$ が成り立つ. ところが, $B \subset A$ だから, $N(x; \varepsilon) \subset A$ でもある. これは A の内点の定義そのものだから $x \in A^i$. よって $B \subset A^i$ である.

(2) $A^e = (A^c)^i$ だから, (1) で A を A^c にした場合である.

4.14 定理 4.1 より, $A^f = X - (A^i \cup A^e)$ である. A^i と A^e は例題 4.9 により開集合であるから, 例題 4.6 より, $A^i \cup A^e$ も開集合である. よって, A^f は閉集合である.

4.15 $A \cup B \supset A, A \cup B \supset B$ だから, 定理 4.3 により, $(A \cup B)^i \supset A^i, (A \cup B)^i \supset B^i$ であるから, $(A \cup B)^i \supset A^i \cup B^i$ である (問題 3.20 とその解答を参照).

4.16 (1) ($\Rightarrow$) A が閉集合ならば, 例題 4.11 の A^a の最小性より, $A \supset A^a$ である. 一般に $A \subset A^a$ であるから, $A = A^a$ が成り立つ. ($\Leftarrow$) は, 例題 4.11 から直ちにわかる.

(2) 例題 4.11 と上の (1) から, 直ちにわかる.

4.17 $x \in A^d$ ならば, 定義より, 任意の $\varepsilon > 0$ について, $N(x; \varepsilon) \cap (A - \{x\}) \neq \emptyset$ が成立する. ところで, $A \subset B$ だから, $A - \{x\} \subset B - \{x\}$ でもあるので, $N(x; \varepsilon) \cap (A - \{x\}) \subset N(x; \varepsilon) \cap (B - \{x\}) \neq \emptyset$. よって, $x \in B^d$.

4.18 $A \cap B \subset A, A \cap B \subset B$ だから, 例題 4.12 により, $(A \cap B)^a \subset A^a, (A \cap B)^a \subset B^a$ である. よって, $(A \cap B)^a \subset A^a \cap B^a$.

4.19 $A \cup B \supset A, A \cup B \supset B$ だから, $(A \cup B)^d \supset A^d, (A \cup B)^d \supset B^d$ が成り立つので (問題 4.17), $(A \cup B)^d \supset A^d \cup B^d$ が成り立つ.

次に, 逆の包含関係 $(A \cup B)^d \subset A^d \cup B^d$ を証明する. $x \in (A \cup B)^d$ とする.

(イ) $x \notin A^d$ と仮定すると, $\exists \delta > 0 \, (N(x; \delta) \cap A - \{x\}) = \emptyset)$.
ところが, $x \in (A \cup B)^d$ だから, $\forall \varepsilon > 0, 0 < \varepsilon < \delta$, に対して, 次が成り立つ:
$$N(x; \varepsilon) \cap (A \cup B - \{x\}) \neq \emptyset, \quad N(x; \varepsilon) \cap (A - \{x\}) = \emptyset$$
$$N(x; \varepsilon) \cap (A \cup B - \{x\}) = N(x; \varepsilon) \cap \{(A - \{x\}) \cup (B - \{x\})\}$$
$$= (N(x; \varepsilon) \cap (A - \{x\})) \cup (N(x; \varepsilon) \cap (B - \{x\}))$$
であるから, $N(x; \varepsilon) \cap (B - \{x\}) \neq \emptyset$ が成り立つ. ゆえに, $x \in B^d$ である.

(ロ) $x \notin B^d$ と仮定すると, (イ) と全く同様にして, $x \in A^d$ が結論される.

(イ) と (ロ) より, $x \in A^d \cup B^d$ となるから, $(A \cup B)^d \subset A^d \cup B^d$ でもある. 先の包含関係と合わせて, $(A \cup B)^d = A^d \cup B^d$ が証明された.

4.20 $U^a \cap V = \emptyset$ を証明すれば十分である. 背理法で証明する. $U^a \cap V \neq \emptyset$ とすると, 点 $x \in U^a \cap V$ が存在する. $(x \in U^a) \wedge (x \in V)$ である. V は開集合なので, $\exists \varepsilon > 0$

($N(x;\varepsilon) \subset V$) が成り立つ．ところが，この $\varepsilon > 0$ について，$U \cap N(x;\varepsilon) \subset U \cap V = \varnothing$ であるから，$x \in U^a$ に矛盾する．よって，$U^a \cap V = \varnothing$ である．

4.21 三角不等式より，次が成り立つ：$\forall a \in A, \forall b \in B (d(a,b) \leqq d(x,a) + d(x,b))$.
$$\therefore \quad \mathrm{dist}(A,B) = \inf\{d(a,b) | a \in A, b \in B\} \leqq d(x,a) + d(x,b)$$
よって，$\mathrm{dist}(A,B) - d(x,b)$ は集合 $\{d(x,a) | a \in A\}$ の下界の 1 つである．
$$\therefore \quad \mathrm{dist}(A,B) - d(x,b) \leqq \inf\{d(x,a) | a \in A\} = \mathrm{dist}(x,A)$$
よって，$\mathrm{dist}(A,B) - \mathrm{dist}(x,A)$ は集合 $\{d(x,b) | b \in B\}$ の下界の 1 つである．
$$\therefore \quad \mathrm{dist}(A,B) - \mathrm{dist}(x,A) \leqq \inf\{d(x,b) | b \in B\} = \mathrm{dist}(x,B)$$
$$\therefore \quad \mathrm{dist}(A,B) = \mathrm{dist}(x,A) + \mathrm{dist}(x,B)$$

4.22 (1) $\mathrm{dist}(x,A) = 0 \Leftrightarrow \forall \varepsilon > 0, \exists a \in A((d(x,a) < \varepsilon)$
$$\Leftrightarrow \forall \varepsilon > 0 \, (N(x;\varepsilon) \cap A \neq \varnothing) \Leftrightarrow a \in A^a$$
(2) $\mathrm{dist}(x,A^c) > 0 \Leftrightarrow \exists \varepsilon > 0 \, (N(x;\varepsilon) \cap A^c = \varnothing)$
$$\Leftrightarrow \exists \varepsilon > 0 \, (N(x;\varepsilon) \subset A) \Leftrightarrow x \in A^i$$

4.23 〔f が連続 $\Rightarrow$ (4) の証明〕任意の $y \in f(A^a)$ について点 $x \in A^a$ が存在して，$f(x) = y$ となる．任意の $\varepsilon > 0$ に対して，条件 (1) より，$\delta > 0$ が存在して，$f(N(x;\delta)) \subset N(y;\varepsilon)$ を満たす．よって，$N(x;\delta) \subset f^{-1}(N(y;\varepsilon))$ であるから，$f^{-1}(N(y;\varepsilon)) \cap A \neq \varnothing$ である．よって，$N(y;\varepsilon) \cap f(A) \supset f(f^{-1}(N(y;\varepsilon)) \cap A) \neq \varnothing$ が成り立つから，$y \in (f(A))^a$ である．

〔(4) $\Rightarrow$ f が連続の証明〕$F \subset \mathbb{R}^n$ を閉集合とする．条件 (4) と問題 4.16 より，次が成り立つ：
$$f((f^{-1}(F))^a) \subset (f(f^{-1}(F)))^a \Rightarrow (f^{-1}(F))^a \subset f^{-1}(F)$$
よって，$f^{-1}(F)$ は閉集合である．これは，例題 4.15 (3) が成り立つことを示すから，例題 4.15 によって，f は連続写像である．

4.24 任意の点 $a \in X$ と任意の $\varepsilon > 0$ に対して，$\delta = \varepsilon$ とすると，$f(X) = \{b\}$ だから，$f(N(a;\delta)) = \{b\} \subset N(f(a);\varepsilon)$ が成り立つ．よって，f は点 a で連続である．

4.25 例題 4.14 により，任意の $x, y \in X$ について，$|f(x) - f(y)| \leqq d(x,y)$ が成り立つ．そこで，任意の $a \in X$ と任意の $\varepsilon > 0$ に対して，$\delta = \varepsilon$ とすれば，次が成り立つ：
$$\forall x \in X, d(x,a) < \delta \Rightarrow |f(x) - f(a)| \leqq \varepsilon$$
よって，f は点 $a \in X$ で連続である．

4.26 任意の点 $a \in X$ と任意の $\varepsilon > 0$ に対して，$\delta = \varepsilon$ とすると，次が成り立つ：
$$\forall x \in X, d_X(x,a) < \delta \Rightarrow d^\times(f(x),f(a)) = d^\times((x,b),(a,b)) = d_X(x,a) < \varepsilon \, (= \delta)$$
よって，f は任意の点 $a \in X$ で連続であるから，X 上で連続である．

4.27 ($\Rightarrow$) $B \in \boldsymbol{A}_{d_A}(A) \Leftrightarrow A - B \in \boldsymbol{O}_{d_A}$ である．例題 4.16 により，$\exists U \in \boldsymbol{O}_d \, (A - B = A \cap U)$ が成り立つ．よって，部分距離空間 (A, d_A) では，$B = A \cap U^c$ であるから，$F = U^c$ とすればよい．

($\Leftarrow$) $F \in \boldsymbol{A}_d(X)$ について，$B = F \cap A$ とすると，部分距離空間 (A, d_A) では，$A - B = A \cap F^c$ である．$F^c \in \boldsymbol{O}_d(X)$ であるから，例題 4.16 により，$B \in A_{d_A}(A)$ である．

4.28 問題 2.57, 問題 3.34 と本質的に同じである．

(1) f, g が任意の点 $\alpha \in X$ で連続であるから，次が成立する：
$$\forall \varepsilon > 0, \exists \delta_1 > 0 \, (\forall x \in X, d(x,\alpha) < \delta_1 \Rightarrow \|f(x) - f(\alpha)\| < \varepsilon/2)$$

$\forall \varepsilon > 0, \exists \delta_2 > 0 \, (\forall x \in X, d(x, \alpha) < \delta_2 \Rightarrow \|g(x) - g(\alpha)\| < \varepsilon/2)$

そこで，$\delta = \min\{\delta_1, \delta_2\}$ とおくと，$\forall x \in X, d(x, \alpha) < \delta$ について，次が成り立つ：
$$\|(f+g)(x) - (f+g)(\alpha)\| = \|(f(x) + g(x)) - (f(\alpha) + g(\alpha))\|$$
$$= \|(f(x) - f(\alpha)) + (g(x) - g(\alpha))\| \leqq \|f(x) - f(\alpha)\| + \|g(x) - g(\alpha)\| < \varepsilon$$

(2) $c = 0$ の場合は，cf は 0 に値をもつ定値写像であるから，問題 4.23 により連続である．$c \neq 0$ の場合，f が任意の点 $\alpha \in X$ で連続であるから，次が成り立つ：
$$\forall \varepsilon > 0, \exists \delta > 0 \, (\forall x \in X, d(x, \alpha) < \delta \Rightarrow \|f(x) - f(\alpha)\| < \varepsilon/|c|)$$
よって，この $\varepsilon > 0$ と $\delta > 0$ について，$\forall x \in X, d(x, \alpha) < \delta$ ならば，次が成り立つ：
$$\|(cf)(x) - (cf)(\alpha)\| = \|cf(x) - cf(\alpha)\| = |c| \, \|f(x) - f(\alpha)\| < |c| \cdot \varepsilon/|c| = \varepsilon$$

(3) 省略．問題 2.57 (3) の証明で，絶対値 $|\ |$ をノルム $\|\ \|$ に置き換えればよい．

4.29 f が点 $\alpha \in X$ で連続であるから，$\varepsilon = f(\alpha)/2 > 0$ に対して，次が成り立つ：
$$\exists \delta > 0 \, (\forall x \in X, d(x, \alpha) < \delta \Rightarrow |f(x) - f(\alpha)| < \varepsilon)$$
$\therefore \quad |f(x) - f(\alpha)| < f(\alpha)/2 \quad \therefore \quad f(\alpha) - f(\alpha)/2 < f(x) < f(\alpha) + f(\alpha)/2$
$\therefore \quad f(\alpha)/2 < f(x)$

一方，連続の定義から，$\varepsilon = f(\alpha)/2 > 0$ に対して，次が成り立つ：
$$\exists \delta_1 > 0 \, (\forall x \in X, d(x, \alpha) < \delta_1 \Rightarrow |f(x) - f(\alpha)| < \varepsilon)$$
そこで，δ と δ_1 の小さい方を改めて δ とすると，$\forall x \in X, d(x, \alpha) < \delta$，について，
$$\left|\left(\frac{1}{f}\right)(x) - \left(\frac{1}{f}\right)(\alpha)\right| = \left|\frac{1}{f(x)} - \frac{1}{f(\alpha)}\right| = \frac{|f(\alpha) - f(x)|}{f(x)f(\alpha)} < \frac{2\varepsilon}{f(\alpha)^2}$$

4.30 (1) 任意の $(a, b) \in X \times Y$ に対して，f と g が連続写像だから，次が成り立つ：
$$\forall \varepsilon > 0, \exists \delta_1 > 0 \, (\forall x \in X, d_X(x, a) < \delta_1 \Rightarrow |f(x) - f(a)| < \varepsilon/2)$$
$$\forall \varepsilon > 0, \exists \delta_2 > 0 \, (\forall y \in Y, d_Y(y, b) < \delta_2 \Rightarrow |g(y) - g(b)| < \varepsilon/2)$$
そこで，$\delta = \min\{\delta_1, \delta_2\} > 0$ とおくと，次が成り立つ：
$\forall (x, y) \in X \times Y, (x, y) \in N((a, b); \delta) \subset N_X(a; \delta) \times N_Y(b; \delta)$
$\Rightarrow |\varphi(x, y) - \varphi(a, b)| = |f(x) + g(y) - f(a) - g(b)| \leqq |f(x) - f(a)| + |g(y) - g(b)| < \varepsilon$
よって，φ は任意の点 $(a, b) \in X \times Y$ で連続である．

(2) 任意の点 $(a, b) \in X \times Y$ に対して，f と g が連続だから，$|f(a)|, |g(b)|$ が定数であることを考慮すると，次が成り立つ：
$$\forall \varepsilon > 0, \exists \delta_1 > 0 \, (\forall x \in X, d_X(x, a) < \delta_1 \Rightarrow |f(x) - f(a)| < \varepsilon/2(|g(b)| + 1))$$
$$\forall \varepsilon > 0, \exists \delta_2 > 0 \, (\forall y \in Y, d_Y(y, b) < \delta_2 \Rightarrow |g(y) - g(b)| < \varepsilon/2(|f(a)| + 1))$$
さらに，もし $\varepsilon > 1$ ならば，g が b で連続であるから，（$\varepsilon = 1$ に対応して）次が成り立つ：
$$\exists \delta_3 > 0 \, (\forall y \in Y, d_Y(y, b) < \delta_3 \Rightarrow |g(y) - g(b)| < 1)$$
ここで，$|g(x) - g(b)| < 1$ から，$|g(x)| < |g(b)| + 1$ が成り立つことに注意する．そこで，$\delta = \min\{\delta_1, \delta_2, \delta_3\} > 0$ とすれば，$\forall (x, y) \in X \times Y, (x, y) \in N((a, b); \delta) \subset N_X(a; \delta) \times N_Y(b : \delta)$ について，次が成り立つ．
$$|\psi(x, y) - \psi(a, b)| = |f(x) \cdot g(y) - f(a) \cdot g(b)|$$
$$= |f(x) \cdot g(y) - f(a) \cdot g(y) + f(a) \cdot g(y) - f(a) \cdot g(b)|$$
$$\leqq |f(x) \cdot g(y) - f(a) \cdot g(y)| + |f(a) \cdot g(y) - f(a) \cdot g(b)|$$

$$= |f(x) - f(a)|\,|g(y)| + |f(a)|\,|g(y) - g(b)|$$
$$< |f(x) - f(a)|\,(|g(b)| + 1) + (|f(a)| + 1)|g(y) - g(b)|$$
$$< \frac{\varepsilon}{2(|g(b)| + 1)} \cdot (|g(b)| + 1) + (|f(a)| + 1) \cdot \frac{\varepsilon}{2(|f(a)| + 1)} = \varepsilon$$

よって，ψ は任意の点 $(a,b) \in X \times Y$ で連続である．

4.31 任意の点 $(a_1, a_2) \in X_1 \times X_2$ について，次が成り立つ：
$$\forall \varepsilon > 0, \exists \delta = \varepsilon > 0\, (p_i(N((a_1, a_2); \delta)) \subset N_{X_i}(a_i; \varepsilon)) \quad (i = 1, 2)$$
よって，p_1, p_2 はいずれも連続写像である．

4.32 X の任意の開集合 U について，$i^{-1}(U) = U \cap A$ であるが，これは (A, d_A) の開集合の定義より，A の開集合である．よって，例題 4.15 より，包含写像 i は連続である．

4.33 f_A, f_B は連続写像であるから，例題 4.15 より，任意の閉集合 $F \subset Y$ について，$f_A^{-1}(F) = f^{-1}(F) \cap A$ は A の閉集合，$f_B^{-1}(F) = f^{-1}(F) \cap B$ は B の閉集合である．問題 4.27 より，X の閉集合 G, H が存在して，
$$f_A^{-1}(F) = G \cap A, \quad f_B^{-1}(F) = H \cap B$$
となる．A, B は X の閉集合だから，$G \cap A$ と $H \cap B$ も閉集合，したがって，$f_A^{-1}(F)$ と $f_B^{-1}(F)$ は X の閉集合である．したがって，例題 4.8 より，$f^{-1}(F) = f_A^{-1}(F) \cup f_B^{-1}(F)$ も X の閉集合である．例題 4.15 により，f は連続写像である．

4.34 (1) 問題 4.25 により，関数 $\mathrm{dist}_A, \mathrm{dist}_B : X \to \mathbb{R}^1$; $\mathrm{dist}_A(x) = \mathrm{dist}(x, A)$，$\mathrm{dist}_B(x) = \mathrm{dist}(x, B)$，はいずれも連続である．また，問題 4.28 より，関数 $\mathrm{dist}_A + \mathrm{dist}_B : X \to \mathbb{R}^1$，$(\mathrm{dist}_A + \mathrm{dist}_B)(x) = \mathrm{dist}_A(x) + \mathrm{dist}_B(x) = \mathrm{dist}(x, A) + \mathrm{dist}(x, B)$，も連続である．したがって，問題 4.28 (3) と問題 4.29 より，任意の $x \in X$ について，$\mathrm{dist}(x, A) + \mathrm{dist}(x, B) \neq 0$ であることを示せば十分である．これを背理法で示す．

ある $x_0 \in X$ について，$\mathrm{dist}(x_0, A) + \mathrm{dist}(x_0, B) = 0$ とすると，$\mathrm{dist}(x_0, A) = 0$ でかつ $\mathrm{dist}(x_0, B) = 0$ である．A, B が閉集合であるから，問題 4.22 (1) より，$\mathrm{dist}(x_0, A) = 0 \Leftrightarrow x_0 \in A^a = A$，かつ $\mathrm{dist}(x_0, B) = 0 \Leftrightarrow x_0 \in B^a = B$ が成り立つ．これは，$A \cap B = \varnothing$ に反する． (2) 省略．

4.35 (1) ($\Rightarrow$) 問題 4.31 により，射影 p_i $(i = 1, 2)$ は連続だから，例題 4.17 より，$p_i \circ f$ は連続である．

($\Leftarrow$) 任意の $y \in Y$ について，$f(y) = (p_1 \circ f(y), p_2 \circ f(y))$ で，$p_1 \circ f$ と $p_2 \circ f$ が連続だから，任意の $\forall \varepsilon > 0$ に対して，$\delta > 0$ が存在して，次が成り立つ：
$$p_1 \circ f(N(y; \delta)) \subset N(p_1 \circ f(y); \varepsilon/\sqrt{2}), \quad p_2 \circ f(N(y; \delta)) \subset N(p_2 \circ f(y); \varepsilon/\sqrt{2}))$$
$$\therefore \quad f(N(y; \delta)) \subset N(p_1 \circ f(y); \varepsilon/\sqrt{2}) \times N(p_2 \circ f(y); \varepsilon/\sqrt{2}) \subset N(f(y); \varepsilon)$$
よって，f は連続写像である．

(2) $p_i : X_1 \times X_2 \to X_i, q_i : Y_1 \times Y_2 \to Y_i$ $(i = 1, 2)$ を射影とすると，$q_i \circ (f_1 \times f_2) = f_i \circ p_i$ が成り立つ．問題 4.31 と例題 4.17 より，$f_i \circ p_i$ は連続である．よって，上の (2) より，$f_1 \times f_2$ は連続写像である．

4.36 $x, y \in A \cup B$ に対して，$x \in A, y \in B$ であるとする．$a \in A, b \in B$ に対して，次が成り立つ：$d(x, y) \leqq d(x, a) + d(a, b) + d(b, y) \leqq \mathrm{diam}(A) + d(a, b) + \mathrm{diam}(B)$.

$$\therefore \quad d(x,y) \leqq \mathrm{diam}(A) + \inf\{d(a,b) | a \in A, b \in B\} + \mathrm{diam}(B)$$
$$= \mathrm{diam}(A) + \mathrm{dist}(A,B) + \mathrm{diam}(B)$$
$$\therefore \quad \mathrm{diam}(A \cup B) \leqq \mathrm{diam}(A) + \mathrm{diam}(B) + \mathrm{dist}(A,B)$$

4.37 (1) 点列 $[x_i]$ が α と β に収束し, $\alpha \neq \beta$ であるとする. $\varepsilon = d(\alpha,\beta)/2$ に対して, 収束の定義から, 次が成り立つ:
$$\exists N_1 \in \mathbb{N}(\forall n \in \mathbb{N}, n \geqq N_1 \Rightarrow d(x_n, \alpha) < \varepsilon),$$
$$\exists N_2 \in \mathbb{N}(\forall n \in \mathbb{N}, n \geqq N_2 \Rightarrow d(x_n, \beta) < \varepsilon)$$
ここで, $N = \max\{N_1, N_2\}$ とおくと, $d(x_N, \alpha) < \varepsilon$, $d(x_N, \beta) < \varepsilon$ である. よって,
$$d(\alpha, \beta) \leqq d(\alpha, x_N) + d(x_N, \beta) < \varepsilon + \varepsilon = d(\alpha, \beta)$$
となるが, これは矛盾である. よって, $\alpha = \beta$ でなければならない.

(2) $x_i \to \alpha$ $(i \to \infty)$ であるから, 次が成り立つ:
$$\forall \varepsilon > 0, \exists N \in \mathbb{N}(\forall k \in \mathbb{N}, k \geqq N \Rightarrow d(x_k, \alpha) < \varepsilon)$$
ところが, 部分列の定義より, $\iota(i) \to \infty$ $(i \to \infty)$ だから, 次が成り立つ:
$$\exists N_0 \in \mathbb{N}(\forall h \in \mathbb{N}, h \geqq N_0 \Rightarrow \iota(h) \geqq N)$$
$$\therefore \quad \forall \varepsilon > 0, \exists N_0 \in \mathbb{N}(\forall h \in \mathbb{N}, h \geqq N_0 \Rightarrow d(x_{\iota(h)}, \alpha) < \varepsilon)$$
これは, $x_{\iota(h)} \to \alpha$ $(h \to \infty)$ を示す.

(3) $x_i \to \alpha$ $(i \to \infty)$ とすると, $(\varepsilon =) 1$ に対して, $N \in \mathbb{N}$ が存在して, $\forall k \geqq N$ に対して, $d(x_k, \alpha) < 1$ が成り立つ. そこで, $M = \max\{d(x_1, \alpha), d(x_2, \alpha), \cdots, d(x_N, \alpha), 1\}$ とおけば, 任意の $i \in \mathbb{N}$ について, $d(x_i, \alpha) \leqq M$ が成り立つ.

4.38 省略.

4.39 $\forall \varepsilon > 0$ に対して, 基本列の定義より, $N \in \mathbb{N}$ が存在して, 次が成り立つ:
$$\forall m \in \mathbb{N}, \forall n \in \mathbb{N}, m \geqq N, n \geqq N \Rightarrow d(x_m, x_n) \leqq \varepsilon/2$$
一方, $x_{\iota(i)} \to \alpha$ $(i \to \infty)$ より, $M \in \mathbb{N}$ が存在して, 次を満たす:
$$\forall j \in \mathbb{N}, \iota(j) > M > N \Rightarrow d(x_{\iota(j)}, \alpha) < \varepsilon/2$$
よって, $\forall k \in \mathbb{N}$ について, $k \geqq M$ ならば, $k \geqq M > N$ であるから, 次が成り立つ:
$$d(x_k, \alpha) \leqq d(x_k, x_M) + d(x_M, \alpha) < \varepsilon$$
したがって, $x_i \to \alpha$ $(i \to \infty)$ である.

4.40 (1) $[x_i]$ を $A \cup B$ の点列とすると, A と B の少なくとも一方は $[x_i]$ の部分列 $[x_{\iota(i)}]$ を含む. A がこの部分列を含む場合は, 仮定から $[x_{\iota(i)}]$ の部分列 $[x_{\kappa(i)}]$ で A の点 α に収束するものが存在する. $[x_{\kappa(i)}]$ は $[x_i]$ の部分列であり, $\alpha \in A \cup B$ である. B が部分列 $[x_{\iota(i)}]$ を含む場合も同様である. よって, $A \cup B$ は点列コンパクトである.

(2) $[x_i]$ を $A \cap B$ の点列とする. これは A の点列であるから, 部分列 $[x_{\iota(i)}]$ が存在して, 点 $\alpha \in A$ に収束する. ところが $[x_{\iota(i)}]$ は B の点列であるから, $[x_{\iota(i)}]$ の部分列 $[x_{\kappa(i)}]$ が存在して, 点 $\beta \in B$ に収束する. $[x_{\kappa(i)}]$ は $A \cap B$ の点列で $[x_i]$ の部分列であり, 問題 4.39 から, $\alpha = \beta \in A \cap B$ である. よって, $A \cap B$ も点列コンパクトである.

4.41 $[y_i]$ を $f(A)$ の点列とすると, 任意の y_i に対して, $[x_i]$ の項 $x_i \in A$ が存在して, $y_i = f(x_i)$ となる. いま, A は点列コンパクトだから, 点列 $[x_i]$ の部分列 $[x_{\iota(i)}]$ が存在

して，ある点 $\alpha \in A$ に収束する．f は連続写像だから，定理 4.4 により，点列 $[f(x_{\iota(i)})]$ $= [y_{\iota(i)}]$ は点 $f(\alpha) \in f(A)$ に収束する．ここで $[f(x_{\iota(i)})]$ は点列 $[y_i]$ の部分列であるから，$f(A)$ も点列コンパクトである．

4.42 問題 4.41 により，$f(A) \subset \mathbb{R}^1$ は点列コンパクトである．例題 4.21 により，$f(A)$ は有界な閉集合である．この後の証明は，問題 2.63 と本質的に同じなので，省略する．

4.43 〔$A \subset X$ が有界であることの証明〕 1 点 $a \in A$ を選び，固定する．$\boldsymbol{C} = \{N(a; k) | k \in \mathbb{N}\}$ は A の開被覆である．A がコンパクトであるから，$\boldsymbol{C}$ の有限部分被覆 $\boldsymbol{C}'$ が存在する．$\boldsymbol{C}'$ の要素のうちで半径が最大のものを $N(a; m)$ とすれば，$A \subset N(a; m)$ である．例題 4.20 により，A は有界である．

〔$A \subset X$ が閉集合であることの証明〕 A^c が開集合であることを証明する．任意の点 $y \in A^c$ に関して，開集合族 $\boldsymbol{D}^c = \{D(y; 1/k)^c | k \in \mathbb{N}\}$ は A の開被覆である．A がコンパクトだから $\boldsymbol{D}^c$ の有限部分被覆 $\boldsymbol{D}'$ が存在する．この要素のうちで $1/k$ が最小のもの，つまり k が最大のものを $D(y; 1/m)^c$ とすると $D(y; 1/m)^c \supset A$ であるから，$A^c \supset D(y; 1/m) \supset N(y; 1/m)$ が成り立つ．これは点 $y \in A^c$ が A^c の内点であることを示す．よって，A^c は開集合である．

4.44 $\boldsymbol{C} = \{U_\lambda | \lambda \in \Lambda\}$ を $f(A) \subset Y$ の開被覆とする．f は連続だから，例題 4.15 により，任意の $\lambda \in \Lambda$ について，$f^{-1}(U_\lambda)$ は X の開集合である．任意の点 $a \in A$ について，$f(a) \in f(A) \subset \bigcup U_\lambda$ だから，$a \in \bigcup f^{-1}(U_\lambda)$ が成り立つ．よって，$\{f^{-1}(U_\lambda) | \lambda \in \Lambda\}$ はコンパクト集合 A の開被覆である．よって，有限個の $U_1, U_2, \cdots, U_m$ が存在して，$A \subset f^{-1}(U_1) \cup f^{-1}(U_2) \cup \cdots \cup f^{-1}(U_m)$ となる．両辺を f で写すと，$f(A) \subset U_1 \cup U_2 \cup \cdots \cup U_m$ が得られるので，$f(A)$ は $\boldsymbol{C}$ の有限個で被覆された．よって，$f(A)$ はコンパクトである．

4.45 例題 4.21 と問題 4.42 をあわせればよい．

4.46 $[x_i]$ を A の点列とする．$[x_i]$ が〈有限型〉ならば，$[x_i]$ は A の点に収束する部分列をもつ．よって，$[x_i]$ は〈無限型〉としてよい．集合 $B = \{x_i | i \in \mathbb{N}\}$ は A の無限部分集合であるから，例題 4.23 より，B は少なくとも 1 つの集積点をもつ；そのうちの 1 つを α とする．任意の $i \in \mathbb{N}$ について，$N(\alpha; 1/i) \cap B \neq \emptyset$ であるから，各 $i \in \mathbb{N}$ について 1 点 $x_{\iota(i)} \in N(\alpha; 1/i) \cap B$ を $\iota(i) < \iota(i+1)$ となるように選ぶ．このようにして得られた部分列 $[x_{\iota(i)}]$ は点 α に収束するが，問題 4.43 により A は閉集合であるから，問題 4.38 (2) より，$\alpha \in A$ である．

4.47 例題 4.24 より，一般に全有界ならば有界であるから，有界ならば全有界であることを証明する．$A \subset \mathbb{R}^n$ が有界有界であるとする．有界の定義 (85 頁) より，A はある n 次元直方体 $[L_1, M_1] \times [L_2, M_2] \times \cdots \times [L_n, M_n]$ に含まれる．任意の $\varepsilon > 0$ に対して，1 辺の長さが $\varepsilon/\sqrt{n}$ より小さくなるようにこの直方体を細分すると，各直方体の直径は ε より小さくなる．

4.48 (1) $\operatorname{dist}(b, A) = \inf\{d(b, a) | a \in A\}$ であるから，任意の $i \in \mathbb{N}$ に対して，点 $x_i \in A$ が存在して，次を満たす：$\operatorname{dist}(b, A) \leqq d(b, x_i) < \operatorname{dist}(b, A) + 1/i$．

ところで，問題 4.46 により，A は点列コンパクトでもあるから，点列 $[x_i]$ は A の点に収束する部分列 $[x_{\iota(i)}]$ をもつ；$x_{\iota(i)} \to a \, (i \to \infty)$ とする．三角不等式 $|d(b, x_{\iota(i)}) - d(b, a)| \leqq$

$d(x_{\iota(i)}, a)$ より, $\mathrm{dist}(b, A) = \lim_{i \to \infty} d(b, x_{\iota(i)}) = d(b, a)$ である.

(2) $\mathrm{dist}(A, B) = \inf\{\mathrm{dist}(a, B) | a \in A\}$ であるから, 任意の $i \in \mathbb{N}$ に対して, 点 $x_i \in A$ が存在して, 次を満たす: $\mathrm{dist}(A, B) \leqq \mathrm{dist}(x_i, B) < \mathrm{dist}(A, B) + 1/i$

いま, A は点列コンパクトであるから, 点列 $[x_i]$ は A の点に収束する部分列 $[x_{\iota(i)}]$ をもつ; $x_{\iota(i)} \to a (i \to \infty)$ とする. 例題 4.14 より,
$$|\mathrm{dist}(a, B) - \mathrm{dist}(x_{\iota(i)}, B)| \leqq d(a, x_{\iota(i)})$$
が成り立つから, $\mathrm{dist}(A, B) = \lim \mathrm{dist}(x_{\iota(i)}, B) = \mathrm{dist}(a, B)$ を得る. (1) とあわせて, 点 $b \in B$ も存在して, $\mathrm{dist}(A, B) = d(a, b)$ となる.

4.49 任意の $\varepsilon > 0$ に対して, $\delta = \varepsilon/(\alpha + 1) > 0$ とおくと, 次が成り立つ:
$$\forall x, x' \in X, d_X(x, x') < \delta \Rightarrow d_Y(f(x), f(x')) \leqq \alpha d_X(x, x') < \alpha\varepsilon/(\alpha + 1) < \varepsilon$$
よって, f は一様連続である.

4.50 任意の点 $(x, y), (x', y') \in \mathbb{R}^2$ について, 次が成り立つ:

(1) $d^{(1)}(f(x, y), f(x', y')) = |(x + y) - (x' + y')|$
$\leqq |x - x'| + |y - y'| \leqq \sqrt{2}\, d^{(2)}((x, y), (x', y'))$

(2) $d^{(1)}(g(x, y), g(x', y')) = |(x - y) - (x' - y')|$
$\leqq |x - x'| + |y - y'| \leqq \sqrt{2}\, d^{(2)}((x, y), (x', y'))$

よって, 上の問題 4.49 により, 写像 f, g はともに一様連続である.

4.51 $\mathbb{R}^2, S^1, \mathbb{R}^1, I = [0, 1]$ におけるそれぞれの点の ε-近傍を, それぞれ N_2, N_S, N_1, N_I で表す. $C_s = \{N_S(s; 1) | s \in S^1\}$ は S^1 の開被覆である. $u : [0, 1] \to S^1$ は連続写像なので, 例題 4.15 (2) より, $u^{-1}(N_S(s; 1))$ は $[0, 1]$ の開集合である. 特に $u([0, 1]) \subset S^1$ なので, $C_I = \{u^{-1}(N_S(s; 1)) | N_S(s; 1) \in C_s\}$ は $[0, 1]$ の開被覆である. 閉区間 $[0, 1]$ は, 例題 3.26 によりコンパクトであるから, 開被覆 C_I に関するルベーグ数 $\delta = \delta(C_I) > 0$ が定まる. 十分大きな自然数 n を $1/n < \delta$ となるように選び, $[0, 1]$ を n 等分する;
$$[0, 1] = [0, 1/n] \cup [1/n, 2/n] \cup \cdots \cup [(i-1)/n, i/n] \cup \cdots \cup [(n-1)/n, n/n]$$
すると, $\mathrm{diam}([(i-1)/n, i/n]) = 1/n < \delta\ (i = 1, 2, \cdots, n)$ であるから, 例題 4.27 により, $u^{-1}(N_S(s_i; 1)) \in C_I$ が存在して, $[(i-1)/n, i/n] \subset u^{-1}(N_S(s_i; 1))$ となる. $u|[(i-1)/n, i/n] = u_i$ とおくと, 例題 4.18 により, $u_i : [(i-1)/n, i/n] \to S^1$ は連続写像であり, 次を満たしている: $u_1(0) = u(0) = \boldsymbol{e}_1, u_i(i/n) = u_{i+1}(i/n), u_n(1) = u(1) = \boldsymbol{e}_1$, $u_i([(i-1)/n, i/n]) \subset N_S(s_i; 1); i = 1, 2, \cdots, n$.

ここで, $U_i = N_S(s_i; 1)(i = 1, 2, \cdots, n)$ とおく. U_i は点 s_i を中心とする $120°$ の開円弧である. $\cos$ 関数と $\sin$ 関数の周期性により, $p^{-1}(s_i)$ は $\mathbb{R}^1$ 上で, 1 の間隔で可算無限個の点が現れる. 実際, t_i を $p^{-1}(s_i)$ の 1 点とすると, $p^{-1}(s_i) = \{t_i + k | k \in \mathbb{Z}\}$ である. したがって, $p^{-1}(U_i)$ は可算個の開区間 $V_{ik} = (t_i + k - 1/6, t_i + k + 1/6)$ となる. このとき, p の制限写像 $p|V_{ik} : V_{ik} \to Ui$ は全単射で例題 4.18 により連続である. さらに, この逆写像 $(p|V_{ik})^{-1} : Ui \to V_{ik}$ も連続である (各自確かめよ). そこで, 各 $i = 1, 2, \cdots, n$ について, 写像 $w_i : [(i-1)/n, i/n] \to \mathbb{R}^1$ を, 帰納的に, 次のように定義する: $U_1 \ni \boldsymbol{e}_1 = u_1(0)$ であるから, $p^{-1}(u_1(0)) \ni \boldsymbol{0}$ ($\mathbb{R}^1$ の原点) である. $p^{-1}(U_1)$ の連結成分のうちで $\boldsymbol{0}$ を含むも

のを V_1 とし, $w_1 = (p|V_1)^{-1} \circ u_i$ と定める. 例題 4.17 により, w_1 は連続である.

一般に, $w_i : [(i-1)/n, i/n] \to \mathbb{R}^1$ が定義されたとき, $w_{i+1} : [i/n, (i+1)/n] \to \mathbb{R}^1$ を次のように定める. $u_i(i/n) = u_{i+1}(i/n) (= r_i$ とする) であるから, 点 $w_i(i/n) = (p|V_i)^{-1} \circ u_i(i/n) = (p|V_i)^{-1}(r_i)$ を含むような $p^{-1}(U_{i+1})$ の連結成分が存在するので, これを V_{i+1} とし, $w_{i+1} = (p|V_{i+1})^{-1} \circ u_{i+1}$ と定める.

$[(i-1)/n, i/n], [i/n, (i+1)/n]$ は閉集合で, w_i と w_{i+1} は共通点 $[(i-1)/n, i/n] \cap [i/n, (i+1)/n] = \{i/n\}$ で一致するから, 問題 4.33 により, その共通の拡張も連続である. $w_1, w_2, \cdots, w_n$ の共通の拡張を順次作って, それを $w : [0,1] \to \mathbb{R}^1$ とすれば, 作り方から, 条件 $p \circ w = u$ を満たす.

4.52 (1) 例題 3.28 の証明と本質的に同じであるから, 省略する.

(2) 問題 3.68 の証明と本質的に同じであるから, 省略する.

4.53 例題 4.29 において, $B = A^a$ とすればよい.

4.54 対偶を証明する. $f(A)$ が連結でないとすると, $f(A)$ を分離する Y の開集合 U, V が存在する. 例題 4.15 より, $U_0 = f^{-1}(U), V_0 = f^{-1}(V)$ は X の開集合である. 任意の $a \in A$ について, $f(a) \in f(A) \subset U \cup V$ だから, 例題 1.14 (3) と合わせて,
$$a \in f^{-1}(U \cup V) = f^{-1}(U) \cup f^{-1}(V) = U_0 \cup V_0$$
が成り立つから, (DC1) $A \subset U_0 \cup V_0$ が成り立つ.

また, $x \in U_0 \cap V_0$ が存在するならば, $f(x) \in U \cap V \neq \emptyset$ となり, 分離する開集合の条件に反する. よって, (DC2) $U_0 \cap V_0 = \emptyset$ も成り立つ.

さらに, $f(A) \cap U \neq \emptyset$ より, 点 $b \in f(A) \cap U$ が存在する. $b \in f(A)$ だから, 点 $a \in A$ が存在して, $f(a) = b \in U$ となる. よって, $a \in U_0$ が成り立つから, $A \cap U_0 \neq \emptyset$ である. まったく同様にして, $A \cap V \neq \emptyset$ も示されるから, U_0 と V_0 は (DC3) も満たす. よって, U_0, V_0 は A を分離する X の開集合である. したがって, A は連結でない.

4.55 (1) 問題 4.54 により, $f(A) \subset \mathbb{R}^1$ は連結である. 定理 3.6 より, $f(A)$ は区間である. したがって, $\alpha, \beta \in f(A)$ で $\alpha < \beta$ ならば, $[\alpha, \beta] \subset f(A)$ が成り立つ. 定理 3.6 の ★ を参照. この後は, 例題 2.24, 問題 2.60 を参照.

4.56 (1) $\Leftrightarrow$ (2) は例題 4.28 である.

〔(1)$\Rightarrow$(3) の証明〕 f は連続なので, $f(X)$ は問題 4.54 より連結である. 問題 4.52 (2) より $\{0,1\}$ は連結でないので, $f(X) \subset \{1\}$ または $f(X) \subset \{1\}$ であり, f は定値写像である.

〔(3)$\Rightarrow$(2) の証明〕 対偶を証明する. X と $\emptyset$ 以外に開かつ閉なる部分集合 U があるとする. $V = X - U$ とすると, V も開かつ閉なる部分集合で, $U \cup V = X, V \neq X, V \neq \emptyset$ である. そこで写像 $f : X \to \{0,1\}$ を, $f(u) = 0 (u \in U), f(v) = 1 (v \in V)$ と定義する. $f|U$ と $f|V$ はいずれも定値写像だから, 問題 4.24 により連続である. よって, f は全射な連続写像である.

〔(1) $\Rightarrow$ (4) の証明〕 $A^a \cap B = \emptyset$ だから, $B \subset (A^a)^c$ である. $X = A \cup B$ で, 一般に $A \subset A^a$ だから, $X = A^a \cup B$ である. $(A^a)^c \cap (A^a \cup B) = ((A^a)^c \cap A^a) \cup ((A^a)^c \cap B) = B$ であり, 一方, $(A^a)^c \cap (A^a \cup B) = (A^a)^c \cap X = (A^a)^c$ だから, $B = (A^a)^c$ を得る. A^a

は閉集合だから、B は開集合である. 全く同様に、条件 $A \cap B^a = \emptyset$ より、A も開集合である. $A \cap B = \emptyset$ で、$X = A \cup B$ で、X が連結だから、$A = \emptyset$ または $B = \emptyset$ である.

〔(4) ⇒ (2) の証明〕 背理法で証明する. X と $\emptyset$ 以外に開かつ閉なる部分集合 U があるとする. $V = X - U$ とすると、V も開かつ閉なる部分集合で、$U \cup V = X, V \neq X, V \neq \emptyset$ である. このとき、$U \subset V^c$ で V^c が閉集合であるから、$U^a \subset (V^c)^a = V^c$ が成り立つから、$U^a \cap V = \emptyset$ である. 全く同様にして、$U \cap V^a = \emptyset$ も導かれる. よって、U と V は条件 (4) の仮定をすべて満たすが、$U \neq \emptyset \neq V$ だから、(4) が成立しない.

4.57 例題 3.35 の証明と本質的に同じであるから、省略する. 例題 3.35 の証明の中で、問題 3.43 を問題 4.26 に、例題 3.31 を問題 4.54 に、それぞれ、置き換えればよい.

4.58 問題 3.70 の証明と全く同じでよい.

4.59 1 点 $a \in \bigcap A_\lambda$ を選ぶと、任意の $\lambda \in \Lambda$ と任意の点 $x \in A_\lambda$ は $A_\lambda \subset A$ の道で結ばれる. よって、例題 4.30 により、A は弧状連結である.

4.60 例題 3.35, 問題 4.57 と本質的に同じである.「連結」を「弧状連結」に直すだけでよい.

4.61 任意に 1 点 $a \in X$ を選んで固定する. 例題 4.30 により、任意の点 $x \in X$ に対して、道 $w : [0,1] \to X, w(0) = a, w(1) = x$, が存在する. 問題 4.54 により、弧 $w([0,1])$ は連結だから、$C(a) = C(x)$ である. x は任意だから、$C(a) = X$ となる.

第 5 章

5.1 (1) 任意の点 $x \in X$ について、$N(x; 1/2) = \{x\}$ であるから、$\{x\} \in \boldsymbol{O}_d(X)$、つまり、任意の 1 点集合は開集合である. したがって、位相の公理 [O3] により、任意の部分集合 $A \subset X$ について、$A = \bigcup_{x \in A} \{x\} \in \boldsymbol{O}_d(X)$ が成立する. つまり、$\boldsymbol{O}_d(X) = 2^X$ である.

(2) $X = \{a, b\}$ とする. X 上のある距離関数を d とすると、距離の公理 [D1] により、$d(a, b) > 0$ である. 任意の実数 $\varepsilon, 0 < \varepsilon < d(a, b)$, について、$N(a; \varepsilon) = \{a\} \in \boldsymbol{O}_d(X)$. $\{a\} \neq X$ だから $\boldsymbol{O}_d(X)$ は密着位相にはなり得ない (一般に、密着位相が距離化可能であるのは 1 点集合の場合に限り、2 点以上の点を含む集合上の密着位相はすべて距離化不可能である).

5.2 全部で 29 個の位相がある. 求める位相には $\emptyset$ と X が必ず含まれる.

    (1) 密着位相 $\boldsymbol{O}_0 = \{\emptyset, X\}$ $\cdots$ 1 個
    (2) $\boldsymbol{O}_0 \cup \{\{i\}\}$ $(i = 1, 2, 3)$ $\cdots$ 3 個
    (3) $\boldsymbol{O}_0 \cup \{\{i, j\} | i \neq j\}$ $\cdots$ 3 個
    (4) $\boldsymbol{O}_0 \cup \{\{i\}\} \cup \{\{i, j\} | i \neq j\}$ $\cdots$ 6 個
    (5) $\boldsymbol{O}_0 \cup \{\{i\}, \{j\} | i \neq j\} \cup \{\{i, j\} | i \neq j\}$ $\cdots$ 3 個
    (6) $\boldsymbol{O}_0 \cup \{\{i\}\} \cup \{\{j, k\} | j \neq k, j \neq i \neq k\}$ $\cdots$ 3 個
    (7) $\boldsymbol{O}_0 \cup \{\{i\}\} \cup \{\{i, j\}, \{i, k\} | j \neq k, j \neq i \neq k\}$ $\cdots$ 3 個
    (8) $\boldsymbol{O}_0 \cup \{\{i\}, \{j\} | i \neq j\} \cup \{\{i, j\}, \{i, k\} | j \neq k, j \neq i \neq k\}$ $\cdots$ 6 個
    (9) 離散位相 (X の 8 個の部分集合すべてを書き上げてごらん). $\cdots$ 1 個

5.3 (1) $X \in \boldsymbol{O}$ である. (2), (3) いずれも近傍の定義から明らか.

5.4 (1) $N, M \in \boldsymbol{O}$ であるから、位相の公理 [O3] により、$N \cup M \in \boldsymbol{O}$.

(2) $\exists U \in \boldsymbol{O}\ (a \in U \subset N), \exists V \in \boldsymbol{O}\ (a \in V \subset M)$ が成り立つ. よって, $a \in U \cup V \subset N \cup M$ が成り立つが, [O3] より, $U \cup V \in \boldsymbol{O}$ であるから, $N \cup M \in N(a)$.

5.5 $N \in N(x)$ に対して, $N^i \in \boldsymbol{No}(x)$ であるから, N を N^i に取り換える作業を 1 つ加えるとよい.

5.6 A の外部 A^e は, $A^e = (A^c)^i$ であるから, 例題 5.3 において, A を A^c に置き換えれば, A^e が開集合であることがわかる. また, (☆) より, $(A^f)^c = A^i \cup A^e$ で, A^i と A^e は開集合だから, [O3] により, $(A^f)^c$ は開集合, したがって, A^f は閉集合である.

5.7 $a \in A^i \subset A$ で, 例題 5.3 により, A^i は開集合であるから, $A^i \in \{U_\lambda \in \boldsymbol{O} | U_\lambda \subset A, \lambda \in \Lambda\}$ であるから, $A^i \subset \bigcup U_\lambda$ である. 逆に, $\bigcup U_\lambda \subset A$ で, 公理 [O2] により開集合であるから, 例題 5.4 における A^i の最大性から, $A^i \supset \bigcup U_\lambda$ である.

5.8 $x \in A^i$ とすると, 定義から, $\exists U \in \boldsymbol{No}(x)(U \subset A)$ が成り立つ. いま, $A \subset B$ であるから, $U \subset B$ である. これは, $x \in B^i$ を示す. よって, $A^i \subset B^i$ である.

5.9 (1) ($\Rightarrow$) $A \in \boldsymbol{A}(X)$ ならば, 例題 5.6 の A^a の最小性より, $A \supset A^a$ である. 一般に $A \subset A^a$ であるから, $A = A^a$ が成り立つ. ($\Leftarrow$) 例題 5.6 より, $A^a \in \boldsymbol{A}(X)$ である.

(2) は, 例題 5.6 と上の (1) より, 直ちにわかる.

5.10 基本的に問題 5.7 と同じで, 閉包の定義と例題 5.6 より明らかである.

〔$A^a \subset \bigcap F_\lambda$ の証明〕 $\forall x \in A^a$ について, 定義より, $\forall U \in \boldsymbol{No}(x)\ (U \cap A \neq \varnothing)$ が成立する. $\forall \lambda \in \Lambda$ について, $F_\lambda \supset A$ であるから, $U \cap F_\lambda \neq \varnothing$ が成立し, $x \in (F_\lambda)^a$ であるが, F_λ が閉集合であることから, $x \in F_\lambda$ が成り立つ. よって, $x \in \bigcap F_\lambda$ である.

〔$A^a \supset \bigcap F_\lambda$ の証明〕 例題 5.6 より, $A^a \in \{F_\lambda \in \boldsymbol{A}(X) | F_\lambda \supset A, \lambda \in \Lambda\}$ である.

5.11 $x \in A^d$ ならば, 定義より, $\forall U \in \boldsymbol{No}(x)$ について, $U \cap (A - \{x\}) \neq \varnothing$ が成り立つ. いま, $A \subset B$ だから, $A - \{x\} \subset B - \{x\}$ であり, したがって, $U \cap (A - \{x\}) \subset U \cap (B - \{x\}) \neq \varnothing$ が成り立つ. よって, $x \in B^d$ である.

5.12 $A \cap B \subset A, A \cap B \subset B$ であるから, 例題 5.7 により, $(A \cap B)^a \subset A^a, (A \cap B)^a \subset B^a$ が成り立つ. よって, $(A \cap B)^a \subset A^a \cap B^a$.

5.13 〔$(A \cup B)^d \supset A^d \cup B^d$ の証明〕 $A \cup B \supset A, A \cup B \supset B$ だから, 問題 5.11 より, $(A \cup B)^d \supset A^d, (A \cup B)^d \supset B^d$ が成り立つから, $(A \cup B)^d \supset A^d \cup B^d$.

〔$(A \cup B)^d \subset A^d \cup B^d$ の証明〕 $x \in (A \cup B)^d$ とする.

(イ) $x \notin A^d$ と仮定すると, $\exists U \in \boldsymbol{No}(x)(U \cap (A - \{x\}) = \varnothing)$ が成り立つ.
一方, $x \in (A \cup B)^d$ だから, $U \cap (A \cup B - \{x\}) \neq \varnothing$. ところが,
$$U \cap (A \cup B - \{x\}) = U \cap \{(A - \{x\}) \cup (B - \{x\})\}$$
$$= \{U \cap (A - \{x\})\} \cup \{U \cap (B - \{x\})\} = U \cap (B - \{x\})$$
であるから, $U \cap (B - \{x\}) \neq \varnothing$ が成り立つ. よって, $x \in B^d$ である.

(ロ) $x \notin B^d$ と仮定すると, (イ) と全く同様にして, $x \in A^d$.

(イ), (ロ) より, $x \in A^d \cup B^d$ が結論されるから, $(A \cup B)^d \subset A^d \cup B^d$.

5.14 $U^a \cap V = \varnothing$ を証明すれば十分である. 背理法で証明する. $U^a \cap V \neq \varnothing$ とすると, 点 $x \in U^a \cap V$ が存在する. $(x \in U^a) \wedge (x \in V)$ である. V は開集合なので,

$\exists W \in \boldsymbol{No}(x)(W \subset V)$ が成り立つ.ところが,$U \cap W \subset U \cap V = \emptyset$ であるから,$x \in U^a$ に矛盾する.よって,$U^a \cap V = \emptyset$ である.

5.15 〔f が連続 $\Rightarrow$ (4) の証明〕 任意の $y \in f(A^a)$ について,点 $x \in A^a$ が存在して,$f(x) = y$ となる.任意の $U \in \boldsymbol{No}(f(x))$ に対して,連続の定義より,$V \in \boldsymbol{No}(x)$ が存在して,$f(V) \subset U$ を満たす.よって,$V \subset f^{-1}(U)$ であるから,$f^{-1}(U) \cap A \neq \emptyset$ である.よって,$U \cap f(A) \supset f(f^{-1}(U)) \cap A \neq \emptyset$ が成り立つから,$y \in (f(A))^a$.

〔(4) $\Rightarrow$ f が連続の証明〕 $F \subset Y$ を閉集合とする.条件 (4) と問題 5.9 より,次が成り立つ:
$$f((f^{-1}(F))^a) \subset (f(f^{-1}(F)))^a \Rightarrow (f^{-1}(F))^a \subset f^{-1}(F)$$
よって,$f^{-1}(F)$ は閉集合である.例題 5.9 により,f は連続写像である.

5.16 任意の点 $a \in X$ と任意の $U \in \boldsymbol{No}(f(a))$ に対して,$V \in \boldsymbol{No}(a)$ を任意に選ぶと,$f(V) = \{b\} \subset U$ が成り立つから,f は a で連続である.

5.17 任意の $U \in \boldsymbol{O}$ について,$i^{-1}(U) = U \cap A$ であるが,これは $(A, \boldsymbol{O}(A))$ の定義より,A の開集合である.よって,例題 5.9 より,包含写像 i は連続である.

5.18 $U \in \boldsymbol{O}_Y$ とすると,制限写像の定義から,$(f|A)^{-1}(U) = f^{-1}(U) \cap A$ が成り立つ.f が連続であるから,例題 5.9 より,$f^{-1}(U) \in \boldsymbol{O}_X$ である.相対位相 $\boldsymbol{O}(A)$ の定義から,$f^{-1}(U) \cap A \in \boldsymbol{O}(A)$ である.例題 5.9 より,制限写像 $f|A$ は連続である.

5.19 例題 5.11 の証明において,開集合を閉集合に置き換えればよい.

5.20 116 頁の制限写像の定義のところで述べたように,この問題の場合,f は $f|A$ と $f|B$ の共通の拡張になっている.したがって,$A, B \in \boldsymbol{O}_X$ の場合は例題 5.11 より,$A, B \in \boldsymbol{A}(X)$ の場合は問題 5.19 から得られる.例題 5.11 を使わない場合は,その証明の中で,f_A と f_B を,それぞれ,$f|A, f|B$ に置き換えるとよい.

5.21 (E1) 任意の位相空間 X について,恒等写像 $I_X : X \to X$ は全単射で,問題 5.17 により連続写像である.また,逆写像 $(I_X)^{-1} = I_X$ であるから,恒等写像は同相写像である.よって,$X \cong X$(反射律).

(E2) 位相空間 X, Y について,$X \cong Y$ ならば,同相写像 $f : X \to Y$ が存在する.定義より,逆写像 $f^{-1} : Y \to X$ も同相写像であるから,$Y \cong X$(対称律).

(E3) 位相空間 X, Y, Z について,$X \cong Y, Y \cong Z$ とすると,同相写像 $f : X \to Y, g : Y \to Z$ が存在するが,合成写像 $g \circ f : X \to Z$ も同相写像(確かめよ)だから,$X \cong Z$(推移律).

5.22 (1) 写像 $f : (a, b) \to (c, d)$ を,次のように定義する:
$$f(x) = \frac{b-x}{b-a} \cdot c + \frac{x-a}{b-a} \cdot d = \frac{d-c}{b-a} \cdot x + \frac{bc-ad}{b-a}$$
すると,f は全単射である.実際,f の逆写像は,次式で与えられる:
$$f^{-1}(y) = \frac{d-y}{d-c} \cdot a + \frac{y-c}{d-c} \cdot b = \frac{b-a}{d-c} \cdot y + \frac{ad-bc}{d-c}$$
これらの写像が連続であることの証明は容易であるから,省略する.

(2), (3) 上の (1) で与えた写像 f は,$f : [a, b] \to [c, d], f : (a, b] \to (c, d]$ に拡張しても,全単射で,同相写像である.写像 $h : (a, b] \to [a, b)$ を,$x \in (a, b]$ に対して,$h(x) = a + b - x$ で定義すると,これも全単射で,連続写像であり,その逆写像も連続写像

となる．つまり，h も同相写像である．上の問題 3.12 より，$(c, d]$ と $[a, b)$ も同相である．

(4) 開区間 (a, b) と $(-\pi/2, \pi/2)$ とは，上の (1) で同相であることを示したので，$(-\pi/2, \pi/2)$ と $\mathbb{R}^1$ の間の同相写像を与える．関数 $f : (-\pi/2, \pi/2) \to \mathbb{R}^1$ を，$f(x) = \tan x$ と定義すると，f は全単射で，連続で，および逆写像が連続であることは容易に確かめられる．

(5) 半開区間 $(a, b]$ と $(-\pi/2, 0]$，$(-\pi/2, 0]$ と $[0, -\pi/2)$ がそれぞれ同相であることを上の (3) で示したので，$(-\pi/2, 0]$ と $(-\infty, 0]$ の間の同相写像を与えれば十分である．これは，例えば，上の (4) の関数 f で与えられる．

5.23 (1) 任意の $U \in \boldsymbol{O}_Y$ について，$f^{-1}(U) \in 2^X = \boldsymbol{O}_X$ だから，f は連続．

(2) 任意の $U \in \boldsymbol{O}_X, F \in \boldsymbol{A}(X)$ について，$f(U) \in 2^Y = \boldsymbol{O}_Y, f(F) \in 2^Y = \boldsymbol{A}(Y)$．

(3) $\boldsymbol{O}_Y = \{\emptyset, Y\}$ で，$f^{-1}(\emptyset) = \emptyset \in \boldsymbol{O}_X, f^{-1}(Y) = X \in \boldsymbol{O}_X$．

5.24 ($\Rightarrow$) 開基の定義より，$\boldsymbol{B}^* \subset \boldsymbol{O}_Y$ だから，例題 5.9 より明らか．

($\Leftarrow$) 開基の定義より，任意の $U \in \boldsymbol{O}_Y$ に対して，部分集合族 $\boldsymbol{Bo} = \{U_\mu | \mu \in \mathrm{M}\} \subset \boldsymbol{B}^*$ が存在して，$U = \bigcup \boldsymbol{Bo} = \bigcup U_\mu$ となる．例題 1.15 (3) より，$f^{-1}(U) = f^{-1}(\bigcup \boldsymbol{Bo}) = \bigcup f^{-1}(U_\mu)$ で，仮定から各 $f^{-1}(U_\mu) \in \boldsymbol{O}_X$ だから，位相の公理 [O3] により，$f^{-1}(U) \in \boldsymbol{O}_X$．

5.25 $\{\emptyset, X\} \subset \{\emptyset, \{1\}, X\} \subset \{\emptyset, \{1\}, \{2\}, X\}, \{\emptyset, \{1\}, X\} \subset \{\emptyset, \{2\}, X\} \subset \{\emptyset, \{1\}, \{2\}, X\}$．また，$\{\emptyset, \{1\}, X\}$ と $\{\emptyset, \{2\}, X\}$ の間には，強弱関係はない．

5.26 任意の $U \in \boldsymbol{O}$ に対して，例題 5.13 から，次が成り立つ：$\forall x \in U, \exists W \in \boldsymbol{B}$ $(x \in W_x \subset U)$．問題の条件 (**) より，この $W_x \in \boldsymbol{B}$ に対して，次が成り立つ：$\exists V_x \in \boldsymbol{B}'$ $(x \in V_x \subset W_x)$．よって，$U = \bigcup V_x$ が成り立ち，$U \in \boldsymbol{O}'$ が結論される．

5.27 例題 5.16 の解答に続いて，$D(x; 1/(n+1)) \subset N(x; 1/n) \subset U \subset N$ である．

5.28 ($\Rightarrow$) 基本近傍系の定義から，$\boldsymbol{N}^*(f(x)) \subset \boldsymbol{N}(f(x)), \boldsymbol{N}^*(x) \subset \boldsymbol{N}(x)$ であるから，連続写像の定義 (*1) から，明らかである．

($\Leftarrow$) 任意の $U_0 \in \boldsymbol{N}(f(x))$ に対して，基本近傍系の定義から，$U \in \boldsymbol{N}^*(f(x))$ が存在して，$x \in U \subset U_0$ を満たす．条件から，$\exists V \in \boldsymbol{N}^*(x) \subset \boldsymbol{N}(x)(f(V) \subset U \subset U_0)$ が成り立つから，連続写像の定義 (*1) より，f は連続である．

5.29 任意の $W \in \boldsymbol{N}(x)$ について $W^i \in \boldsymbol{No}(x)$ であるから，例題 5.13 により，$U \in \boldsymbol{B}$ が存在して，$x \in U \subset W^i \subset W$ を満たす．$U \in \boldsymbol{N}^*(x)$ だから $\boldsymbol{N}^*(x)$ は基本近傍系である．

5.30 仮定から，可算個の要素からなる開基 $\boldsymbol{B} \subset \boldsymbol{O}$ が存在する．問題 5.29 より，$\boldsymbol{N}^*(x) = \{U \in \boldsymbol{B} | U \ni x\}$ は x の基本近傍系で高々可算個の要素からなる．

5.31 ($\Rightarrow$) $\forall U \in \boldsymbol{O}, U \neq \emptyset$，について，点 $x \in U$ を任意に選ぶと，$x \in A^a$ だから，閉包の定義より，$A \cap U \neq \emptyset$ が成り立つ．($\Leftarrow$) $\forall x \in X$ と，$\forall U \in \boldsymbol{No}(x)$ について，条件より，$A \cap U \neq \emptyset$ である．これは，$x \in A^a$ であることを示す．よって，$A^a = X$ であり，A は稠密である．

5.32 有理点の全体 $\mathbb{Q}^n$ が可算集合であることは，ここでは証明しない．集合論の入門書（例えば，拙著『集合と位相への入門』の第 2 章）を参照されたい．

$\forall x = (x^1, x^2, \cdots, x^n) \in \mathbb{R}^n$ と $\forall U \in \boldsymbol{No}(x)$ について，$\exists \varepsilon > 0$ $(x \in N(x; \varepsilon) \subset U)$ が成り立つ．有理数の稠密性から，有理点 $y \in \mathbb{Q}^n$ を $y \in N(x; \varepsilon)$ となるように選ぶことが

第 5 章 の 解 答

できる. 実際, 点 x の各座標 x_i $(i = 1, 2, \cdots, n)$ ごとに, 有理数 y_i を $|y_i - x_i| < \varepsilon/\sqrt{n}$ となるように選ぶと, 有理点 $y = (y_1, y_2, \cdots, y_n)$ が得られ, $d(x,y) < \varepsilon$ である. よって, $\mathbb{Q}^n \cap U \supset \mathbb{Q}^n \cap N(x; \varepsilon) \neq \varnothing$ が成立する. これは, $x \in (\mathbb{Q}^n)^a$ であることを示す. $x \in \mathbb{R}^n$ は任意であったから, $(\mathbb{Q}^n)^a = \mathbb{R}^n$ である. ★なお, $\mathbb{R}^n$ は第 2 可算公理を満たす. これを示すためには, 有理点 $y \in \mathbb{Q}^n$ を中心とする半径が有理数 r の開球体 $N(y; r)$ の全体が, ユークリッドの距離位相の開基となることを確かめるとよい.

5.33 仮定から, 可算個の要素からなる開基 $\boldsymbol{B} = \{U_i | i \in \mathbb{N}\}$ が存在する. 各 U_i から 1 点 b_i を選ぶと, $B = \{b_i | i \in \mathbb{N}\}$ は可算集合である. 任意の点 $x \in X$ と任意の $U \in \boldsymbol{No}(x)$ に対して, 例題 5.13 より, $U_k \in \boldsymbol{B}$ が存在して, $x \in U_k \subset U$ となる. よって, $b_k \in U \cap B$ となるから, $x \in B^a$ である. したがって, $B^a = X$ である.

5.34 (1) $\forall (x,y) \in X^1 \times X^2$ に対して, $\exists U \in \boldsymbol{No}(x), \exists V \in \boldsymbol{No}(y)$. このとき, $(x,y) \in U \times V \in \boldsymbol{B}^\times$ である.

(2) $\forall U^1 \times V^1, U^2 \times V^2 \in \boldsymbol{B}^\times$ について, $(x,y) \in (U^1 \times V^1) \cap (U^2 \times V^2) = (U^1 \cap U^2) \times (V^1 \cap V^2)$ が成り立ち, $U^1 \cap U^2 \in \boldsymbol{O}_1, V^1 \cap V^2 \in \boldsymbol{O}_2$ である.

5.35 任意の $U \in \boldsymbol{O}_1$ について, $p_1^{-1}(U) = U \times X_2 \in \boldsymbol{O}_1 \times \boldsymbol{O}_2$ であるから, 例題 5.9 より, p_1 は連続である. p_2 に関しても同様である.

5.36 $q_1 : Y_1 \times Y_2 \to Y_1, q_2 : Y_1 \times Y_2 \to Y_2$ を射影とすると, $q_1 \circ (f_1 \times f_2) = f_1 \circ p_1, q_2 \circ (f_1 \times f_2) = f_2 \circ p_2$ が成り立つ. $f_1 \circ p_2, f_2 \circ p_2$ は連続写像であるから, 例題 5.19 より, $f_1 \times f_2$ も連続である.

5.37 例題 5.20 において, $A_1 = F_1, A_2 = F_2$ とすると, $F_1^a = F_1, F_2^a = F_2$ だから, $(F_1 \times F_2)^a = F_1^a \times F_2^a = F_1 \times F_2$ が成り立つ. よって, $F_1 \times F_2$ は閉集合である.

5.38 〔$(A_1 \times A_2)^i \subset A_1^i \times A_2^i$ の証明〕 $(x_1, x_2) \in (A_1 \times A_2)^i \Leftrightarrow \exists W \in \boldsymbol{No}((x_1, x_2))$ $(W \subset A_1 \times A_2) \Rightarrow \exists U_1 \in \boldsymbol{O}_1, \exists U_2 \in \boldsymbol{O}_2 \, ((x_1, x_2) \in U_1 \times U_2 \subset W)$
このとき, $U_1 \subset A_1, U_2 \subset A_2$ より, $x_1 \in A_1^i, x_2 \in A_2^i$ が成り立ち, $(x_1, x_2) \in A_1^i \times A_2^i$ となる.
〔$(A_1 \times A_2)^i \supset A_1^i \times A_2^i$ の証明〕 $(x_1, x_2) \in A_1^i \times A_2^i \Leftrightarrow x_1 \in A_1^i \wedge x_2 \in A_2^i \Leftrightarrow \exists U_1 \in \boldsymbol{O}_1, \exists U_2 \in \boldsymbol{O}_2 \, (x_1 \in U_1 \subset A_1, x_2 \in U_2 \subset A_2)$
このとき, $U_1 \times U_2 \subset A_1 \times A_2$ で, $U_1 \times U_2 \in \boldsymbol{No}((x_1, x_2))$ であるから, $(x_1, x_2) \in (A_1 \times A_2)^i$ である.

5.39 例題 5.21 と同じ方針で証明される. 点 $(x,y) \in X \times Y$ について, x の X における ε-近傍を $N_X(x; \varepsilon), y$ の Y における ε-近傍を $N_Y(y; \varepsilon), (x,y)$ の $X \times Y$ における ε-近傍を $N((x,y); \varepsilon)$ で表すと, $N((x,y); \varepsilon) \subset N_X(x; \varepsilon) \times N_Y(y; \varepsilon) \subset N((x,y); \sqrt{2}\varepsilon) \subset N_X(x: \sqrt{2}\varepsilon) \times N_Y(y; \sqrt{2}\varepsilon)$ が成り立つ (153 頁の図を参照). 直積位相の定義と距離位相の定義をもとに問題 5.26 を適用すると, $\boldsymbol{O}_X \times \boldsymbol{O}_Y \subset \boldsymbol{O}_{d_2}, \boldsymbol{O}_X \times \boldsymbol{O}_Y \supset \boldsymbol{O}_{d_2}$ が示される.

5.40 ここで, 直積集合 $X \times X$ 上の距離として, 問題 4.5 (2) でとりあげた距離関数 d_2 を使用する. 問題 5.39 をもとに, この d_2 に関して連続であることを証明する.

さて, 任意の 2 点 $(x,y), (x', y') \in X \times X$ について, 三角不等式
$$d(x,y) - d(x', y) \leqq d(x, x'), \quad d(x', y') - d(x', y) \leqq d(y, y')$$

が成り立つ．2点間の距離が負にならないことを考慮すると，これらの不等式から，
$$|(d(x,y) - d(x',y)) - (d(x',y') - d(x',y))| = |d(x,y) - d(x',y')| \leqq d(x,x') + d(y,y')$$
が得られる．関数 $d: X \times X \to \mathbb{R}^1$ が $\forall (a,b) \in X \times X$ で連続であることを証明する．
$\forall \varepsilon > 0$ に対して，$\delta = \varepsilon$ とおくと，$\forall (x,y) \in X \times X$ について，
$$d_2((x,y),(a,b)) = d(x,a) + d(y,b) < \delta(= \varepsilon)$$
$$\Rightarrow |d(x,y) - d(a,b)| \leqq d(x,a) + d(y,b) < \varepsilon$$

5.41 $\forall a, b \in A (a \neq b)$ について，仮定から，$\exists U \in \boldsymbol{No}(a)(U \not\ni b)$ が成立する．ところが，$A \cap U \ni a$ は a の $(A, \boldsymbol{O}(A))$ における開近傍であり，$A \cap U \not\ni b$ である．

5.42 $\forall (x,y), (x',y') \in X \times Y ((x,y) \neq (x',y'))$ に対して，仮定から，
$$x \neq x' \Rightarrow \exists U \in \boldsymbol{No}(x)(U \not\ni x'), \quad y \neq y' \Rightarrow \exists V \in \boldsymbol{No}(y)(V \not\ni y')$$
が成り立つ．$(x,y) \neq (x',y')$ より，$x \neq x'$ または $y \neq y'$ である．
  $x \neq x'$ のとき，$\forall W \in \boldsymbol{No}(y)$ について，$U \times W \in \boldsymbol{No}((x,y))$, $U \times W \not\ni (x',y')$,
  $y \neq y'$ のとき，$\forall W \in \boldsymbol{No}(x)$ について，$W \times V \in \boldsymbol{No}((x,y))$, $W \times V \not\ni (x',y')$
が得られる．よって，直積空間 $X \times Y$ も T_1-空間である．

5.43 $\forall a, b \in A (a \neq b)$ について，仮定から，$\exists U \in \boldsymbol{No}(a), \exists V \in \boldsymbol{No}(b)(U \cap V = \emptyset)$ が成り立つが，$A \cap U \ni a, A \cap V \ni b$ は，それぞれ a, b の開近傍であり，次が成り立つ：
$$(A \cap U) \cap (A \cap V) = A \cap (U \cap V) = \emptyset$$

5.44 $\forall (x,y), (x',y') \in X \times Y ((x,y) \neq (x',y'))$ に対して，仮定から，次が成り立つ：
$$x \neq x' \Rightarrow \exists U \in \boldsymbol{No}(x), \exists U' \in \boldsymbol{No}(x')(U \cap U' = \emptyset),$$
$$y \neq y' \Rightarrow \exists V \in \boldsymbol{No}(y), \exists V' \in \boldsymbol{No}(y')(V \cap V' = \emptyset)$$
$(x,y) \neq (x',y')$ より，$x \neq x'$ または $y \neq y'$ である．
  $x \neq x'$ のとき，$\forall S \in \boldsymbol{No}(y), \forall T \in \boldsymbol{No}(y')$ について，$U \times S \in \boldsymbol{No}((x,y))$,
$U' \times T \in \boldsymbol{No}((x',y')), (U \times S) \cap (U' \times T) = (U \cap U') \times (S \cap T) = \emptyset \times (S \cap T) = \emptyset$,
  $y \neq y'$ のとき，$\forall S \in \boldsymbol{No}(x), \forall T \in \boldsymbol{No}(x')$ について，$S \times V \in \boldsymbol{No}((x,y))$,
$T \times V' \in \boldsymbol{No}((x',y')), (S \times V) \cap T \times V') = (S \cap T) \times (V \cap V') = (S \cap T) \times \emptyset = \emptyset$
が得られる．よって，$X \times Y$ も T_2-空間である．

5.45 定義から，正則空間では1点集合は閉集合である．

5.46 問題5.41より，$(A, \boldsymbol{O}(A))$ は T_1-分離公理を満たすから，T_3-分離公理を満たすことを証明すれば十分である．$B \subset A$ を閉集合とし，$a \in A - B$ とする．相対位相の定義から，閉集合 $F \subset X$ が存在して，$A \cap F = B$ となる．このとき，明らかに，$a \in A - F$ である．仮定から，$\exists U \in \boldsymbol{O}, \exists V \in \boldsymbol{O}(a \in U, F \subset V, U \cap V = \emptyset)$ が成り立つ．$a \in U \cap A \in \boldsymbol{O}(A), B \subset F \cap A \subset V \cap A \in \boldsymbol{O}(A), (U \cap A) \cap (V \cap A) = (U \cap V) \cap A = \emptyset$ であるから，a と B は $(A, \boldsymbol{O}(A))$ で開集合により分離された．

5.47 問題5.42より，$(A, \boldsymbol{O}(A))$ は T_1-分離公理を満たすから，T_3'-分離公理を満たすことを証明すれば十分である．点 $(x,y) \in X \times Y$ と開集合 $W \in \boldsymbol{O}(X) \times \boldsymbol{O}(Y), (x,y) \in W$ に対して，直積位相の定義から，次が成り立つ：
$$\exists W_x \in \boldsymbol{O}(X), \exists W_y \in \boldsymbol{O}(Y)((x,y) \in W_x \times W_y \subset W)$$

仮定より, $(X, \boldsymbol{O}(X)), (Y, \boldsymbol{O}(Y))$ は分離公理 T_3' を満たすから, 次が成り立つ：
$$\exists U \in \boldsymbol{O}(X)\ (x \in U \subset U^a \subset W_x), \quad \exists V \in \boldsymbol{O}(Y)\ (y \in V \subset V^a \subset W_y)$$
例題 5.20 より, $(x, y) \in U \times V \subset U^a \times V^a \subset (U \times V)^a = U^a \times V^a \subset W_x \times W_y \subset W$ が得られる. よって, $X \times Y$ は正則空間である.

5.48 正規空間では, 1 点集合は閉集合である.

5.49 E, F を X の閉集合で $E \cap F = \emptyset$ のとき, $U = \{x \in X | \mathrm{dist}(x, E) < \mathrm{dist}(x, F)\}$, $V = \{x \in X | \mathrm{dist}(x, E) > \mathrm{dist}(x, F)\}$ とすると, U, V は開集合で, $U \cap V = \emptyset$ である.

5.50 問題 5.48 より, $(X, \boldsymbol{O})$ は正規空間であり, T_1-分離公理を満たすから, T_4-分離公理を満たすことを証明すれば十分である. $B, C \subset A$ を閉集合で, $B \cap C = \emptyset$ であるとする. 相対位相の定義から, X の閉集合 E, F が存在して, $B = E \cap A, C = F \cap A$ を満たす. いま, A は X の閉集合であるから, B と C はいずれも X の閉集合である. T_4-分離公理より, $\exists U \in \boldsymbol{O}, \exists V \in \boldsymbol{O}\ (U \supset B, V \supset C, U \cap V = \emptyset)$ が成り立つ. $U_A = U \cap A \in \boldsymbol{O}(A), V_A = V \cap A \in \boldsymbol{O}(A)$ で, $U_A \supset B, V_A \supset C, U_A \cap V_A = (U \cap A) \cap (V \cap A) = (U \cap V) \cap A = \emptyset$ である. よって, $(A, \boldsymbol{O}(A))$ も T_4-分離公理を満たす.

5.51 例題 4.22 の証明と全く同じでよい.

5.52 問題 4.44 の証明でよい. 例題 4.15 の代わりに例題 5.9 を使用する.

5.53 問題 5.52 により, $f(A) \subset \mathbb{R}^1$ はコンパクトである. 後は, 問題 2.63 と同じである.

5.54 X はコンパクトであるから, 有限部分被覆 $U_{k_1} \cup U_{k_2} \cup \cdots \cup U_{k_j} \supset X$ が存在する. $\max\{k_1, k_2, \cdots, k_j\} = n$ とおくと, $\forall i\, (U_{k_i} \subset U_n)$ だから, $U_n = X$.

5.55 ($\Rightarrow$) $\boldsymbol{C} = \{\{x\} | x \in X\}$ は X の開被覆である. 仮定から, 有限部分被覆 $\boldsymbol{C}' = \{\{x_1\}, \{x_2\}, \cdots, \{x_n\}\}$ が存在する. $X \subset \{x_1\} \cup \{x_2\} \cup \cdots \cup \{x_n\} = \{x_1, x_2, \cdots, x_n\}$.

($\Leftarrow$) $X = \{x_1, x_2, \cdots, x_n\}$ とし, $\boldsymbol{C} = \{U_\lambda | \lambda \in \Lambda\}$ を X の開被覆とする. 被覆の条件から, 各 $x_i \in X$ に対して, $U_i \in \boldsymbol{C}$ が存在して, $x_i \in U_i$ を満たす. $\boldsymbol{C}' = \{U_1, U_2, \cdots, U_n\}$ は有限部分被覆である.

5.56 (1) $F \subset X$ を閉集合とすると, X がコンパクトだから問題 5.51 より F もコンパクトである. よって, 問題 5.52 により, $f(F) \subset Y$ はコンパクトである. 例題 5.28 により, $f(F)$ は閉集合である.

(2) 例題 5.12 と上の (1) の直接の結果である.

5.57 $(X, \boldsymbol{O})$ がハウスドルフ空間だから, 任意の点 $a \in A$ に対して, $U_a \in \boldsymbol{N}\boldsymbol{o}(a)$ と $V_a \in \boldsymbol{N}\boldsymbol{o}(b)$ が存在して, $U_a \cap V_a = \emptyset$ を満たす. $\boldsymbol{C}(A) = \{U_a | a \in A\}$ はコンパクト集合 A の開被覆だから, 有限部分被覆 $\boldsymbol{C}' = \{U_{a_1}, U_{a_2}, \cdots, U_{a_m}\}$ が存在する. そこで,
$$U = U_{a_1} \cup U_{a_2} \cup \cdots \cup U_{a_m}, \quad V = V_{a_1} \cap V_{a_2} \cap \cdots \cap V_{a_m}$$
とおけば, これらは開集合で, $U \supset A, V \ni b, U \cap V = \emptyset$ が成り立つ.

5.58 問題 5.57 により, A と任意の点 $b \in B$ は開集合により分離される；すなわち, 開集合 U_b と V_b が存在して, $U_b \supset A, V_b \ni b, U_b \cap V_b = \emptyset$ を満たす. $\boldsymbol{C}(B) = \{V_b | b \in B\}$ はコンパクト集合 B の開被覆だから, 有限部分被覆 $\boldsymbol{C}' = \{V_{b_1}, V_{b_2}, \cdots, V_{b_k}\}$ が存在する.

そこで，
$$U = U_{b_1} \cap U_{b_2} \cap \cdots \cap U_{b_k}, V = V_{b_1} \cup V_{b_2} \cup \cdots \cup V_{b_k}$$
とおけば，これらは開集合で，$U \supset A, V \supset B, U \cap V = \emptyset$ を満たす．

5.59 例題 5.28 から，A, B は X の閉集合であるから，$A \cap B$ は X の閉集合である．A がコンパクトで $A \cap B \subset A$ だから，問題 5.51 によって，$A \cap B$ もコンパクトである．

5.60 背理法で証明する．$A_0 = \{a_1, a_2, \cdots, a_n\} \in \boldsymbol{F}$ を 1 つ選んで固定する．$\bigcap \boldsymbol{F} = \emptyset$ とすれば，各 $a_i \in A_0$ に対して，$A_i \in \boldsymbol{F}$ が存在して，$A_i \not\ni a_i$ となる．よって，$A_0 \cap A_1 \cap A_2 \cap \cdots \cap A_n = \emptyset$ となり，$\boldsymbol{F}$ が有限交叉性をもつことに矛盾する．

5.61 例題 5.30 において，$B = A^a$ とすればよい．

5.62 1 点集合 $\{a\}$ を分離する開集合が存在しないのは，問題 4.52 (1) と同じである．$\{a, b\} = X$ に密着位相 $\{\emptyset, X\}$ を入れると，a と b を分離する開集合は存在しないから，$\{a, b\}$ は連結である．すなわち，2 点集合は必ずしも非連結でない．

5.63 例題 4.15 の代わりに，例題 5.9 を使うだけで，問題 4.54 の証明と全く同じである．

5.64 問題 5.63 より，$f(A) \subset \mathbb{R}^1$ は連結である．定理 3.6 より，$f(A)$ は区間である．この後は，問題 3.71, 問題 3.72 と同じである．

5.65 問題 4.56 の証明と同じであるから，省略する．

5.66 問題 3.70 の証明と全く同じでよい．問題 4.58 参照．

5.67 例題 3.35 の証明と全く同じでよい．問題 4.57 参照．

5.68 A 上の $\boldsymbol{O}(B)$ に関する相対位相を $\boldsymbol{O}_1$, $\boldsymbol{O}$ に関する相対位相を $\boldsymbol{O}_2$ とする．$A \subset B$ に注意すると，$\boldsymbol{O}_1 = \boldsymbol{O}_2$ であることは次のようにして示される：
$U \in \boldsymbol{O}_1 \Leftrightarrow \exists V \in \boldsymbol{O}(B)\, (U = V \cap A) \Leftrightarrow \exists W \in \boldsymbol{O}\, (V = W \cap B, U = V \cap A)$
$\qquad \Leftrightarrow \exists W \in \boldsymbol{O}\, (U = (W \cap B) \cap A) \Leftrightarrow \exists W \in \boldsymbol{O}\, (U = W \cap A) \Leftrightarrow U \in \boldsymbol{O}_2$
A が $(B, \boldsymbol{O}(B))$ の部分集合として連結でない
$\qquad \Leftrightarrow \exists U, V \in \boldsymbol{O}(B)\, (U \cup V \supset A, U \cap V = \emptyset, U \cap A \neq \emptyset \neq V \cap A)$
$\qquad \Leftrightarrow \exists U, V \in \boldsymbol{O}\, (U \cup V \supset A, U \cap V = \emptyset, U \cap A \neq \emptyset \neq V \cap A)$
$\qquad \Leftrightarrow A$ は $(X, \boldsymbol{O})$ の部分集合としても連結でない．

5.69 例題 4.30 の証明と同じでよい．

5.70 問題 4.59 と同じである．

5.71 (1) は問題 5.70 による．(2), (3) もほとんど自明．

5.72 例題 4.31 の証明と同じでよい．

5.73 問題 4.61 の証明と同じである．

おわりに

本書を編纂する際に参考にした本，および本書の学習に参考となる本を挙げておく．

入門書
[1]　鈴木 晋一：集合と位相への入門—ユークリッド空間の位相—，サイエンス社，2003.
[2]　内田 伏一：位相入門，裳華房，1997.
[3]　一樂 重雄（監修）：集合と位相—そのまま使える答えの書き方—，講談社，2001.

標準的教科書
[4]　静間 良次：位相，サイエンス社，1975.
[5]　小林 貞一：集合と位相（現代数学レクチャーズ），培風館，1977.
[6]　加藤 十吉：集合と位相（新数学講座），朝倉書店，1982.
[7]　内田 伏一：集合と位相，裳華房，1986.
[8]　鎌田 正良：集合と位相（現代数学ゼミナール），近代科学社，1989.
[9]　三村 護・吉岡 巌：位相空間論，培風館，1991.
[10]　鈴木 晋一：位相入門—距離空間と位相空間—，サイエンス社，2004.

演習書
[11]　三村 護・吉岡 巌：詳解演習位相空間論，培風館，1991.

　この段階では，多くの本に接する必要はなく，読者の好みにより1冊を選んできっちり学習することを勧める．

索　引

あ 行

相等しい　9, 19
粗い　146
アルキメデスの原理　47
位相　134
位相空間　134
位相の公理　134
一部否定　7
一様連続　126
因子　19
上に有界　30, 38
宇宙　8
埋め込み　144
大きさ　65

か 行

開核　70, 107, 138
開基　146
開球体　66, 104
開近傍　137
開近傍系　137
開区間　35
開写像　144
開集合　60, 66, 104, 134
外点　70, 107, 138
開被覆　88, 122, 159
外部　70, 107, 138
ガウス記号　47
下界　30
下限　30
可算集合　48
可算濃度　48
可付番集合　48
可付番濃度　48
可分　149
含意　1
関係　26
関数　20
完全不連結　96
完備　119
偽　1
基数　48
基本近傍系　148
基本列　42, 81, 119

逆写像　22
逆像　23
逆の道　130, 166
境界　70, 107, 138
境界点　70, 107, 138
共通集合　9, 15
共通の拡張　116
極限　38, 80, 119
極限値　38
極限点　38, 80, 119
距離　75, 98, 111
距離位相　135
距離化可能　135
距離関数　98
距離空間　98
距離の公理　98
切り上げ　47
切り捨て　47
近傍　137
近傍系　137
空集合　10
区間　35
グラフ　26
元　8
原像　20
限定記号　6
限定命題　6
弧　130
項　38, 80
格子点　50, 96
恒真命題　5
合成写像　20
恒等写像　22
項変数　5
弧状連結　130, 165
弧状連結成分　131, 166
コーシー列　42
細かい　146
孤立点　73, 109, 140
コンパクト　88, 122, 159
コンパクト距離空間　122
コンパクト空間　159

さ 行

最小元　30

最小値　35
最大元　30
最大値　35
差集合　13
自然な射影　27
下に有界　30, 38
実数値関数　55
実数列　38
実変数　55
始点　130, 165
射影　78
写像　20
集合　8
集合系　15
集合族　15
集積点　73, 109, 140
収束　38, 80, 119
終点　130, 165
順序関係　29
順序集合　29
順序数　48
上界　30
上限　30
商写像　27
商集合　27
触点　73, 109, 140
真　1
真部分集合　9
真理値　2
真理値表　2
数直線　34
数列　38
正　33
正規空間　158
制限写像　116
正則空間　157
絶対値　33
全射　20
全順序　30
全順序集合　30
全称記号　6
全体集合　8
全単射　20
全部否定　7

全有界　124
像　20, 23
相対位相　136
添え字集合　15
属する　8
存在記号　6

た 行

第 1 可算公理　148
対角線論法　53
対称差　13
対象領域　6
代数的数　51
対等　27, 48
第 2 可算公理　148
代表元　27
高々可算集合　51
単射　20
値域　20
中間値の定理　58, 129, 164
稠密　149
稠密性　34
超越数　51
直積位相　150
直積距離空間　102
直積空間　150
直積集合　18, 19
直径　86, 118
通常の位相　135
通常の距離　64
強い　146
定義域　6, 20
定値写像　55
天井記号　47
点列　38, 80, 119
点列コンパクト　84, 121
導集合　73, 109, 140
同相　144
同相写像　144
同値　5
同値関係　26
同値律　26
同値類　27
同等　1
トウトロジー　5
凸　131
ド・モルガンの法則　7, 17

な 行

内積　65
内点　70, 107, 138
内部　70
2 項関係　26
濃度　48
ノルム　65

は 行

ハウスドルフ空間　155
はさみうちの原理　39
半開区間　35
半順序集合　29
比較可能　30
否定　1
等しい　20
被覆　88, 122, 159
被覆する　88, 122, 159
非連結　91, 128, 163
負　33
含む　8
部分位相空間　136
部分距離空間　99
部分空間　136
部分集合　8
部分被覆　88, 122, 159
部分列　38, 80, 119
普遍集合　8
分離　155
分離する　91, 128, 163
閉球体　68, 106
閉区間　35
閉写像　144
閉集合　60, 68, 106, 134
閉包　73, 109, 140
巾集合　15
包含関係　29
包含写像　22
補集合　9

ま 行

埋蔵　144
道　130, 165
道の積　131, 166
密着空間　135
密着位相　135
無限型点列　82, 120
無限集合　48
結ばれる　130, 165
無理数　34
命題　1
命題関数　5
命題変数　1

や 行

有界　30, 38, 80, 85, 118, 119
有限型点列　82, 120
有限交叉性　162
有限集合　48
有理数　34
有理点　72, 96
床記号　47
ユークリッド空間　63
ユークリッドの距離　64
要素　8
弱い　146

ら 行

離散位相　135
離散距離空間　99
離散空間　135
ルベーグ数　127
連結　91, 128, 163
連結成分　96, 130, 165
連結でない　91, 128, 163
連続　55, 56, 76, 112, 142
連続関数　55
連続写像　76, 112, 142
連続体の濃度　52
論理演算　1
論理式　1
論理積　1
論理和　1

わ 行

和集合　9, 15

欧 字

ε-近傍　66
ε-近傍　60, 104
T_1-空間　154
T_1-分離公理　154
T_2-空間　155
T_2-分離公理　155
T_3-空間　156
T_3-分離公理　156
T_4-空間　157
T_4-分離公理　157

著者略歴

鈴　木　晋　一
すず　き　しん　いち

1965年　早稲田大学理工学部卒業
現　在　早稲田大学名誉教授
　　　　公益財団法人数学オリンピック財団理事
　　　　理学博士

主要著訳書

位相入門
集合と位相への入門
曲面の線形トポロジー 上・下
結び目理論入門
幾何の世界
グラフ理論入門（訳）

ライブラリ演習新数学大系＝S1

理工
基礎　演習 集合と位相

2005 年 5 月 10 日 ©　　　　　初 版 発 行
2022 年 3 月 10 日　　　　　　初版第 8 刷発行

著　者　鈴木晋一　　　　発行者　森　平　敏　孝
　　　　　　　　　　　　印刷者　山　岡　影　光
　　　　　　　　　　　　製本者　松　島　克　幸

発行所　株式会社 サイエンス社

〒151–0051　東京都渋谷区千駄ヶ谷 1 丁目 3 番 25 号
営業　☎ (03) 5474–8500（代）　振替 00170–7–2387
編集　☎ (03) 5474–8600（代）
FAX　☎ (03) 5474–8900

印刷　三美印刷（株）　　　　　製本　松島製本（有）

《検印省略》

本書の内容を無断で複写複製することは，著作者および
出版者の権利を侵害することがありますので，その場合
にはあらかじめ小社あて許諾をお求め下さい．

ISBN4-7819-1091-2

PRINTED IN JAPAN

サイエンス社のホームページのご案内
http://www.saiensu.co.jp
ご意見・ご要望は
rikei@saiensu.co.jp まで．